燃气工程施工技术

李　帆　管延文　等　编著

华中科技大学出版社

中国·武汉

内 容 简 介

全书共 11 章,包括燃气工程常用管材和阀门,焊接工艺及设备,钢管防腐施工技术、燃气管道工程的施工、试验与验收,燃气管道穿越工程施工,天然气汽车加气站工程施工,球罐的安装、试验与验收,埋地钢管电防护法,天然气转换工程施工,施工组织设计与工程概预算,工程建设施工监理等内容。

本书可作为高等学校建筑环境与设备工程、城镇燃气工程、油气储运工程等专业的教学用书,可作为从事燃气行业的工程技术人员的参考用书,也可作为燃气企业员工的技术培训教材。

图书在版编目(CIP)数据

燃气工程施工技术/　李　帆　管延文　等 编著.—武汉:华中科技大学出版社,2007 年 10 月(2022.1重印)

ISBN 978-7-5609-4179-0

Ⅰ.燃…　Ⅱ.①李…　②管…　Ⅲ.煤气供给系统-工程施工-高等学校-教材　Ⅳ.TU996.7

中国版本图书馆 CIP 数据核字(2007)第 134674 号

燃气工程施工技术　　　　　　　　　　　　李　帆　管延文　等　编著

策划编辑:徐正达
责任编辑:姚　幸　　　　　　　　　　　　　　　　　　　封面设计:潘　群
责任校对:刘　竣　　　　　　　　　　　　　　　　　　　责任监印:徐　露

出版发行:华中科技大学出版社(中国·武汉)　　　　电话:(027)81321913
　　　　　武汉市东湖新技术开发区华工科技园　　　　邮编:430223

录　排　者:武汉市洪山区佳年华文印部
印　　刷:广东虎彩云印刷有限公司

开本:787mm×1092mm　1/16　　　　印张:13.5　　　　　　　字数:336 000
版次:2007 年 10 月第 1 版　　　　　印次:2022 年 1 月第 8 次印刷　　定价:39.80 元
ISBN 978-7-5609-4179-0/TU·203

前　言

近年来,我国城市燃气事业发展迅猛,特别是国家实施"西部开发"发展战略,一大批天然气项目,如"西气东输"工程、"忠武线"工程、"陕气进京"工程等,得以实施建设,使城市燃气气源天然气化的进程加快,同时,带动了城市燃气工程施工技术的进步和提高。

在城市燃气工程施工中,各种新材料、新设备、新工艺、新技术的不断涌现,提升了城市燃气行业的技术水平:钢管、聚乙烯燃气管的大量采用,不仅使燃气输配压力得以提高,而且大大提升了燃气输配管网系统的供气安全性;三层 PE 夹克防腐绝缘层和牺牲阳极保护法的采用,大大延长了埋地燃气钢管的使用寿命;非开挖管道穿越施工技术的采用,消除了燃气管道施工作业对城市道路交通及居民生活的影响。本书对城市天然气转换工程施工技术进行了详细的阐述,同时,对工程管理方面的内容,如燃气工程建设施工监理等内容也进行了重点讲解。

本书是在 2003 年编写的讲义基础上修编完成的。该讲义经过四届学生的使用,在教学过程中不断地得到补充和完善。本书的出版得到了华中科技大学教材出版基金的资助,在此感谢华中科技大学出版社的大力支持。

本书在编写过程中,华中科技大学环境学院燃气教研室的同仁提供了大量技术资料;湖南省燃气协会、中国市政工程中南设计研究院、浙江省燃气协会,以及武汉、长沙、无锡、宁波、佛山等地的燃气公司都给予了极大的关心和支持;武汉大学郭礼珍博士绘制了讲义中的全部插图;武汉市城市管理局燃气处处长徐姜高级工程师在百忙之中抽空审阅了本书,并提出许多宝贵意见。在此一并表示衷心的感谢。

本书由管延文编写第 1、2 章,李帆编写第 3、4、5、6、7、8、9、11 章,张丽娟编写第 10 章。刘云霞、孙文庆参加了资料收集、文字处理等工作。

由于编者水平有限,书中难免有疏漏和错误之处,敬请读者批评指正。

李　帆

2007 年 5 月

目 录

第1章　常用管材和阀门

1.1　钢　　材

钢材品质均匀,强度高,具有较好的塑性和韧性,承受冲击和振动荷载的能力较强,可焊性好,可采用焊接方法施工,故在燃气工程中得到广泛应用。但钢材易腐蚀,工程维护费用大,故在使用上又受到某些限制。燃气工程中常用低碳钢、合金钢。

1.1.1　钢材分类

钢的分类方法很多,如按化学成分、冶炼方法、品质、用途分类等。在燃气工程中采用较多的是按化学成分分类,如碳素钢、合金钢。

1. 碳素钢

碳素钢分为普通碳素钢和优质碳素钢。普通碳素钢按含碳量[*]分为低碳钢(含碳量小于0.25%)、中碳钢(含碳量为0.25%~0.6%)、高碳钢(含碳量大于0.6%)。优质碳素钢的含磷量、含硫量一般小于0.04%,其他残余合金元素也有一定的限制。

根据《普通碳素结构钢》(GB700—1988)规定,普通碳素结构钢分为5个牌号,即Q195、Q215、Q235、Q255、Q275。其中牌号为Q235的普通碳素结构钢在工程中最为常用,其又分为A、B、C、D四个质量等级,表示是否做冲击试验和在什么条件下做冲击试验。

A级——不做冲击功性能试验,只做常规拉力和冷弯。

B级——在常温(20℃)做冲击试验,冲击功为27J。

C级——在0℃做冲击试验,冲击功为27J。

D级——在-20℃做冲击试验,冲击功为27J。

《优质碳素结构钢技术条件》(GB699—1999)对优质碳素钢的牌号及化学成分、冶炼方法、力学性能等作出了规定。

2. 合金钢

合金钢按合金元素含量分为低合金钢(合金元素含量小于5%)、中合金钢(合金元素含量为5%~10%)、高合金钢(合金元素含量大于10%)。

按照《低合金高强度结构钢》(GB1591—1994),低合金高强度结构钢分为Q295、Q345、Q390、Q420、Q460等5个牌号,每个牌号的低合金钢又分不同的质量等级,共有A、B、C、D、E等5个等级。A、B、C、D级冲击试验条件与普通碳素结构钢相同,冲击功有所提高;E级为在-40℃做冲击试验,冲击功为27J。

1.1.2　化学元素对钢材性能的影响

1. 化学元素成分的影响

钢中的铁和碳对钢材性能起主导作用,它们组成了钢中的奥氏体、铁素体、渗碳体和珠光

---

[*]　若未特别说明,含量均指质量分数。

体等基本组分。化学元素对钢材性能的影响是通过它们对基本组分的影响而体现的。

下面分别介绍一些化学元素对基本组分的影响。

● 碳。碳含量提高，碳中的强化组分——渗碳体随之增多，抗拉强度（σ_b）和硬度（HBS）相应提高，伸长率（δ）和冲击韧度（a_K）则相应降低，如图 1-1 所示。碳是显著降低钢材可焊性的元素之一，当含碳量超过 0.3% 时，钢的可焊性显著降低。

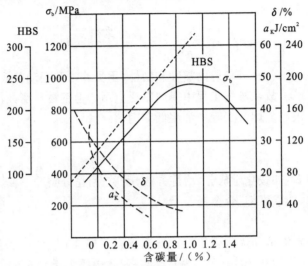

图 1-1 含碳量对碳素钢性能的影响

● 硅。硅在钢中除少量呈非金属夹杂物外，大部分溶于铁素体中。当其含量小于 1% 时，可提高钢材的强度和硬度。在低合金钢中，硅的作用主要是提高钢材的强度。

● 锰。锰是很好的脱硫剂、脱氧剂，能消减硫和氧所引起的金属热脆性，改善钢材的热加工性能。作为低合金钢的合金元素，含锰量一般在 1%～2% 范围内，其主要作用是溶于铁素体中，使铁素体强化（但对钢的焊接性有不利影响，可采用优质低氢焊条和相应焊接工艺来消除）；降低奥氏体的分解温度；使珠光体细化，使钢材强度提高。

● 磷。磷是碳钢中的有害杂质，它主要溶于铁素体起强化作用。磷的含量提高，钢材的强度虽有提高，但塑性和韧性显著下降，尤其是温度越低，对塑性和韧性的影响就越大。磷在钢中的偏析倾向强烈，一般认为，磷的偏析富集，使铁素体晶格严重畸变，导致钢材冷脆性显著增大，从而降低钢材的可焊性。

● 硫。硫是很有害的元素，呈非金属硫化物夹杂于钢中，降低钢的各种力学性能。硫化物所造成的低熔点特性使钢在焊接时易于产生热裂纹，致使显著降低可焊性。硫也有强烈的偏析作用，危害性较大。

● 氧。氧是钢中的有害杂质，主要存在于非金属夹杂物内，少量溶于铁素体中。非金属夹杂物降低钢的力学性能，尤其是韧性。氧有促进时效倾向的作用。氧化物所造成的低熔点特性使钢的可焊性变差。

● 氮。氮主要嵌溶于铁素体中，也可呈化合物形式存在。氮对钢材性质的影响与碳相似，使钢材的强度提高，但塑性和韧性显著下降，降低可焊性。在用铝或钛补充脱氧的镇静钢中，氮主要以氮化铝或氮化钛等形式存在，可减少氮的不利影响，并能细化晶粒，改善性能。

● 钛。钛是强脱氧剂，它能细化晶粒。钛能显著提高钢材强度，对钢材应力腐蚀和碱脆有很好的抗力，但对塑性略有影响。由于晶粒细化，故可改善钢材韧性，提高可焊性。钛是常用的合金元素。

●钒。钒是强烈形成碳化物和氮化物的元素。钒能细化晶粒,有效地提高钢材的强度和韧性,但焊接时增加淬硬倾向。

2. 应变时效

碳钢和低合金钢均具有明显的屈服点,经过塑性变形后,在常温下放置一段时间(几个月或几年),或经热处理后,屈服点会提高,塑性和韧性则相应降低,这种现象称应变时效效应,简称时效。在常温下放置称为自然时效,经热处理称为人工时效。

一般认为,产生应变时效的原因主要是溶于 α-Fe 晶格中的氮原子有向缺陷移动、集中、甚至呈氮化物析出的倾向。当钢材在冷塑性变形后,或者在使用中受到强力冷变形后,氮原子的移动、集中速度大大加快,造成缺陷处氮原子富集,使晶格畸变加快,因而脆性增加。

应变时效对超高压(大于 0.8 MPa)燃气储罐和燃气管道的安全使用构成威胁,甚至可能导致其脆性破坏。

应变时效的敏感性可用应变时效敏感系数 C 来表示,即

$$C = \frac{a_K - a_{KS}}{a_K} \times 100\% \tag{1-1}$$

式中: a_K 为时效前的冲击值; a_{KS} 为经 10% 冷变形后,加热至 250℃,保温 1h,然后在空气中冷却至室温所测得的冲击值。

1.1.3 常用钢材的牌号及表示方法

1. 钢材牌号命名原则

根据国家标准 GB 221—2000,钢材牌号的命名采用汉语拼音字母(表 1-1 列出了燃气工程常用钢材牌号命名符号)、化学元素符号、阿拉伯数字相结合的方法表示。采用汉语拼音字母表示产品名称、用途、特性和工艺方法时,一般从代表该产品名称的汉字的汉语拼音中选取:原则上取第一个字母,当与另一个产品所取字母重复时,改取第二个字母或第三个字母,或同时选取两个汉字的汉语拼音的第一个字母。

表 1-1 燃气工程常用钢材牌号命名符号

名　称	采用汉字	采用符号	位　置
碳素结构钢	屈	Q	牌号头
低合金高强度结构钢	屈	Q	牌号头
焊接用钢	焊	H	牌号头
压力容器用钢	容	R	牌号尾
锅炉用钢	锅	G(或 g)	牌号尾
沸腾钢	沸	F	牌号尾
半镇静钢	半	b	牌号尾
镇静钢	镇	Z	牌号尾(可省略)
质量等级	—	A、B、C、D	牌号尾

2. 燃气工程常用钢材钢号

（1）普通碳素结构钢钢号

Q 代表钢的屈服强度,其后的数字表示屈服强度值(MPa),必要时数字后面标出质量等级(A、B、C、D)和脱氧方法(F、b、Z)。如:Q235—AF,表示屈服点为 235 MPa 的 A 级普通碳素结构钢、沸腾钢。

（2）优质碳素结构钢钢号

根据《优质碳素结构钢钢号和一般技术条件》(GB699—1999),优质碳素结构钢除保证力学性能和化学成分外,还应保证含硫量不大于 0.045%,含磷量不大于 0.040%。其钢号以平均含碳量的万分数表示,含锰量较高的钢在数字后标出"Mn",脱氧方法或专业用钢也应在数字后标出(如 g 表示锅炉用钢)。例如,平均含碳为 0.10% 的沸腾钢,其钢号为 10F。

（3）低合金结构钢钢号

根据国家标准《低合金高强度结构钢》(GB1591—1994),低合金结构钢牌号表示方法与普通碳素结构钢类似,Q 代表钢的屈服强度,其后的数字表示屈服强度值(MPa),必要时数字后面标出质量等级(A、B、C、D、E)。如 Q345A,表示屈服点为 345MPa 的 A 级低合金结构钢。

（4）专用合金结构钢钢号

专用合金结构钢应在钢号最后面标明其用途符号。各类高压燃气储罐均属钢制压力容器,采用压力容器专用钢,压力容器专用钢在钢号尾部均标有汉语拼音字母"R",例如,16MnR、15MnVR 等。

3. 燃气工程用钢

燃气工程钢结构用的主要钢材品种有钢轨、型钢、钢板和钢管。型钢是角钢、工字钢、槽钢、圆钢、扁钢和方钢等不同截面形状的钢材的总称。钢板又分薄钢板(厚度≤4mm)和中厚钢板(厚度>4mm)。燃气压力管道常用含碳量在 0.24% 以下的优质碳素结构钢、普通碳素结构钢、低合金结构钢等,如 Q235、Q345、10 或 20 等。

高压燃气储罐用钢和一般结构用钢有如下区别。

● 高压燃气储罐用钢不能用空气转炉冶炼,因为空气转炉冶炼的钢含氮量高,时效倾向严重,析出氮化物后,钢的塑性和韧性明显下降。

● 高压燃气储罐用钢一般应将含碳量控制在 0.24% 以下。对高压燃气储罐用钢材除必须保证强度指标外,尤其重要的是还要保证塑性和韧性指标以及良好的焊接性,而含碳量的提高会使钢材的强度和硬度提高,塑性和韧性下降,焊接性变坏。

● 高压燃气储罐用钢的硫和磷含量应尽量低,一般要求是含硫量不大于 0.035%,含磷量不大于 0.03%,以尽量减小钢的热脆和冷脆倾向。此外,氧、氮和氢等元素含量也应控制在尽可能低的水平。

● 高压燃气储罐用钢的钢板要保证内部质量,出厂前必须进行超声波探伤;低合金钢板应符合《压力容器用钢板超声波探伤》(ZBJT4 033—88)的Ⅱ级要求。

● 高压燃气储罐用钢要比普通结构钢增加试验取样组数。

1.2 钢 管

钢管是燃气工程中应用最多的管材,它具有强度高、韧性好、抗冲击性和严密性好,能承受很大的压力,便于焊接和热加工,比铸铁管节省金属等优点,但其耐腐蚀性较差,需要有妥善的防腐措施。燃气管道使用的钢管一般应采用优质低碳钢或低合金钢。

按照钢管的制造方法，钢管分为无缝钢管和焊接钢管。一般钢管规格的习惯表示方法是 DW×δ（DW 为外径，δ 为壁厚），低压流体输送用焊接钢管经常用 DN（外径）表示其规格。

1.2.1　无缝钢管

无缝钢管是用优质碳素钢或低合金钢经热轧或冷拔加工而成，多用于输送较高压力的燃气。连接方式多采用焊接，当与阀件等连接时采用法兰连接。

热轧管最大的外径为 630 mm，冷拔（轧）管的最大外径为 219 mm。一般情况下，当外径大于 57 mm 时常选用热轧管。

钢管出厂长度分为普通长度、定尺长度和倍尺长度。普通长度即不定尺长度，热轧管为 3～12.5 m，冷拔管为 1.5～9 m；定尺长度指在普通长度范围内规定一个或几个固定长度；倍尺长度指在普通长度范围内按某一长度的倍数定长。

一般无缝钢管适用于各种压力级别的城市燃气管道和制气厂的工艺管道。对于具有高压、高温要求的制气厂设备，例如炉管、热交换器管，可根据不同的技术要求分别选用专用无缝钢管，如锅炉用无缝钢管、锅炉用高压无缝钢管、化肥用高压无缝钢管或石油裂化用无缝钢管等。

1.2.2　焊接钢管

焊接钢管也称有缝钢管。根据制造条件不同，焊接钢管又分为低压流体输送用钢管、螺旋缝电焊钢管和钢板卷制直缝电焊钢管等。

1. 低压流体输送用焊接钢管

该钢管是用焊接性能较好的低碳钢制造，钢号和焊接方法均由制造厂选择。其管壁有一条纵向焊缝，一般用炉焊法或高频电焊法焊接，所以又称炉焊对缝钢管或高频电焊对缝钢管。钢管表面有镀锌（俗称白铁管）和不镀锌（俗称黑铁管）两种。按出厂壁厚不同分为普通管（适用于公称压力不大于 1.0 MPa）和加厚管（适用于公称压力不大于 1.6 MPa）。

低压流体输送用焊接钢管又称为水和煤气钢管，它是燃气管道工程最常用的一种小直径管材，适用于输送各种低压力燃气介质。

钢管最小外径为 6 mm，最大外径为 150 mm，普通长度为 4～12 m。管子两端一般带有管螺纹。采用螺纹连接的燃气管道，一般使用的最大外径为 50 mm。镀锌钢管安装时不需涂刷防锈漆，其理论重量比不镀锌钢管重 3%～6%。

2. 钢板卷制直缝电焊钢管

该焊接钢管用中厚钢板直缝卷制，以电弧焊方法焊接而成。钢材为普通碳素钢和低合金结构钢。钢板的弯卷常用三辊或四辊对称式卷板机，钢板展开下料长度可按式（1-2）计算，即

$$L = \pi(D + \delta) + s \tag{1-2}$$

式中：L 为钢管展开下料长度（mm）；

D 为钢管内径（mm）；

δ 为钢板厚度（mm）；

s 为加工余量（mm）。

采用剪切机剪切，刨床加工坡口时，$s \approx 2$ mm；用半自动切割机切割，再用刨床加工时，$s \approx 5$

mm;用半自动切割机直接从钢板上割出坡口时,$s=0$。

钢板卷制直缝电焊钢管的最小外径为 159 mm。对于直缝电焊钢管,管段互相焊接时,两管段的轴向焊缝应按轴线 45°互相错开。外径不大于 600 mm 的长管,每段管只允许有一条焊缝。此外,管子端面的坡口形状,焊缝错口和焊缝质量均应符合焊接规范要求。

钢管重力可按下式计算,即

$$G=0.2419\delta(D_{\mathrm{w}}-\delta) \tag{1-3}$$

式中:G 为钢管每米重力(N/m);其余符号意义同前所述。

3. 螺旋缝电焊钢管

此种钢管是用带钢螺旋卷制后焊接而成。钢号一般为 Q215、Q235、Q295、Q345 等普通碳素钢和低合金结构钢。管子的最大工作压力通常不超过 2.0 MPa,最小外径为 219 mm,最大外径为 1420 mm,管子长度为 8～18 m。

1.2.3 钢管检验

各类钢管出厂时都应附有出厂合格证书,证书上应注明钢号(或钢的化学成分),水压试验和力学性能试验等内容。水压试验压力(MPa)按下式确定,即

$$p_{\mathrm{s}}=\frac{200\delta p_{\mathrm{R}}}{D_{\mathrm{w}}-2\delta} \tag{1-4}$$

式中:p_{R} 为管材允许工作压力(MPa);其余符号意义同前所述。

钢管出厂时要进行外观检查:管子表面应平滑,没有斑疤、砂眼、夹皮及裂纹;钢管外径的偏差不得超过允许值;管子椭圆度公差不得超过外径允许偏差范围;管子端面与轴线应垂直。

1.3 塑 料 管

适用于燃气管道的塑料管主要是聚乙烯管。聚乙烯燃气管道简称 PE 燃气管道,其性能稳定,脆化温度低(−80℃),具有质轻、耐腐蚀及良好的抗冲击性能,材质伸长率大,可弯曲使用,内壁光滑,管子长、接口少,运输施工方便、劳动强度低等优点,是较为理想的燃气输送用管材。PE 燃气管道在一些发达国家已使用了多年,有成熟的使用经验。近年来,在我国的燃气管网工程上,PE 燃气管道也得到了广泛的应用。

1.3.1 PE 管材性能

1. 燃气用 PE 管材的物理、力学性能

PE 管材的性能与其密度和相对分子质量有关,并随材料的密度、模量及屈服应力的提高而提高。输送燃气的 PE 管材在正常的工作条件下,需要有较高的强度和韧性、良好的抗变形能力、耐应力开裂性能和热稳定性能。

根据国内近年来对 PE 管材的研究结果,燃气用 PE 管材的物理、力学性能,应能满足表 1-2 的要求。

2. PE 管道的特点

(1) 抗老化能力强,寿命长

钢材的使用年限为 20 年,PE 管的使用年限是钢材的两倍多(50 年以上),从而大大减少了"旧管网改造"这一耗时、耗力、耗财的重复建设,节省了人力、物力、财力。

表 1-2　燃气用 PE 管材的物理、力学性能要求

序号	项　目		性 能 要 求
1	长期静液压强度(20℃,50 年,95％)/MPa		≥8.0
2	短期静液压强度 /MPa	20℃	9.0 韧性破坏时间＞100h
		80℃	4.6① 脆性破坏时间＞165h
			4.0 破坏时间＞1 000h②
3	热稳定性(200℃)/min		＞20
4	耐应力开裂(80℃,4.0MPa)/h		≥1 000②
			≥170③
5	压缩复原(80℃,4MPa)/h		＞170
6	纵向回缩率(110℃)/(％)		≤3
7	断裂伸长率/(％)		＞350
8	耐候性(管材积累接受≥3.5kMJ/m² 老化能量后)		仍能满足本表第 2,3,7 项性能要求,并保持良好的焊接性能

注:①仅适于脆性破坏。如果在上述所要求的时间(165h)内发生韧性破坏,则按表 1-3 选择较低的破坏应力和相应的最小破坏时间。
　　②型式检验要求。
　　③出厂检验要求。

表 1-3　破坏应力和相应最小破坏时间对照

破坏应力/MPa	最小破坏时间/h	破坏应力/MPa	最小破坏时间/h
4.6	165	4.3	394
4.5	219	4.2	533
4.4	293	4.1	727

（2）耐腐蚀、耐化学性好

钢管耐腐蚀、耐化学性比 PE 管差,需用种种措施加以保护,如用玻璃丝布、环氧煤沥青防腐,用牺牲阳极法电化学防腐等。这就需要准备外防腐材料、牺牲阳极配件等,需要定期换件(牺牲阳极),定期维护。PE 管材不需做外防腐,同样,PE 管抗内壁腐蚀的能力也远远强于钢管,省却了防腐工艺过程,节约了资金。这一点是钢管无法比拟的。

（3）柔韧性、耐压性好

PE 管可以蛇形敷设,可轻易绕过障碍物,从而减少接头数量。它的抗冲击性能也特别好,具有较高的断裂伸长率,压缩复原性好,经检验证明能够抵抗地震等自然灾害的影响。而钢管不具备以上性能。

（4）质量轻，施工简单、方便

表 1-4 为钢制管材与 PE 管材的质量比较。

表 1-4　钢制管材与 PE 管材的质量比较　　　　　　　　单位：kg/m

规　　格	D100	D200	D300
钢制管材	12.70	41.63	62.54
PE 管材	3.20	10.63	26.03

采用 PE 管材施工时，D300 以下管（不含 D300）均可在平地上一次焊好成型，然后直接纳入沟槽，而不必在沟槽中作业，D300 管可用加套筒的方式焊接。PE 管材的施工与采用金属管材施工相比，大大降低了工人的劳动强度，节省了施工时间，从而提高了工程施工效率，降低了劳动成本。

（5）接头强度高、密封性好，安全系数高

不论是采用热熔焊接还是电热熔焊接，PE 管的接头强度都非常高，甚至比管体强度还高，这是由 PE 管材料本身性质决定的。同时，PE 管密封性非常好，在管道焊接完工后，经打压试验，可一次性通过验收。

（6）摩阻系数小

PE 管道管壁光滑，其粗糙度与钢管粗糙度相比相差近 20 倍，水力摩阻系数小，并且管壁粗糙度不随时间的延长而增加。当管道内径为 25mm 时，其水力阻力系数比钢管小 1/2，但随着管径增大，系数之差数减小。因此，在同样管径、同样长度、同样压力降的情况下，PE 管的输气能力要比钢管高得多，综合流速等因素，可提高 30% 左右。

试验表明，PE 管的输送能力比钢管高。表 1-5 所示为在低压输气试验中，相同内径的塑料管与钢管的流量比较。

表 1-5　$L=15.24\,m$ 塑料管与钢管流量比较　　　　　　　　单位：m^3/h

压力降/Pa	23.9mm(3/4in)			30.4mm(1in)			38.6mm(11/4in)		
	塑	钢	塑/钢	塑	钢	塑/钢	塑	钢	塑/钢
229	8.77	6.56	1.377	16.85	12.25	1.377	32.6	23.1	1.412
432	12.6	9.01	1.397	24.2	16.8	1.44	46.7	31.8	1.468
635	15.7	10.95	1.435	30.3	20.4	1.484	58.3	38.6	1.51
889	19.1	12.95	1.475	36.8	24.2	1.52	70.7	45.7	1.547
111.8	21.8	14.52	1.50	41.9	27.1	1.548	80.7	51.2	1.576
平均	—	—	1.437	—	—	1.475	—	—	1.504

（7）对温度变化敏感

PE 管材与其他热塑性塑料管材一样，它们对温度变化的反应较为敏感，主要表现在以下几个方面。

● 熔点低，容易软化和分解。

● 热膨胀系数大，热胀冷缩现象显著。

● 使用温度范围小，温度过高时材料变软，温度过低时材料变脆。

（8）老化现象

随着时间的推移，PE 管以及其他塑料管会出现变色、发软、变黏、发脆、龟裂、粉化以及物理、化学性能下降的现象，这种现象称为塑料的老化。

引起塑料老化的原因有物理、化学、生物方面的因素，包括紫外线、高温、高能辐射、日照、水分、酸、碱、盐、空气及微生物等。其中，紫外线、高温、氧气是引起塑料老化最普遍、最主要的因素。

为防止燃气用 PE 管的老化，常在原料中加入稳定剂和抗老化剂。

（9）硬度差

PE 等塑料管材是高分子聚合物，它们与钢管等金属材料相比，其硬度较差，易被尖锐硬物划伤。这一点，在燃气管网工程中使用 PE 塑料管时，应特别注意。

1.3.2　PE 管在燃气管网工程中的应用

1. 应用范围

由于 PE 管材在有紫外线照射、高温、氧气等环境中易老化，故作为燃气输送用的 PE 管只宜作为埋地管道使用。

目前，国内 PE 燃气管分为 SDR11 和 SDR17.6 两个系列。SDR11 系列适用于输送人工煤气、天然气、液化石油气（气态）；SDR17.6 系列适用于输送天然气。输送不同种类燃气的允许工作压力应符合表 1-6 的要求。

表 1-6　不同种类燃气的允许工作压力　　　　　　　　　　单位：MPa

燃气种类	SDR11	SDR17.6
天然气	0.4	0.20
液化石油气（气态）	0.1	—
人工煤气	0.005	—

PE 燃气管道在输送其他成分组成的燃气时，应根据输送的燃气是否含有芳香族化合物和冷凝液，在经过论证并确定安全性能有保证后，参考以上相似的气种确定工作压力。在输送不含冷凝液的人工煤气时，工作压力也不宜超过 0.2 MPa。在输送不含冷凝液的气态液化石油气时，工作压力可适当提高，但不宜超过 0.3 MPa。此外，PE 燃气管道在不同温度下的允许工作压力，还应符合表 1-7 的要求。

表 1-7　不同温度下的允许工作压力　　　　　　　　　　单位：MPa

工作温度 t /℃	SDR11	SDR17.6
$-20 < t \leqslant 0$	0.1	0.0075
$0 < t < 20$	0.4	0.2
$20 \leqslant t < 30$	0.2	0.1
$30 \leqslant t < 40$	0.1	0.0075

2. PE 燃气管道的连接

连接 PE 管时使用设备施工机具（电热熔焊机、热熔对接焊机），采用电熔连接（电熔套接连接、电熔对接连接）或热熔连接（热熔对接连接、热熔套接连接）方式，不得采用螺纹连接和粘接。PE 管与金属管道连接，须采用钢塑过渡接头连接。

1.3.3 PE 管的验收、存放

由于 PE 管长时间处于日照和高温的环境中易加速其老化,同时管材的硬度较差,容易被尖锐的硬物划伤,因此,在管材的存放、搬运以及运输过程中,应加强管理,并注意如下事项。

1. 验收

管材、管件必须按产品使用说明书、产品合格证、质量保证书和各项性能检验报告来验收,并在同一批产品中抽样,按现行国家标准进行规格尺寸和外观性能检查,必要时宜进行全面测试。

2. 存放

● PE 管材和管件应存放在通风良好,温度不超过 40℃ 的库房或简易棚内。堆放处不应有可能损伤管材的尖凸物。

● PE 管材应水平堆放在平整支撑物或平整的地面上,堆放高度不宜超过 1.5m。如果管材用非金属绳扎成 1m×1m 的捆,两侧加支撑保护时,堆放高度可适当提高,但不宜超过 3m。管件应逐层叠放整齐,应确保不倒塌,并便于拿取和管理。

● PE 管材、管件在户外临时堆放时,应有遮盖物。

● PE 管材存放时,应将不同直径和不同壁厚的管材分别堆放。受条件限制不能实现时,应将较大的直径和较大壁厚的管材放在底部,并做好标志。存放时间应有明确登记、记录。

3. 搬运

● PE 管材在搬运时,必须用非金属绳吊装。

● PE 管材、管件在搬运时,应小心轻放、排列整齐,不得抛摔和沿地拖曳。

● 寒冷天搬运 PE 管材、管件时,严禁剧烈撞击。

4. 运输

● 车辆运输 PE 管材时,应放置在平底车上;船运时,应放置在平坦的船舱内。运输时,直管全长应设有支撑,盘管应叠放整齐。直管和盘管均应捆扎、固定,避免相互碰撞。

● PE 管件运输时,应按箱逐层叠放整齐,并固定牢靠。

● PE 管材、管件运输途中,应有遮盖物,避免暴晒和雨淋。

1.4 铸 铁 管

铸铁管多用于给排水、燃气等管道工程。用于输送燃气介质的铸铁管一般需做气密性试验。铸铁管规格习惯以公称直径 DN 表示,国内生产的铸铁管规格在 DN50(mm)～DN1200(mm)之间。

1. 铸铁管的分类

按制造方法不同分为砂型离心铸铁管、连续铸造直管、砂型铸铁管。

按材质不同分为灰铸铁管、球墨铸铁管、高硅铸铁管。

按工作压力大小分为高压管(PN≤1.0 MPa)、中压管(PN≤0.75 MPa)、低压管(PN≤0.45 MPa)。需要注意的是,此处的压力等级划分不同于燃气输配管道的压力分级。

2. 铸铁管的性能和特点

(1) 砂型离心铸铁管

砂型离心铸铁管的材质为灰铸铁,在其化学成分中,含碳量为 3%～3.3%,含硅量为 1.5%～2.2%,含锰量为 0.5%～0.9%,含硫量不大于 0.12%,含磷量不大于 0.4%。按其壁

厚分为 P、G 两级,选用时根据工作压力、埋设深度及工作条件进行验算。

(2) 连续铸造直管

连续铸造直管即连续铸造的灰铸铁管,按其壁厚不同,分为 LA、A、B 三级,选用时根据工作压力、埋设深度及工作条件进行验算。灰铸铁管的试压性能见表 1-8。

(3) 球墨铸铁管

球墨铸铁管因为比灰铸铁管有更高的强度、耐磨性和韧性,正逐步取代灰铸铁管。球墨铸铁管的技术性能如下。

表 1-8　灰铸铁管的试压性能

公称直径/mm	水压试验压力/MPa				
	砂型离心铸铁管		连续铸造直管		
	P	G	LA	A	B
≤450	2.0	2.5	2.0	2.5	3.0
≥500	1.5	2.0	1.5	2.0	2.5

- 试验水压力 3.0MPa。
- 抗拉强度 3.0~5.0MPa。
- 伸长率 2%~8%。

(4) 高硅铸铁管

高硅铸铁管的化学成分中,含碳量为 0.5%~1.2%,含硅量为 10%~17%。常用的高硅铸铁管含硅量为 14.5%,具有很高的耐腐蚀性。随着含硅量的增加,耐腐蚀性也相应增强,但脆性变大。

3. 铸铁管的连接

(1) 承插口连接

承插口由铸铁管的承口和插口配合组成,并保持一定的配合间隙。在承口与插口的间隙中按设计要求填入填料。在承口内壁铸有环形凹槽,在承插口连接安装后,填料就能很好地起密封作用。

(2) 机械接口连接

铸铁管机械接口连接形式有多种,但都是以橡胶圈为密封件,通过连接套、压盘、螺栓等,把橡胶圈始终压紧,从而保证了管道的气密性。这种接口的气密性可达 0.3MPa,常用于中、低压管道。直管与套管之间的折角允许值为 6°,可挠性大,能在一定范围内对温差、地震等产生的应力进行补偿,是一种较好的柔性接口。

4. 铸铁管的检验

铸铁管、管件必须具有制造厂的产品合格证,应有制造厂的名称、商标、制造日期、工作压力符号等标记。

铸铁管、管件应进行外观检查,检查要求包括以下两个方面。

- 逐件检查,内外表面应整洁,不得有裂缝、冷隔、瘪陷、错位或其他会影响使用要求的缺陷。
- 每批抽 10% 的样件检查其外形、尺寸偏差、表面质量及涂层,检查结果应符合国家有关标准。检查结果如有不合格的,用双倍数量再进行检查,若仍不合格,则应全部进行检查。

对铸铁管、管件按规定进行水压强度试验及密封性试验。

1.5 阀 门

阀门是燃气管道中重要的控制设备,用来切断和接通管线,调节燃气的压力和流量。燃气管道的阀门常用于管道的维修,减少放空时间,限制管道事故危害的后果。由于阀门经常处于备而不用的状态,又不便于检修,因此,对它的质量和可靠性有以下严格要求。

（1）密封性好

阀门关闭后气体不泄漏,阀体无砂眼、气孔、裂纹及非致密性缺陷。切断性好即内密封要好,阀门关闭后如果漏气,不仅造成大量燃气泄漏,造成火灾、爆炸等,而且还可能引起自控系统的失灵和误动作。因此,阀门必须有出厂合格证,并在安装前逐个进行强度试验和密封性试验。阀门属于易损零部件,应有较长寿命,因为燃气管道投产后,只有待管道停输和排空时才能对阀门进行检修,而且时间有限。如在管道运行期间,密封处或易损件发生问题,燃气管道的生产安全则受到威胁,往往会导致停气。

（2）强度可靠

阀门除承受与管道相同的试验与工作压力外,还要承受安装条件下的温度、机械振动和自然灾害(如地震、地裂带)等各种复杂的应力。阀门断裂事故会造成巨大的损失。

（3）耐腐蚀

阀门中的金属材料和非金属材料应能长期经受燃气的腐蚀而不变质。

阀门是大扭矩驱动装置,应开关迅速,动作灵活。

当天然气干线的阀门全开时,阀孔通道的直径应与管道的内径相同且吻合,阀孔上的任何缩小或扩大都可能成为清管器的障碍,并会积存污物,导致清管器卡住和阀门的损伤。

1.5.1 阀门的分类

阀门的种类很多,主要按工业管道压力级别、阀门的功用、阀门启闭零件的结构,以及阀门启闭时的传动方式来分类。随着材料应用的扩展,燃气阀门也出现了一些新的门类。

按工业管道的压力(p_g,单位为 MPa)级别,通常将阀门分为低压阀门($p_g \leq 2.5$ MPa)、中压阀门(4 MPa$\leq p_g \leq 6.4$ MPa)、高压阀门(10 MPa$\leq p_g \leq 100$ MPa)和超高压阀门($p_g > 100$ MPa)。城市燃气管道最高压力 $p_g \leq 0.8$ MPa,所用阀门均属低压阀门。但是,在天然气长输管线上的燃气压送站、高压储配站和液化石油气的输送管线、液化石油气灌瓶厂一般均使用中压阀门,甚至可能使用高压阀门。

按阀门的功能,阀门可分为闭路阀、止回阀、安全阀和减压阀等。

按阀门启闭零件的结构,阀门可分为闸阀、截止阀、球阀、蝶阀和旋塞阀等。

按阀门启闭时的传动方式,阀门可分为人工控制(手动传动和齿轮传动)阀、电动控制阀、电磁控制阀、气动控制阀和液压控制阀等。除人工控制阀外,其余阀门均可用于自动控制和自动调节的燃气管路中。

按阀门的材料,阀门可分为铸铁阀、铸钢阀、锻钢阀、PE 塑料阀等。材料不同,阀门的结构、密封方式、操作方式也有所不同。

1.5.2 常用阀门介绍

1. 干线切断阀

干线切断阀分为以下两类。

（1）球阀

球阀（见图1-2（a））的球形阀芯上有一与管道相同的通道，将阀芯相对于阀体转动90°，就可使球阀关闭或开启。阀芯上有阀杆和滑动轴承。阀座密封圈采用高分子材料，如尼龙或聚四氟乙烯等，阀座与阀芯配合形成密封。阀体与阀芯为铸造结构。

球阀按阀芯的安装方式分为浮动式和固定式。

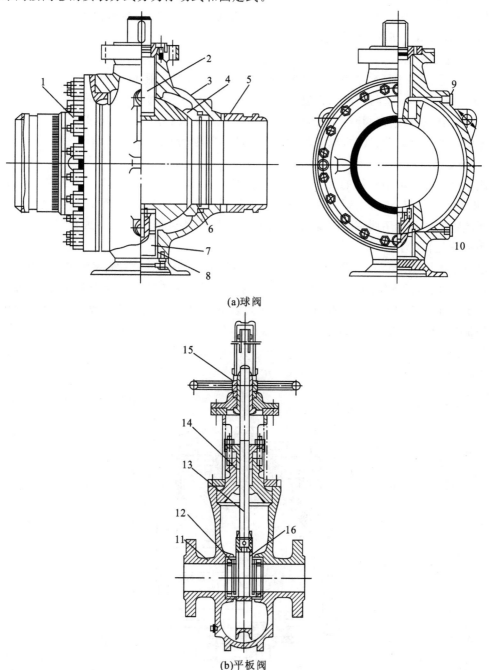

(a)球阀

(b)平板阀

图1-2 干线切断阀的类型

1—阀体盖；2—上阀杆；3,11—阀体；4—阀芯；5—短节；6,12—阀座与密封圈；7—下阀杆；
8—轴承；9,10—密封油注入口；13—阀杆；14—密封填料；15—传动机构；16—平行闸板浮动结构的密封座固定在阀体上,阀芯可自由向左右两侧移动,这种结构一般用于小口径球阀。关阀时,在燃气压力作用下,阀芯向低压侧移动,并与这一侧的阀座形成密封。这种结构属于单面密封,开启力矩大。

固定结构是把阀芯通过上下阀杆和径向轴承固定在阀体上,令阀座和密封圈在管道和阀体腔的压差作用下(或采用外加压力的方式),压紧在球体密封面上,可以实现阀芯两侧的密封。固定结构动作时,阀芯上的介质压力由上下轴承承受,外加密封压力还可暂时卸去,所以启动力矩小,适用于高压大口径球阀。

(2) 平板阀

平板阀(见图1-2(b))是一种通孔闸阀,闸板的两面平行。闸板下方有一与管内径相同的阀孔,阀门开启时升起,与阀体和管道形成一个直径连续的通道,闸板与阀座密封。密封圈用非金属材料制成,镶嵌在阀座上,关阀后形成单面密封或双面密封两种方式。

干线切断阀有电动、气动、电液联动和气液联动等驱动方式。

2. 旋塞阀

旋塞阀广泛用于小管径的燃气管道,它动作灵活,阀杆旋转90°即可达到完全启闭的要求,可用于关断管道,也可以调节燃气量。根据密封方法不同,旋塞有无填料和有填料之分。

无填料旋塞是利用阀芯尾部螺栓的作用,使阀芯与阀体紧密接触,不致漏气。这种旋塞只允许用在低压管道上。

填料旋塞是利用填料填塞阀体与阀芯之间的间隙而避免漏气。这种旋塞可用在中压管道上。

燃气用油密封旋塞阀如图1-3所示。油密封保证阀芯的严密性,提高耐腐蚀能力,减小密封面的磨损,并使阀芯转动灵活。润滑油充满在阀芯尾部的小沟内,当拧紧螺母时,润滑油压入阀芯上特制的小槽内,并均匀地润滑全部密封表面。

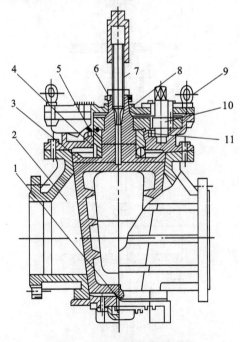

图1-3 燃气用油密封旋塞阀

1—阀塞调整装置;2—阀体;3—阀塞;4—轴承;5—O形密封圈;6—指针;
7—送油装置;8—单向阀;9—吊环;10—传动装置;11—阀塞法兰盖

图 1-4 所示为铸铁法兰油密封旋塞阀,其工作压力小于 0.6MPa。

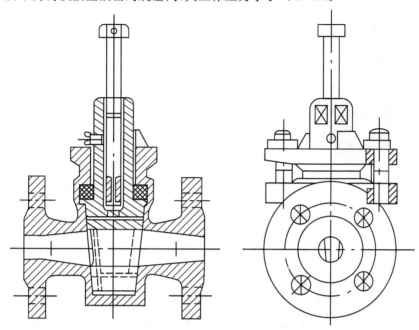

图 1-4   铸铁法兰油密封旋塞阀

图 1-5 所示为钢制直通式法兰油密封旋塞阀,其工作压力较高。钢制直通式法兰旋塞有手动和气动两类。

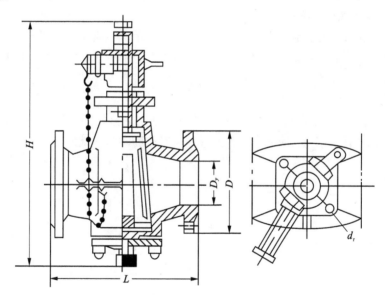

图 1-5   钢制直通式法兰油密封旋塞阀

(KCP 型压力为 1.6MPa)

3. 蝶阀

蝶阀分为手动蝶阀、电动蝶阀与气动蝶阀,如图 1-6 所示。蝶阀可以单独操作或集中控制,它具有体积小、质量轻、结构简单,容易拆装和维护的特点,90°开关迅速,操作扭矩小,可以达到完全密封。

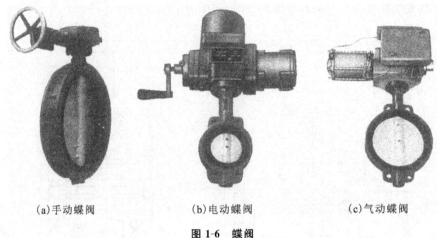

(a)手动蝶阀   (b)电动蝶阀   (c)气动蝶阀

图 1-6 蝶阀

1.5.3　阀门安装的一般规定

● 阀门在安装前应根据设计图样和产品说明书核对阀门的型号、规格、法兰螺栓的规格和数量,检查阀门的合格证和外观质量,并对阀体内进行清洗,除去杂质,检查填料及其压盖螺栓是否有足够的调节余量。检查阀芯的开启度和灵活度。阀门在安装前,还应根据不同的规格型号,按照设计和试验规范的要求,逐个进行强度和密封性试验,合格后方可安装。

● 根据地下管道的材料选择相应的阀门连接配件。钢管安装阀门应配备好同口径的钢制法兰,预制橡胶石棉板垫块和螺栓等配件;铸铁管安装阀门应配备同口径铸铁承盘或插盘短管,预制橡胶石棉板垫块和螺栓及配件。

● 阀门在安装时,一般在地面上将阀门两端的法兰或承(插)盘短管用螺栓连接后,再吊装至地下与管道连接(承插接口或焊接)。阀门吊装时,绳子不能系在阀门的手轮或阀杆上,以免造成损坏。如需要在地下进行法兰接口连接,应注意不要将接口偏差转借到法兰接口上,以防止阀门两端的法兰拉损。

● 阀门的安装位置要尽量避开地下管网密集复杂或交通繁忙的地区,应选择在日常检修方便的地点。当阀门位置确定后,应在吊装前完成井室基础和阀门基础的砌筑。

第2章 焊接工艺及设备

2.1 焊接概论

焊接是燃气管道和燃气储气罐安装中应用最广泛的连接方法。焊接是将工件接口处及焊条加热，达到使金属熔化的状态，从而使两个被焊工件连接成一个整体。燃气工程中常用工件材料多为低碳钢、合金钢，因此，焊接常采用手工电弧焊、氧-乙炔（液化石油气）气焊和氩弧焊等工艺方法。

焊接的优点是焊缝牢固、耐久，密封性好，焊缝强度一般可达到管子强度的85％以上，甚至超过母材强度，另外，管段间可直接焊接，不需要接头配件，构造简单，施工进度快，劳动强度低，成本低，管路整齐美观。

2.1.1 手工电弧焊

手工电弧焊采用的设备为直流电焊机或交流电焊机。在城区施工取电方便，施工现场一般采用交流电焊。野外施工缺乏电源，只能选用柴（汽）油机驱动、直流发电机来作为手工电弧焊的直流电源。

1. 手工电弧焊原理

在两电极之间的气体中，长时间的强烈放电称为电弧。在电弧产生时会产生大量的热量并发出强烈的光线。电弧焊就是利用电弧来熔化焊条和工件而进行焊接的。

焊接电弧由阴极、弧柱和阳极组成，如图2-1所示。电弧产生在焊条与工件之间，阴极部分位于焊条末端，阳极位于工件表面，弧柱部分呈锥形，弧柱四周被弧焰包围，弧柱中心温度可达6000℃～7000℃。

常用的引弧方法如下。

◎ 接触引弧法：将焊条垂直与工件碰击，然后迅速将焊条离开工件表面4～5 mm，即产生电弧。

◎ 擦火引弧法：将焊条像擦火柴一样擦过工件表面，迅速将焊条提起，距工件表面4～5 mm后，即产生电弧。

熄弧时应将焊条端部逐渐往坡口边斜前方移动，同时逐渐抬高电弧，逐渐缩小熔池，从而减少液体金属和降低热量，使熄弧处不产生裂纹、气孔。

电弧焊过程如图2-2所示。焊件本身的金属称为基体金属，焊条熔滴过渡到熔池的金属称为焊着金属；电弧的吹力使工件底部形成的一个凹坑称为熔池；焊着金属与基体金属在高温下熔合，冷却后形成焊缝；焊缝表面覆盖的一层渣壳称为焊渣；焊条熔化末端到熔池表面的距离称为弧长；基体金属表面到熔池底部的距离称为熔深。

焊接时，焊条同时存在三个基本运动，即直线运动、横向摆动、焊条送进，如图2-3所示。横向摆动几种简单的横摆动作图形如图2-4所示。在实际操作中，应根据熔池形状大小的变化，灵活调整操作动作，使三个运动协调好，将熔池控制在所需的形状与大小范围内。

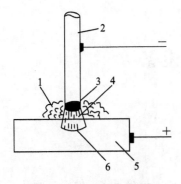

图 2-1 焊接电弧示意图

1—弧焰；2—焊条；3—阴极部分；
4—弧柱部分；5—工件；6—阳极部分

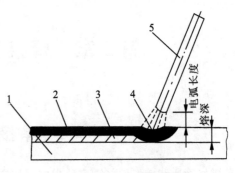

图 2-2 电弧焊过程

1—工件；2—焊渣；3—焊缝；4—熔池；5—焊条

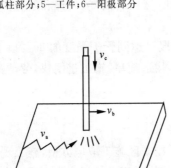

图 2-3 焊接三运动

v_a—横向摆动；v_b—直线运动；v_c—焊条送进

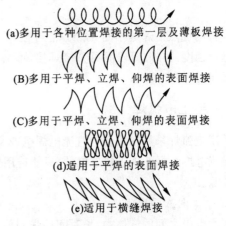

(a)多用于各种位置焊接的第一层及薄板焊接

(B)多用于平焊、立焊、仰焊的表面焊接

(C)多用于平焊、立焊、仰焊的表面焊接

(d)适用于平焊的表面焊接

(e)适用于横缝焊接

图 2-4 横向摆动

直线运动的快慢代表焊接速度，焊接速度的变化主要影响焊缝金属横截面积。

焊条送进代表焊条熔化的速度，可通过改变电弧长度来调节熔化的速度。弧长的变化将影响焊缝的熔深和熔宽。

2．电焊机与工具

燃气管道工程常用交流电焊机，它的构造简单，结实耐用，价格便宜，容易检修。电焊机由变压器、电流调节器及振荡器组成。

为了保证安全，电焊变压器将焊接电压降至安全电压。常用电源的电压为 220V 或 380V，经过电焊变压器变压后输出电压为 55～65V，供焊接使用。

电流调节器用于对焊接电流进行调节。焊接较薄的工件时用小电流和细焊条，焊接较厚的工件时用大电流和粗焊条。焊接较薄的工件用过大电流时，容易将工件烧穿；而焊接较厚的工件用过小的电流时，则焊不透。所以电流过大或太小均影响焊接质量。

振荡器用来提高焊接电流的频率，它将焊接电源的频率由 50 Hz 提高到 250 kHz，使交流电的交变间隔趋于无限小，增加电弧稳定性，以利焊接和提高焊缝质量。

电焊钳用来夹持焊条并传导焊接电流。焊工手持电焊钳进行焊接时，要求电焊钳有良好的导电性，长时间使用不发热，能在各个方向上夹住各种直径的焊条，绝缘性能好，质量轻等。常用电焊钳的规格如表 2-1 所示。

接地夹钳是将焊接导线或接地电缆接到工件上的一种工具。接地夹钳必须既能牢固地连

表 2-1　常用电焊钳的规格

型　　号	适用最大电流 /A	适用焊条直径 /mm	适用电缆规格 /mm	全　长 /mm	质　量 /kg
G352	300	2～5	ϕ0.213×1 672 根	240	0.45
G582	500	4～8	ϕ0.3×1 700 根	290	0.70

接,又能快速且容易地夹到工件上。接地夹钳有弹簧夹钳和螺丝夹钳两种。

焊接电缆是用来连接电焊机与焊件、焊机与焊钳的导线。焊接电缆由紫铜线外包橡胶绝缘层组成。焊接电缆应具有良好的导电性和绝缘性,并有足够的长度和适当的截面积。焊接电缆应具有较大的柔性,也必须耐磨和耐擦伤。选用焊接电缆时可依据焊接电源来选用,如表2-2所示。

表 2-2　焊接电缆选用表

导线截面积/mm^2	25	35	50	70
最大允许电流/A	140	175	225	280

面罩的作用是用来挡住飞溅的金属和电弧中的有害光线,保护眼睛和头部。面罩有头戴式和手握式两种。面罩上的护目玻璃是用来降低电弧光的强度和过滤红外线、紫外线的;焊工通过护目玻璃观察熔池,掌握焊接过程;为了防止护目玻璃被飞溅金属损坏,应在护目玻璃前另加普通玻璃。护目玻璃常用牌号与性能如表2-3所示。

表 2-3　护目玻璃常用牌号与性能

玻璃牌号	颜色深浅	用　　途
11	最暗	焊接电流大于 350A 时用
10	中等	焊接电流在 100～350A 时用
9	较浅	焊接电流小于 100A 时用

防护服用来保护焊工在焊接过程中不受飞溅的焊花或熔滴的伤害。焊工还应戴上防护手套、穿上防护鞋等。

另外,焊接常用工具还有尖头锤子、钢丝刷等,用来清理焊渣。

3. 焊接工艺的选择

首次使用的焊件,若无齐全的焊接性能试验报告,应进行焊接性能试验。焊接性能试验可参照现行的有关标准进行。在确定钢材的焊接性能后,应验证拟定的焊接工艺能否获得预定的焊接接头力学性能,应进行焊接工艺评定。管道的焊接工艺评定宜参照现行的《钢制压力容器焊接工艺评定》(JB4708—2000)执行。

施焊前,应根据工艺试验结果编制焊接工艺说明书。焊接工作应根据焊接工艺说明书进行,其主要内容包括焊接材料、焊接方法、坡口形式及制备方法、焊口组对要求及公差、焊缝结构形式、焊接电流种类和极性、指定检验方法等。

4. 焊条

焊条应与钢管的化学成分及力学性能相近,工艺性能良好。

焊条的存放应做到防潮、防雨、防霜、防油等。焊条在使用前应按出厂证明书的规定或下列要求(见表2-4)进行再烘干。

表 2-4　焊条再烘干规范及条件

焊条类别	药皮类型	再烘干规范及条件			
		温度/℃	时间/min	烘后允许存放时间/h	允许重复烘干次数/次
碳钢焊条	纤维素型	70～100	30～60	6	3
	钛型、钛钙型、钛铁矿型	70～150	30～60	8	5
	低氢型	300～350	30～60	4	3
低合金焊条	非低氢型	75～150	30～60	4	3
	低氢型	350～400	60～90	(50××)4 (55××)2 (60××)1	3

若发现焊条药皮有裂纹和脱皮现象,则不得用于管道焊接。采用纤维素型下向焊焊条施焊时,一旦发现焊条药皮严重发红,该段焊条应报废。

5. 电源种类及极性

当使用钛钙型结 422、低氢型结 506 焊条时,可用交、直流焊机;使用低氢型结 507 焊条时,用直流焊机。

当采用碱性直流焊条(如结 507 或其他低碳焊条)时,用直流焊机焊接时,均采用直流反接(即焊条接正极)。

6. 焊条直径与焊接电流

(1) 焊条直径

采用较大直径的焊条与较大的焊接电流,焊接速度快,但由于受到焊接结构的尺寸、板厚、焊接位置和质量要求等条件的限制,又必须把焊条直径和焊接电流控制在一定范围之内。对于不同壁厚的管子,焊条直径可参照表 2-5 选用。在仰焊时,应注意焊条直径不应超过 4 mm。

表 2-5　焊条直径选用表

管壁厚度/mm	焊接层数	焊条直径/mm		
		第一层	第二层	第三层
3.5～5	2	3.2	3.2	—
6～9	3	3.2	4.0	4.0
10～11	3	3.2	4.0	5.0

(2) 焊接电流

增大焊接电流能提高生产率,但电流过大易造成焊缝咬边、烧穿等缺陷,而电流过小也易造成夹渣、未焊透等缺陷。较薄的工件焊接,用小电流和细焊条;焊厚工件时,则用大电流和粗焊条。焊接电流选用参看表 2-6。用同样直径的焊条焊接不同厚度的工件时:工件越厚,焊接热量散失越快,应选电流强度的上限;立、仰、横焊时,所用的电流应比平焊小 10% 左右。

表 2-6　焊接电流选用表

焊条直径/mm	1.6	2.0	2.5	3.2	4.0	5.0	5.8
电流强度/A	25～40	40～65	50～80	100～130	160～210	200～270	260～300

7. 焊接层数

对不同管壁厚度的管子,焊接层数有不同的要求,如表 2-5 所示。

8. 焊接坡口形式和尺寸

燃气管道焊接多用对接接头。对管子、管件的坡口和尺寸,当设计无规定时,应符合表2-7 的要求。

长输管道线路工程施工及验收规范规定,管道对接接头的坡口形式为 V 形,其尺寸应符合表 2-8 的规定。

管子对口以及管子和管件的对口,应做到内壁齐平。内壁错边量应符合下列规定。

◉ 等厚对接焊缝不应超过管壁厚度的 10%,且不得大于 1mm。

◉ 不等厚对接焊缝不应超过薄壁管管壁厚度的 20%,且不得大于 2mm。应按图 2-5 所示形式对管件进行加工。

表 2-7 焊接常用的坡口形式和尺寸

序号	坡口名称	坡口形式	手工焊坡口尺寸/mm			
1	I 形坡口		单面焊	s	1.5～2.0	2～3
				c	0+0.5	0+1.0
			双面焊	s	3～3.5	3.6～6
				c	0+1.0	$1^{+1.5}_{-1.0}$
2	V 形坡口		s		3～9	>9～26
			α		75°±5°	60°±5°
			c		1±1	2^{+1}_{-2}
			p		1±1	2^{+1}_{-2}
3	X 形坡口		$s=12\sim60$ $c=2^{+1}_{-2}$ $p=2^{+1}_{-2}$ $\alpha=60°±5°$			

表 2-8 管道对接接头坡口尺寸

项次	壁厚/mm	焊接方式	坡口角度/(°)	钝边/mm	间隙/mm
1	6～7	上向焊	60～70	1.0～1.5	1.5～2.0
		下向焊	55～65	1.0～1.6	1.0～1.6
2	8～10	上向焊	60～70	1.6～2.0	1.5～2.0
		下向焊	55～65	1.0～1.6	1.5～2.0
3	11～12	上向焊	60～70	2.0～2.5	2.0～3.0
		下向焊	55～65	1.0～1.6	1.5～2.0

注:下向焊如果采用低氢型焊条,对口间隙应为 2～3mm。

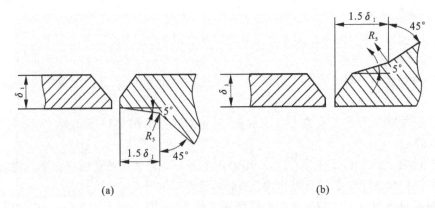

图 2-5　管子和管件的不等厚对口形式

坡口加工宜采用机械方法。如采用气割等热加工法，必须除去坡口表面的氧化皮，并进行打磨。管子、管件组对时，应检查坡口的质量，坡口表面上不得有裂纹、夹层等缺陷，尺寸合格。

在燃气管道的主干管上连接支管，需在主干管上开孔接三通。三通接头形式与各部尺寸见表 2-9。支管与主干管的焊接，焊缝要求内壁齐平，对口间隙符合要求，这就要求必须认真放样下料，切割时留出加工余量。禁止将支管插入主干管内，否则会增加阻力，易堵塞，在通球扫管线时将球卡住或将球削去一块。

表 2-9　三通接头形式与各部尺寸　　　　　　　　　　　单位:mm

接头名称	接头形式	组对要求			
		壁厚 δ	间隙 c	钝边 p	角度 $\alpha/(°)$
支管坡口		$\geqslant 4$	0.5～2	1.5～2.5	40°～50°
主管坡口		$\geqslant 4$	0.5～2	1.5～2.5	40°～50°

坡口的作用是为了保证电弧能深入焊缝根部，使根部焊透并便于清除熔渣，获得较好的成形焊缝，而且坡口能起到调节基本金属与填充金属的比例作用。

钝边的作用是为了防止烧穿，但钝边的尺寸要保证第一层焊缝能焊透。

间隙的作用也是为了保证根部能焊透。间隙不宜过大，否则焊肉、焊瘤在管内壁突出，会增加阻力，增加管道堵塞的可能性。

9. 管道组装对口

管道运输和布管应在管沟堆土的另一侧进行，管沟边缘与钢管外壁间的安全距离不得小于 500 mm。将组装场地清理平坦，在管下铺垫方木。

组装前，应对管子内壁进行清扫，常用棉纱或破布两侧绑铁丝来回拖拉清扫。管内不得有砖、石块、泥土、垃圾等杂物。在下班前,正在焊接的管段应用临时盲板封管端,以防杂物进入管内。

同一管径的管子,当管端直径偏差较大时,应逐个管口检查尺寸,作出记录并分类;将直径接近的管子互相连接,另一些直径接近的用于另一段。在布管时分类布管,便于减少对口困难,保证错边量符合规范要求。大口径钢管的直径有偏差是常见的,若对口时一大一小,错边量过大,则加热修整困难,费工费时,难以确保焊接质量。

管端如有轻度变形、不圆或凹陷,可用整圆器校正。校正无效时,应将变形部分管段切除。钢管组装要求应符合表 2-10 的要求。

表 2-10　钢管组装规定

序　号	检查项目	组装规定
1	螺旋焊缝或直焊缝错开间距	不得小于 100mm 弧长
2	相邻环缝间距	不得小于 1.5 倍管外径
3	错边量	小于 3/1000 管外径,且不大于 2mm
4	定位焊长度(焊口定位焊不少于 4～6 处,均匀分配),下向焊不需定位焊	定位焊总长度不应小于焊道总长度的 50%
5	定位焊缝厚度	不得大于 2/3 壁厚

当公称直径相同而管壁厚度不同时,应分类选择,将管壁厚的连接在一起,管壁薄的连接在一起。尽量使管道内壁齐平,减少阻力,使错边量符合规范要求。

管子开坡口后的端面应与管子中心垂直,允许偏差不大于 1mm。

管道环焊缝处不允许开三通、接支管。

当管道敷设改变方向时,可采用冷弯弯管、热弯弯管、冲压弯头或斜口连接。当采用斜口连接时,其偏转角不宜大于 3°。相邻两斜口的间距在偏转角同向时,不得小于 15 倍管道公称直径;在偏转角异向时,不得小于 30 倍管道公称直径。热弯弯管与冷弯弯管的任何部位不得出现折皱、裂纹和其他机械损伤。任何部位的管径缩小量不得大于管子外径的 2.5%,并保证能顺利通过清管器。钢制冲压弯头的曲率半径不应小于 2.5 倍管子公称直径,外径或外径圆度允许偏差为 ±3.5mm。当公称直径不小于 400mm 时,应对焊缝清根,并进行封底焊,产品质量证明书上应有焊缝无损探伤报告,合格级别应为射线探伤标准 Ⅱ 级。

管子、管件组对应检查坡口的质量。坡口表面上不得有裂纹、夹层等缺陷。检查有缝钢管管端焊缝,不得有裂纹、未焊透等缺陷,并应对坡口及其两侧 10mm 范围内的油、漆、铁锈、毛刺等进行清理。长输燃气管道为了提高焊接质量,要求把距离管端 50mm 的螺纹焊缝补焊。

管道对口时,应用平尺在接口周围找平,错口允许偏差不得超出表 2-11 的规定。

表 2-11　错口允许偏差　　　　　　　　　　　　　　　单位:mm

壁厚 s	2.5～5	6～10	12～14	≥16
错口允许偏差 c	0.5	1.0	1.5	2.0

为了使管口对正,保持需要的间隙,常用各种对口工具进行对口,如图 2-6 所示的是两种用于小口径管子的对口工具。大口径管子可用内对口器,国内定型产品为油压传动,使用效果好。用内对口器组装管道,可不进行定位焊,在根焊道焊完后即撤出对口器。用外对口器或无对口器组装时,应进行定位焊。

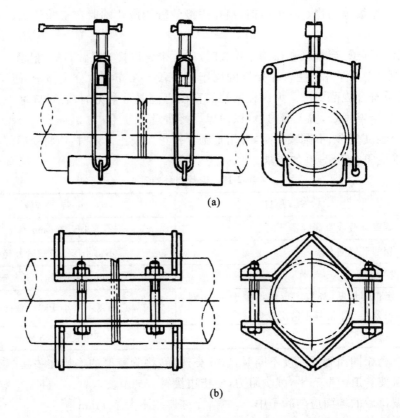

(a)

(b)

图 2-6 对口工具

　　管道对口应检查对口接头各部尺寸、管端整圆、管道找直、错口找平等,全部符合要求后,即可进行定位焊固定,拆除外对口器,再全面施焊。组装时,应避免强力对口,且应保护钢管防腐绝缘层。

　　10. 对焊工的要求

　　凡参加燃气管道焊接的焊工,必须经过考试,并取得当地管理部门颁发的焊工合格证。凡中断焊接工作六个月以上的焊工,在正式复焊前,应重新参加考试。焊工考试规则可参照《锅炉压力容器焊工考试规则》执行,焊工考试委员会应由施工企业技术负责人、焊接工程师(或技师)、无损探伤工程师及质量监督人员等组成,并报上级主管部门批准。考试包括基本知识和操作技能两部分,基本知识考试合格后,方可参加操作技能考试。焊工操作技能考试中,板状考试分平、立、横、仰四种;管状考试分为转动、水平固定和垂直固定三种。

　　焊工持焊工合格证上岗,施焊后,应在焊口旁边用钢印打上焊工号码。

　　11. 焊接

　　1) 定位焊

　　定位焊又称点焊,所用的焊条性能应与正式焊接所采用的焊条相同,点焊的焊缝要求与正式焊接相同。直缝钢管与螺纹钢管的焊缝端部不得点焊。

　　点焊厚度应与第一层焊接厚度相近,但不应超过管壁厚度的 70%。焊缝根部必须焊透,点焊长度和点数可参考表 2-12 的规定选用。点焊的位置,要求均匀、对称。点焊时与点焊后,不准用大锤敲击管子。在焊接第一层前,应对点焊进行检查,如发现裂纹,应完全铲除,重新点焊。

表 2-12　点焊长度和点数

管径/mm	点焊长度/mm	点　数
80～150	15～30	4
200～300	40～50	4
350～500	50～60	5
600～700	60～70	6
800 以上	80～100	一般间距 400 mm 左右

2）焊前的准备工作

（1）对焊接环境的要求

● 在雨天、雪天，或风速超过 8 m/s、相对湿度超过 90％时，如不采取有效防护措施，应停止野外焊接。如需施工，应有遮风、雨、雪棚，相对湿度过大时，应有干燥措施。

● 常用管材允许焊接的最低温度，低碳钢为－20℃，低合金钢为－15℃，低合金高强钢为－5℃。焊接场所的温度应尽可能保持在 0℃以上，以便于工人操作并容易保证焊接质量。

● 焊前必须清扫管道对口内外及焊接场所的积雪、冰决，擦干或烤干对口外部的水。

（2）烘干焊条

（3）预热

预热及层间温度应根据焊接工艺评定报告、材料性能或气候条件来确定，应符合下列规定。

碳钢或低合金钢的含碳量超过 0.32％，或碳当量（C＋0.25 Mn）超过 0.65％时，应预热。对于含碳量较低或碳当量较低的钢材，若因环境和气候条件使焊接技术无法发挥或将严重影响焊缝质量时，则也应进行预热，预热温度为 100℃。当焊接具有不同预热要求的不同材料时，应以预热温度要求较高的材料为准。预热可用任何方法进行，但应均匀加热，并在实际施焊期间温度不降至规定的最低值。焊口预热宽度为 200～250 mm，一般用气焊嘴烤热。

3）钢管焊接的一般要求

管道焊接应采用多层焊接。第一层焊缝根部必须均匀焊透，不得烧穿，应有内凹表面。第二层焊缝应填满坡口槽的 70％～80％。第三层焊缝应平滑过渡到基体金属，并保证应有的强度。施焊时，层间熔渣应清除干净，并进行外观检查，合格后方可进行下一层焊接。当发现有缺陷的焊缝时，应将缺陷部分彻底铲除，重新补焊。

管道焊接时，每道焊口必须一次焊完。在前一层焊道没有完成前，后一层焊道不得开始焊接。两相邻焊道起点位置应错开 20～30 mm。当管材碳当量超过 0.4％时，根焊道完成后，立即进行热焊道的焊接，在任何情况下，其间隔时间不得超过 5 min，如超过则应进行焊前预热。下向焊根焊起弧点应保证熔透，焊缝接头处可以稍加打磨，根焊道内突起的熔敷金属应用砂轮打磨，以免产生夹渣。焊缝焊完后，应将表面的飞溅物、熔渣等清除干净。

管道接口焊接应考虑焊接操作顺序和方法，防止受热集中而产生内应力。

管道一般采取分段施工，当两个较长管段连接时，对管口焊接，夏季宜在昼夜气温较低时进行，冬季宜在昼夜气温较高时进行，以减少由于气温变化而产生的温度应力。

管道焊口焊接后应自然冷却，严禁浇水冷却。在焊接过程中，遇有风、雪、雨水时，应有妥善措施。焊接时管内不应有穿堂风，管段两端要采取防风措施，防止加速冷却焊口。

当焊接中碳钢和低合金钢（16 Mn）时，应作焊前预热和焊后热处理，预热温度应在 150℃以上，热处理温度为 590℃～680℃。

12. 常见焊接缺陷及应对措施

若操作技术不良或焊条、焊接工艺参数选择不当,则可能出现各种缺陷。表 2-13 列出了电弧焊常见的缺陷、产生的主要原因及应对措施。

表 2-13　电弧焊常见的缺陷、产生的主要原因及应对措施

缺　陷	主　要　原　因	应　对　措　施
咬边	过大的焊接电流;电弧过长;焊条倾斜角度不当;摆动时运动速度不当	减小焊接电流;电弧不要拉得过长;摆动时坡口边缘运动速度稍慢些;中间运动速度稍快些;焊条倾斜角度适当
未熔合	过小的焊接电流;过高的焊接速度;热量不够;母材坡口表面污物未清洗干净	增大焊接电流;减慢焊接速度;焊条角度及运动速度要适当;清洗干净表面污物
焊瘤	溶池温度过高	适当减小焊接电流
凹坑	焊条收尾时未添满弧坑	——
未焊透	焊接电流过小或焊接速度较快;坡口角度较小、间隙过小或钝边过大;焊条角度及运动速度不当	——
夹渣	母材坡口表面及附近污物未清洗干净;操作不当	——
气孔	母材坡口表面及附近污物未清洗干净;焊条未按规定烘干;操作不当	——
裂纹	焊条质量不合格;焊缝中偶然掺入超过一定数量的铜;大刚度的部位焊接时,收弧过于突然;焊接应力过大	——

2.1.2　气焊

气焊是用氧和乙炔的混合气体燃烧进行焊接,其燃烧温度可达到 3100℃~3300℃。工程上借助这个化合过程所放出的高温化学热熔化金属进行焊接。气焊常用的材料和设备如下。

1. 电石

电石(CaC)是石灰和焦炭在电炉中焙烧化合而成,电石与水作用后,分解产生乙炔(C_2H_2)。电石在空气中能吸收水分而分解,所以要储存在铁桶中并盖严密。

2. 氧气

氧气要求纯度达到 98% 以上。氧气厂生产的氧气是以 15 MPa 的压力注入氧气瓶内,以供使用。

3. 焊条

焊条的金属成分应与管材金属成分一致。焊条表面应干净无锈,无油脂和其他污垢。

4. 氧气瓶及减压器

氧气瓶是储存和运输氧气的一种高压容器,一般采用低合金钢或优质碳素钢制成。满瓶氧气的压力为 15 MPa,可储存氧气 7 m^3。

减压器是将瓶内高压氧气调节成工作需要的低压氧气,并保持输出的压力稳定。氧气瓶与减压器均忌沾油脂,不可放在烈日下暴晒,应存放在阴凉处并远离火源,与乙炔发生器要有 5 m 以上距离,以防发生事故。

5. 乙炔发生器

钟罩式乙炔发生器（见图 2-7）在工地应用较多，属于低压式（乙炔压力 0.025～0.03 MPa）发生器。钟罩中的电石篮子沉入水中后即产生乙炔，乙炔聚集在钟罩内并使钟罩浮起，电石也由水中提起，停止产生乙炔。随着乙炔的消耗，钟罩内压力降低，钟罩与电石再次落入水中，电石与水接触又产生乙炔。如此循环，直至电石反应完毕。钟罩上端装有橡胶防爆膜，当发生回火或温度太高时，防爆膜即爆破，以防发生爆炸事故。滴水式乙炔发生器是采取向电石滴水产生乙炔，调节滴水量可以控制产气量。这种发生器既节省电石，又比较安全。

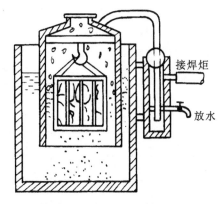

图 2-7　钟罩式乙炔发生器

当用气量大和用气点多时，可设集中式乙炔发生站，将乙炔装入钢瓶，运至各用气点使用。

乙炔是具有爆炸性的气体，使用时应严格遵守安全操作规程，防止发生爆炸事故。乙炔发生器距建筑物不应小于 5 m；周围要严禁烟火；要配置保险罐，防止焊炬回火；钟罩式发生器要经常更换清水，避免产气处温度过高而爆炸。

6. 液化石油气

液化石油气简称 LPG，含量以丙烷（C_3H_8）为主。近年来由于环保的要求，LPG 常用来替代乙炔作为气焊燃料，其切割、焊接效果优于乙炔。采用 LPG 作为燃料，上述乙炔制造工艺及设备均可取消，由容器盛装 LPG 即可。

7. 橡胶管

橡胶管必须具有足够承受气体压力的能力，并应质地柔软、质量轻，以便操作。目前使用的橡胶管是用优质橡胶夹着麻织物或棉织纤维制成的。氧气胶管能承受 2 MPa 的气体压力，呈黑色或绿色，一般胶管内径为 8 mm，外径为 18 mm。乙炔胶管能承受 0.5 MPa 的气体压力，表面呈红色，一般胶管的内径为 8 mm，外径为 16 mm。胶管长度一般为 30 m。橡胶管应可靠地固定在焊炬、减压器和乙炔发生器的接头处，并应经常作气密性试验、检查。在用新的胶管时，应先将管内的滑石粉吹净，防止焊炬被堵。胶管不得沾染油脂。

8. 焊炬

焊炬又称焊枪，它将氧气和乙炔（或 LPG）按一定比例混合，并以一定速度喷出燃烧，产生适合焊接要求的、燃烧稳定的火焰。应用最多的是射吸式焊炬。

射吸式焊炬的构造原理如图 2-8 所示。当开启氧气阀时，具有一定压力的氧气便经氧气导管进入喷嘴，并高速喷入射吸管，使喷嘴同空间形成负压，而将乙炔导管中的乙炔（打开乙炔阀时）吸入射吸管，经混合气管充分混合后由焊嘴喷出点燃而形成火焰。

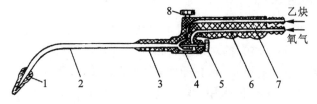

图 2-8　射吸式焊炬的构造原理图

1—焊嘴；2—混合气管；3—射吸管；4—喷嘴；5—氧气阀；
6—氧气导管；7—乙炔导管；8—乙炔阀

管道焊接多使用 H01-6 焊炬。该焊炬有 5 个焊嘴,焊嘴孔径分别为 0.9 mm、1.0 mm、1.1 mm、1.2 mm、1.3 mm,供焊接厚为 2~6 mm 低碳钢板(或钢管)时更换使用。射吸式焊炬规格如表 2-14 所示。

表 2-14　射吸式焊炬规格

型　　号	焊接钢板厚度/mm	压力/MPa		可换焊嘴个数	焊嘴孔径范围/mm	焊炬总长度/mm
		氧气	乙炔			
H01—2	0.5~2	0.1~0.25		5	0.5~0.9	300
H01—6	2~6	0.2~0.4	0.01~1.2	5	0.9~1.3	400
H01—12	6~12	0.4~0.7		5	1.4~2.2	500
H01—20	12~20	0.6~0.8		5	2.4~3.2	600

管道焊接采用气焊时,当管壁厚度大于 3.5 mm 时,必须开坡口。坡口形式与尺寸如表 2-15 所示。

表 2-15　气焊坡口形式与尺寸要求　　　　　　　单位:mm

接头名称	对口形式	接头尺寸			
		厚度 δ	间隙 c	钝边 p	坡口角度 $\alpha/(°)$
对接不开坡口		≤3.5	1~2	—	—
对接V形坡口		≥4	2~3	0.5~1.5	70~90

2.2　钢管焊接施工

从事燃气管道焊接的焊工必须取得有关部门颁发的锅炉压力容器焊工合格证,并连续从事焊接工作,方可准许参加焊接。

化学成分和力学性能不清楚的钢管和电焊条不得用于燃气管道工程。

一般情况下应尽量采用电弧焊,只有壁厚不大于 4 mm 的钢管才可用气焊方法焊接。

2.2.1　管子端面检查及组对

管子端面的形状和尺寸是保证焊接质量的首要条件。燃气管道的焊接一般均采用对接接头,根据管壁厚度可分为不开坡口的对接接头和 V 形坡口对接接头。

不开坡口的对接适用于壁厚 4 mm 的钢管,为保证焊透,通常留有 1~2 mm 的间隙。

V 形坡口在壁厚超过 4 mm 时采用。坡口形状及尺寸如表 2-16 所示。坡口的主要作用是保证焊透,钝边的作用是防止金属烧穿,间隙是为了焊透和便于装配。不同壁厚的管子、管件对焊时,如两壁厚相差大于薄管壁厚的 25%,或大于 3 mm 时,必须对厚壁管端进行加工,加工要求如图 2-9 所示。

表 2-16　坡口形状及尺寸

单位:mm

V 形坡口图示	焊　接	壁厚 s	间隙 a	钝边 p	坡口角度 $\alpha/(°)$
	电弧焊	$4\sim9$	$1.5\sim2$	$1\sim1.5$	$60°\sim70°$
		$\geqslant10$	$2\sim3$	$1.5\sim2$	$60°\sim70°$
	气　焊	$3.5\sim5$	$1\sim1.5$	$0.5\sim1$	$60°\sim70°$

管子坡口可采用车削、氧气切割或碳弧气刨等方法进行加工。

管子组对时,两管纵向焊缝应错开;环向距离不小于 100 mm;错口允许偏差为 0.5~1.0 mm。组对短管时,短管长度不应小于管径,而且不应小于 150 mm。

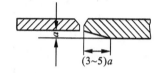

图 2-9　不同壁厚钢管的对接

2.2.2　沟边焊接工作的组织

对口完毕即可进行定位焊(点焊),然后焊接成一定长度的管段,待强度试验后,将管段下到沟槽内再焊成管路。焊接工作由一定数量的管子工和焊工组成作业组按流水作业进行。

● 对口点焊组:负责把管子放在垫木或转动装置上,对好口,点焊成管段。

● 转管焊接组:把点焊的管段全部施焊完毕,并进行强度试验。

● 固定口焊接组:把下到沟底的各管段连接施焊成管路,一般是在沟内对口和进行固定口全位置焊接。

上述作业组形式适于长距离和较大管径(外径大于 150 mm)的焊接工程,短距离的焊接工程可根据施工具体条件组织一个或两个作业组。

2.2.3　管道的焊接技术

1. 固定口全位置焊接技术

水平管段固定口的焊接特点是焊缝的空间位置沿焊口不断变化。焊接时要随着焊缝空间位置的变化不断改变焊条角度,因此操作比较困难。另外,焊接过程中熔池形状也在不断变化,不易控制,往往会出现根部熔透不均匀,表面凸凹不平的焊道。

焊缝空间位置的不同,容易产生的缺陷也不相同,如将管口分成 6 等分(见图 2-10),则部位 1 和部位 6 容易出现各种缺陷;部位 2 容易出现弧坑未填满和气孔;部位 5 容易出现熔透过分,形成焊瘤;部位 3 和部位 4 熔渣与铁水容易分离。因此,焊接时要根据不同位置的特点调整操作工艺,避免产生焊接缺陷。

水平管段固定口的焊接通常是以平焊点部位 6 和仰焊点部位 1 为界,将环形焊口分为两个半圆形焊口,按仰焊、仰立焊、平立焊和平焊的顺序进行焊接。

（1）前半圈的焊接

起焊应从仰焊部位中心线前 5~15 mm 处开始(见图 2-11),提前起焊尺寸依管子直径而定,管径小提前尺寸相应减小。在坡口侧面上引弧,先用长弧预热,当坡口开始熔化时迅速压短电弧,靠近钝边作微小摆动。当钝边熔化形成熔池后,即可进行熄弧焊,然后方可继续向前施焊。用"半击穿法"将坡口两侧钝边熔透,使其反面成形,然后按仰焊、仰立焊、立焊、斜平焊及平焊顺序将半个圆周焊完。为了保证接头质量,前半圈收尾时应在越过平焊部位中心线

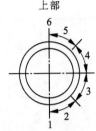

上部

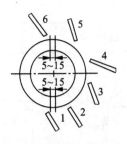

图 2-10　水平管段固定口焊接部位分布
1—半圆起点；2—仰焊；3—仰立焊；
4—平立焊；5—平焊；6—半圆终点

图 2-11　固定口全位置焊接时焊条角度的变化

5～15mm 处熄弧。焊接时焊条角度的变化如图 2-11 所示。焊接过程中遇到点焊缝时，必须用电弧将焊缝一端的根部间隙熔穿，以确保充分熔合。当移动至点焊缝另一端时，焊条应稍停一下，使之充分熔合。

（2）后半圈的焊接

由于仰焊起焊时最容易产生未填满弧坑、未焊透、气孔、根部裂纹等缺陷，所以在后半圈焊接开始时，应把前半圈起焊处的焊缝端部用电弧割去约 10mm 的一段，这样，既可除去可能存在的缺陷，又可以形成缓坡形的焊缝端部，为确保半圈接头处的焊接质量创造有利条件。其操作方法是先用长弧预热原焊缝端部，待端部熔化时迅速将焊条转成水平位置，对准熔化铁水用力向前一推，必要时可重复 2～3 次，直到将原焊缝端部铁水推掉形成缓坡形槽口，随后将焊条移回到焊接位置，从割槽的后端开始焊接。这时，切勿熄弧，以使原焊缝充分熔化，消除可能存在的缺陷。当焊条移动至中心线时，须将焊条向上顶一下，以便将根部熔透，形成熔孔后方可熄弧。此后即可进行后半圈的正常焊接。

（3）平焊接头

平焊接头是两个半圈结尾的交接部分，也是整个焊口的收尾部分，要保证此处充分熔合并焊透。为此，当焊条移动至原焊缝尾部时，应使焊条略向前倾，并稍作前后摆动，以便充分熔合。当接头封闭时，将焊条稍微压一下，这时可以听到电弧击穿根部的声音，说明根部已充分熔透，填满弧坑后即可熄弧。

（4）表面多层焊

完成封底焊缝后，其余各层的焊接就比较容易了。要注意使各层焊道之间以及与坡口之间充分熔合。每焊完一道要仔细清除熔渣，以免产生层间夹渣。

2. 固定口横焊技术

横焊时，熔池金属有自然下流造成上侧咬边的趋势，表面多层焊道不易焊得平整美观，常出现高低不平的缺陷。

（1）封底焊

封底全部采用横焊，条件相同，所以在各种位置都要使焊条与管子之间保持相同角度（见图 2-12）。具体操作技术完全同于横焊单面焊双面成型操作技术。焊接时要尽可能将熔池的形状控制为斜椭圆形，如图 2-13（a）所示，这时不易产生夹渣。要避免出现凸圆形焊缝（见图 2-13（b）），凸圆形焊缝容易产生层间夹渣及熔合不良等缺陷。在用碱性低氢焊条时，焊条只能在熔池中作斜向来回摆动，采用不灭弧半击穿焊法，电弧不得任意离开熔池，以免出现气孔等缺陷。组对间隙小时，应增大电流或使电弧紧靠坡口钝边作直线运动，用击穿法进行焊接。

图 2-12 横焊运动时焊条与管子之间的角度

(a)斜椭圆形　　(b)凸椭圆形

图 2-13 横焊根部焊缝形状

（2）表面多层焊

为了避免夹渣、气孔等缺陷，焊接电流应大些，焊条运动速度不宜过快，熔池形状尽可能控制为斜椭圆形。若铁水与熔渣混合而不易分清，可将电弧略向后一带，熔渣就被吹向后方而与铁水分离。当遇到焊缝表面凸凹不平时，在凸处焊条运动应稍快，在凹处则应稍慢，以获得较平整的焊缝。表面多层焊可采用焊条直线或斜折线运动。

3. 转动口焊接技术

管子组对后，长度不过长时应尽量采用转动焊法。转动焊可以在最佳位置施焊，因此，在整个焊接过程中焊条角度、运动方向等都保持不变，焊接质量也较容易保证。

管道转动口单面焊双面成型焊接可在立焊位置和斜立焊位置进行，如图 2-14 所示。立焊位置可保证根部良好熔合与焊透，熔渣与铁水容易分离，组对间隙较小时更适于采用立焊位置。斜立焊位置除具有立焊位置的优点外，还具有平焊操作方便的优点，可用较大的电流，以提高焊接速度。

(a)立焊位置　　　　　　(b)斜立焊位置

图 2-14 管道转动口施焊位置

2.3 球罐焊接施工

球形燃气储罐主要用于高压常温，甚至高压低温的条件下，材质多为高强度的低合金钢。球形燃气储罐所用钢板较厚，施工现场焊接条件较差，而对焊接质量的要求又非常严格，因此，焊接质量是球形燃气储罐施工质量的关键。

2.3.1 球罐的主要焊接缺陷

球罐焊接除应避免一般焊缝缺陷外，尤其要防止变形和裂纹这两种缺陷。

1. 变形

焊缝横向收缩往往产生角变形，即焊缝产生内凹或外凸。另外，环向焊缝纵向收缩造成球罐的直径缩小，形成赤道带直径小，而极板则向外凸起。

球罐变形不仅是外观质量问题，而且将导致应力集中和附加应力，严重削弱球罐承压能力,影响安全。因此,必须正确地组装焊接,尽量减小变形。

2. 裂纹

球罐钢板较厚,材料强度高,成型后刚度大,焊接应力比较大,如果在材料选用、施工及焊接工艺中稍有忽略,将会产生焊接裂纹,严重威胁球罐的安全使用。

球罐焊接裂纹可能发生在焊缝,也可能发生在热影响区,既可能是纵向裂纹,也可能是横向裂纹,既可能在焊接过程中产生热裂纹,也可能在焊接相当一段时间后出现延迟裂纹(又称冷裂纹)。对于低合金高强度钢,延迟裂纹出现的倾向性更大。

因此,在球罐焊接时,不论是选用材料,还是制订工艺和操作过程,每一个环节都必须密切注视焊接裂纹出现的可能性。

2.3.2 对接焊缝名称及代号

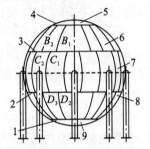

图 2-15 五环带球罐焊缝名称及代号示意图
1—DE 下小环缝;2—CD 下大环缝;
3—BC 上大环缝;4—AB 上小环缝;
5—A 上极;6—B 上温带;7—C 赤道带;
8—D 下温带;9—E 下极

球罐上的焊缝非常多,部位各不相同,为了组装焊接、检验及缺陷修复等工序中方便起见,建造过程中应对焊缝进行统一名称和编号。

一般情况下,焊缝名称及编号与球壳板各带名称及代号相对应:两环带球壳板间组成的环焊缝,其代号由两环带球壳板代号拼成;各环带纵焊缝代号由各环带球壳板代号与各带纵焊缝安装序号组成。根据球罐直径大小,其球壳板可分别由三环带、五环带或七环带等组成。图 2-15 为五环带球罐焊缝名称及代号示意图。

2.3.3 预制片的组装焊接

1. 坡口形状

坡口形状和尺寸对球罐的几何形状及焊接质量影响很大,球壳板预制片的对接焊缝,可按不同厚度分别采用 V 形或不对称 X 形坡口,如表 2-17 所示。采用不对称 X 形坡口时,大坡口一般应在球壳板外侧。

表 2-17　球壳焊缝坡口形式及尺寸　　　　　　　　　单位:mm

坡口名称	坡口形式	自动焊坡口尺寸	手工焊坡口尺寸	适用范围
V 形		$s=16\sim20$ $p=7$ $c=0+1$ $\alpha=70°$	$s=6\sim18$ $p=2$ $c=2$ $\alpha=65°$	球壳纵、环焊缝
不对称 X 形		$s=20\sim28$　$h=6$ $s=30\sim40$　$h=10$ $p=6$ $c=0+1$ $\alpha=70°$ $\beta=70°$	$s=20\sim50$ $h=1/3s$ $p=2$ $c=2\sim4$ $\alpha=60°\sim70°$ $\beta=60°\sim70°$	球壳纵、环焊缝

2. 预制片组装焊接

预制片组装焊接应在焊接胎具上进行。实践证明,在凹形胎具上组装比较容易,一般是点焊内部,先焊外焊缝,后焊内焊缝。由于每片质量较重,翻转较难,一般都是将外焊缝全部焊完后再焊接内焊缝。

焊接外焊缝时,把点焊好的预制片放到焊接外焊缝胎具上,不加任何约束进行焊接。如三个焊工同时施焊,可按图 2-16 所示的位置、方向和顺序进行,由焊缝端部开始焊至预制片的中心最高点,再从另一端焊起至最高点相接。多层焊的顺序相同。

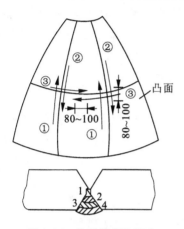

图 2-16 外焊缝焊接顺序

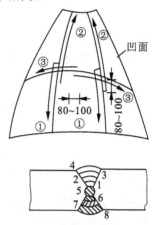

图 2-17 内焊缝焊接顺序

预制片外焊缝施焊完成后,翻转过来放入焊接内焊缝胎具上,先用碳弧气刨清除焊根。预制片四周边缘用卡具进行半刚性固定,使预制片的弧度与内弧样板完全吻合。把焊缝的两端点用点焊固定,防止施焊变形。施焊位置、方向和顺序可按图 2-17 所示进行。

2.3.4 球体组装焊接

1. 固定焊

球壳板吊装前需要在球壳板上焊接一些定位块和吊耳等临时性安装附件,这些附件的焊接称为固定焊。

2. 定位焊(点焊)

球罐焊接前为组对固定球壳板而焊接的短焊缝称为定位焊缝。定位焊要达到使球罐在正式焊接前即使拆除了组装夹具,球壳板的连接仍具有足够的强度。定位焊应在球壳直径、椭圆度、错边量、角变形和对口间隙等调整合格后进行,应采用分组同时对称施焊,尽量减小焊接应力和焊接变形。

3. 球罐的焊接顺序

制订正确的焊接顺序主要是使焊接应力减小,并均匀分布,将焊接变形控制在最小范围内,并防止冷裂纹的产生。施焊顺序的原则是先焊接纵焊缝,后焊接环焊缝;先焊接大坡口面焊缝,后焊接小坡口面焊缝;先焊接赤道带焊缝,后焊接温带焊缝,最后焊接极板焊缝。例如,由五环带组成的球罐可按以下两个步骤进行焊接。

(1)散装球罐的焊接顺序

赤道带外侧纵缝→下温带外侧纵缝→上温带外侧纵缝→赤道带内侧纵缝→下温带内侧纵缝→上温带内侧纵缝→上下外侧大环缝→上下内侧大环缝→上外侧小环缝→上内侧小环缝→

下外侧小环缝→下内侧小环缝。

（2）上下极板、人孔凸缘及接管的焊接顺序

极板外侧平缝→极板内侧平缝→人孔凸缘外侧焊缝→极板接管外侧焊缝→人孔凸缘内侧焊缝→极板接管内侧焊缝。

4. 焊缝的焊接工艺

（1）纵缝的立焊焊接工艺

赤道带和上下温带（及寒带）的纵缝可由数名焊工组成的施焊组进行对称焊接。一般可每隔一条或两条缝安排一名焊工。焊接时，数名焊工同时开焊，焊接速度基本保持一致。对厚度为 40 mm 的球壳板，纵缝的焊接层次如图 2-18 所示。焊接赤道带纵缝按立焊焊接规范进行，上温带呈平立焊位置，焊接速度可稍快；下温带呈仰立位置，焊接速度应放慢些。

焊接时预热温度为 125℃～150℃，层间温度不超过预热温度。

（2）环缝的横焊焊接工艺

上、下大环缝和小环缝均处于横焊缝位置，可均布数名焊工同时自左向右施焊，横缝的焊接层次如图 2-19 所示。横焊预热温度为 145 ℃～165 ℃。

（3）插管角焊缝的焊接工艺

在接管组装前，应将球壳板上的开孔打磨出光泽。焊接时要特别注意焊透，焊接层次如图 2-20 所示。焊缝的加强高度为管壁厚度的 0.7 倍。

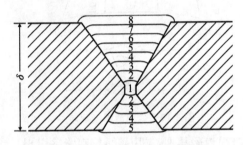

图 2-18　$\delta=40\,\mathrm{mm}$ 的纵缝焊接层次

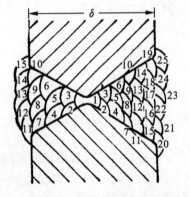

图 2-19　$\delta=40\,\mathrm{mm}$ 的横缝焊接层次

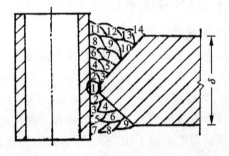

图 2-20　$\delta=40\,\mathrm{mm}$ 插管角焊缝的焊接层次

2.3.5　预热温度与后热温度

1. 预热温度

焊缝在焊接前进行预热，这样可延长焊缝冷却时间，使焊缝中的扩散氢有足够时间逸出，并可降低焊接残余应力，从而避免冷裂纹的出现。

利用裂纹敏感性指数 P_c 和 P_{cm} 的计算，可以估算出避免裂纹所需的预热温度 T_0。P_c、P_{cm} 和 T_0 的经验公式为

$$P_c = P_{cm} + \frac{M_H}{60} + \frac{\delta}{600}$$

$$P_{cm} = w_C + \frac{w_{Si}}{30} + \frac{w_{Mn}}{20} + \frac{w_{Ca}}{20} + \frac{w_{Ni}}{60} + \frac{w_{Cr}}{20} + \frac{w_{Mo}}{15} + \frac{w_V}{10} + 5w_B$$

$$T_0 = 1440P_c - 392$$

式中：P_c 为钢材焊接裂纹敏感性指数（%）；

P_{cm} 为合金成分裂纹敏感性指数（%）；

M_H 为熔敷金属中扩散氢含量（ml/100g），国内一般低氢焊条的扩散氢含量为 $2 \sim 4$ ml/100g；

δ 为钢板厚度（mm）；

T_0 为避免出现裂纹所需的最低预热温度（℃）；w_C、w_{Si}、$\cdots$、w_B 分别为碳、硅、$\cdots$、铍等的含量（%）。

例如，厚度 $\delta = 40\,mm$、牌号为 16MnR 的钢壳板，其化学成分为：C 含量为 0.16%，Mn 含量为 1.4%，Si 含量为 0.35%。如采用国内低氢型焊条，试计算此种钢板避免出现裂纹所需的最低预热温度。

取扩散氢含量 $M_H = 3ml/100g$，则

$$P_{cm} = 0.16 + \frac{0.35}{30} + \frac{1.4}{20} = 0.2416$$

$$P_c = 0.2416 + \frac{3}{60} + \frac{40}{600} = 0.3582$$

$$T_0 = (1440 \times 0.3582 - 392)℃ = 123.8℃$$

现场环境温度较低，预热条件较差，因此，选定预热温度为 125℃～165℃。

2. 后热温度

焊接完毕后，趁球罐焊缝及其周围尚有余热时，应立即进行焊后加热，使焊缝中的扩散氢有充分的时间逸出，同时，还可降低罐壁的残余应力，减小焊缝金属的硬度。后热温度一般为 200℃～250℃，保温时间为 0.5～1.0h。

2.3.6 焊后球罐整体热处理

球罐的焊后整体热处理是为了消除焊接残余应力等有害影响并改善焊缝性能，把球罐整体加热到某一温度，经一定时间保温，然后冷却的工艺过程。如图 2-21 所示为焊后热处理消除残余应力的效果，由图中曲线可知，焊接残余应力随着退火温度的升高而降低，当加热到 600℃时，残余应力几乎完全消除。

焊接残余应力是形成冷裂纹的重要因素，焊缝厚度越大，残余应力越严重。世界各国对焊后热处理的厚度界限均有明确规定。我国在《现场设备、工业管道焊接工程施工及验收规范》（GB50236—1998）中规定，对接焊缝厚度符合以下条件时应进行焊后热处理。

碳钢：对接焊缝厚度大于 34mm（若焊前预热 100℃时，对接焊缝厚度可大于 38mm）。

16MnR：对接焊缝厚度大于 30mm（若焊前预热 100℃时，对接焊缝厚度可大于 34mm）。

15MnVR：对接焊缝厚度大于 28mm（若焊前预热

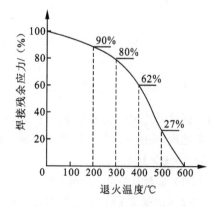

图 2-21 焊后热处理消除残余应力的效果

100℃时,对接焊缝厚度可大于 32 mm)。

12CrMo:对接焊缝厚度大于 16 mm。

其他低合金钢任意厚度都应进行焊后热处理。

我国在《球形储罐施工及验收规范》(GB50094—1998)中,对焊后热处理温度作了规定,常用温度为 550℃~650℃。热处理时的最少保温时间为每 25 mm 厚度,不应少于 1 h。热处理时球罐各处温度差越小越好,但保温阶段温差应不大于 50℃。当球罐升温到 300℃以上时,应把升温速度控制在 60℃/h~80℃/h 范围内;冷却时,球罐温度在 300℃以上时,其冷却速度应控制在 30℃/h~50℃/h,球罐温度在 300℃以下时,可在空气中自然冷却。如图 2-22 所示为板厚 50 mm、公称容积为 1000 m³ 的球罐的热处理工艺曲线。

热处理可采用内部燃烧法,即在球罐内部布置一个或若干个燃烧喷嘴,用来燃烧气体或液体燃料。球罐外可采用玻璃棉等保温材料保温,罐外壁均匀布置若干热电偶,用以控制及测量温度,并按照预先设计的热处理工艺曲线进行升温和退火。

图 2-23 所示为采用内部燃烧法的热处理工艺系统。油罐内的燃料油经油泵、流量计和安全回流阀送至雾化器,储气罐内的燃气经调压阀、燃气空气混合器送至点火器,点着的火焰把雾化器的油雾点燃后加热球罐。燃烧气体燃料时,燃气和燃烧时所需空气分别由燃气储罐和空气储罐供应,空气储罐与空气压缩机连接。球罐内烟气排出可通过蝶阀控制,从烟囱排出。球罐表面各部位的温度通过表面热电偶和补偿导线传至温度记录仪。

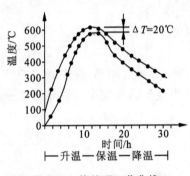

图 2-22　热处理工艺曲线

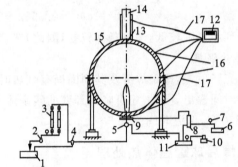

图 2-23　热处理工艺系统

1—油罐;2—油泵;3—流量计;4—安全回流阀;5—雾化器;
6—燃气储罐;7—调压器;8—混合器;9—点火器;10—空气压缩机;
11—空气储罐;12—温度记录仪;13—蝶阀;14—烟囱;
15—绝热层;16—表面热电偶;17—补偿导线

2.4　焊接质量检验

2.4.1　焊接缺陷分析

焊接时产生的缺陷可分为外部缺陷及内部缺陷两大类。外部缺陷用眼睛和放大镜进行观察即可发现,而内部缺陷则隐藏于焊缝或热影响区的金属内部,必须借助特殊的方法才能发现。

1. 外部缺陷

(1) 焊缝尺寸不符合要求

焊缝的熔宽和加强高度不合要求,宽窄不一或高低不平。这是由于操作不当等原因造成的。如焊条运动不正确、焊条摆动不均匀、焊接速度和焊条送进速度不一致,以及对口间隙或坡口大小不一等。

（2）咬边

咬边是因电弧将焊缝边缘吹成缺口，而没有及时得到焊条金属的补充，使焊缝两侧形成凹槽。造成咬边的主要原因是焊接时选用的焊接电流过大，或焊条角度不正确。咬边在对接平焊时较少出现，在立焊、横焊或角焊的两侧较易产生。焊条偏斜使一边金属熔化过多也会造成一侧咬边。

咬边减弱了接头工作截面，并在咬边处形成应力集中。燃气管道和燃气储罐的接缝不允许存在咬边。

（3）焊瘤

在焊接过程中，熔化金属流溢到加热不足的母材上，这种未能和母材熔合在一起的堆积金属叫做焊瘤。产生焊瘤的主要原因是电流太大，焊接熔化过快，或焊条偏斜，一侧金属熔化过多。角焊缝更易发生焊瘤。

焊瘤造成焊缝形状不美观。立焊时，有焊瘤的部位往往还有夹渣和未焊透。管子内部的焊瘤除降低强度外，还减小管内的有效截面。

（4）烧穿

烧穿一般发生在薄板结构的焊缝中，这是绝对不允许的。烧穿的原因主要是焊接电流过大、焊接速度太慢或装配间隙太大等。

（5）弧坑未填满

焊接电流下方的液态熔池表面是下凹的，所以断弧时易形成弧坑。它减小了焊缝的截面，使焊缝强度降低。弧坑金属比其他部位金属含氧和氮多，故力学性能低，在动荷载的情况下，焊缝通常由弧坑处开始破坏，因此必须填满弧坑。

（6）表面裂纹及气孔

这类缺陷会减小焊缝的有效截面，造成应力集中，并影响焊缝表面形状。

外部缺陷较容易被发现，应及时修补，有时需将缺陷铲（刨）去后再重新补焊。

2．内部缺陷

常见的内部缺陷是未焊透、夹渣、气孔和裂纹。

（1）未焊透

有根部未焊透、中心未焊透、边缘未焊透、层间未焊透等几种类型。未焊透会使接缝强度减弱，在有外力作用时，未焊透处可能产生裂纹。对重要结构，未焊透处必须铲除后重新补焊。

产生未焊透的原因可能是坡口角度和间隙太小，钝边太厚；也可能是焊接速度太快，焊接电流过小或电弧偏斜，以及坡口表面不洁净。未焊透常和夹渣一起存在。未熔合也属于未焊透，这是因为加热不充分，致使工件边缘没有熔化，使得熔化焊条金属没有和工件真正熔化在一起。未熔合的原因是电流太大，后半根焊条过热造成熔化太快，而工件边缘尚未熔化，焊条铁水就流过去了，所以焊接电流过大时也可能产生未焊透。

避免未焊透的措施是正确选用焊接电流和焊接速度，正确选用坡口形式和装配间隙，坡口表面铁锈应清除干净，操作时防止偏焊和产生夹渣。

（2）夹渣

因为焊缝金属冷却过快，一些氧化物、氮化物或熔渣中个别难熔的成分来不及自熔池中浮出，致使其残留在焊缝金属中形成夹渣。多层焊时，前一层的焊渣未清理干净也会造成夹渣。

夹渣与气孔一样会降低焊缝强度。焊接时，应将焊缝处清理干净，选择适当成分的药皮或焊剂,以保证对熔池金属的充分保护及脱氧,不致形成过多而难熔的熔渣。

（3）气孔

气孔是在焊接过程中形成的气体来不及排出,而残留在焊缝金属内部所形成的。气孔可能单个存在,也可能呈网状、针状,后者更有害。气孔减小了焊缝工作截面,降低了接缝强度与密封性。

避免产生气孔的措施是:保证焊条或焊剂充分干燥;工件表面和焊丝没有铁锈、油污等杂质;加强对焊缝的保温,使之缓慢冷却。

（4）裂纹

裂纹产生在焊缝或母材中,也可能存在于焊缝表面或内部,这是最危险的缺陷。裂纹削弱了工作截面,不仅造成应力集中,而且在动载荷作用下,即使有微小裂纹,也很容易扩展成宏观裂纹,导致结构整体的脆性破坏。因此,绝对不允许裂纹存在。

焊接冷裂纹是在焊后较低的温度下形成。由于冷裂纹的产生与氢有关,又有延迟开裂的性质,因此,又称焊接氢致裂纹或延迟裂纹。氢的来源主要是焊接材料中的水分,焊接区域的油污、铁锈、水及大气中的水蒸气等,经电弧高热作用,分解成氢原子进入熔池中。焊接时,氢除了向大气扩散外,在熔池冷却过程中还向夹杂处集中,形成圆形或椭圆形微裂纹,所以又称其为氢白点。另外,钢材组织成分和焊后残余应力也是产生冷裂纹的因素。

普通碳素钢和低合金高强度钢产生热裂纹的可能性较小。但处于高压低温的燃气球罐,尤其是不锈钢材质的,焊接热裂纹是常见的缺陷。

球形燃气储罐在进行消除焊后残余应力的热处理过程中出现的裂纹称为再热裂纹,又称消除应力处理裂纹,简称 SR 裂纹。热处理中,钢材弹性应变向塑性应变转化而得到松弛,残余应力松弛时,当应力集中部位引起的实际塑性变形不小于该部位钢材的变形能力时,便产生再热裂纹。对再热裂纹敏感的钢主要是含铬、锰、钒和硼等元素的钢。为防止出现再热裂纹,应尽量减小焊接残余应力,消除应力集中点,确定合理的热处理温度。

当发现有裂纹时,可在其两端钻孔,防止裂纹扩展,然后用风铲或碳弧气刨将其清除干净,重新补焊。合金钢板在焊接后应至少经过三天再检查一次,看是否有延迟裂纹。

2.4.2　焊接接头的性能鉴定

1. 化学成分分析

化学分析的目的是检查焊缝金属的化学成分。化学成分的偏差将影响焊缝的力学性能。一般是用直径为 6 mm 的钻头,从焊缝中钻取样品(见图 2-24)。样品的数量视所分析的化学元素多少而定,一般常规分析需 50～60g。经常被分析的元素有碳、锰、硅、硫和磷等,对一些合金钢或不锈钢焊缝,有时也需分析铜、钒、钛、钼、铬、镍和铝等元素,必要时还要对焊缝中的氢、氧或氮的含量作分析。

2. 金相组织检查

焊接接头的金相检查的目的是分析焊缝金属及热影响区的金相组织,测定晶粒的大小及焊缝金属中各种显微氧化夹杂物、氢白点的分布情况,用以鉴定该金属的焊接工艺、焊接规范是否正确,以及热处理和其他各种因素对焊缝力学性能的影响。

焊缝金相组织的检查方法:首先是在焊接试板上截取试样,经过刨削、打磨、抛光、浸蚀和吹干等步骤,然后放在金相显微镜下进行观察,必要时可把典型的金相组织构造制成金相照片。

3. 力学性能试验

力学性能试验是评定各种钢材或焊缝的力学性能的方法。

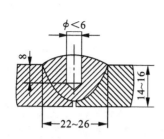

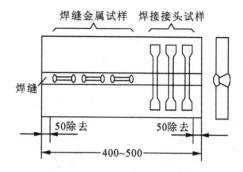

图 2-24 焊缝金属化学分析试样钻取要求   图 2-25 焊缝金属及焊接接头试样取样位置

（1）拉伸试验

拉伸试验是为了测定焊缝或焊缝金属的抗拉强度、屈服强度、断面收缩率和伸长率等力学性能指标的一种方法。试样的取截位置及形状如图 2-25 所示。

（2）弯曲试验

弯曲试验的目的是测定焊缝的塑性，以试样弯曲角度的大小以及产生裂纹的情况作为评定指标。弯曲试样的取样位置及弯曲试验的方法分别如图 2-26 和图 2-27 所示。

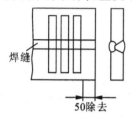

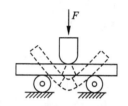

图 2-26 弯曲试样的取样位置   图 2-27 弯曲试验的方法

2.4.3 无损探伤法

对于内部缺陷，可以在不损害焊缝完整性的条件下，用物理的方法去发现，这种方法称为无损探伤。常用的无损探伤有射线法（X 射线或 γ 射线）、超声波法和磁力探伤法等方法。

1. 射线探伤

1）射线探伤原理

用 X 或 γ 射线透视工件进行探伤的原理相同，只是射线的性质不同。X 射线和 γ 射线都是电磁波，γ 射线较 X 射线的波长更短。X 射线和 γ 射线都具有穿透包括金属在内的各种物质的能力，穿透力强弱与波长有关，波长越短，穿透力越强，所以 γ 射线具有更强的穿透力。X 射线和 γ 射线都能使照相底片感光。

射线穿透各种物质时被部分吸收，材料密度越大，射线被吸收得越多。射线探伤就是利用了不同物质对射线的吸收能力不同这一特点。

X 射线来自 X 射线管。透视时，将 X 射线源对准要照射的部位，在焊缝背面安置底片，若焊缝内部有夹渣、气孔、裂纹、未焊透等缺陷，则在底片上呈现圆点、窄条、细线等形状。X 射线透视原理如图 2-28 所示。

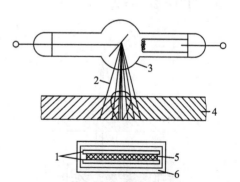

图 2-28 X 射线透视原理图

1—增感屏；2—X 射线；3—X 光管；
4—工件；5—底片；6—暗盒

透过材料的射线强度,随着材料厚度的增加而减弱。因焊缝有加强高度,故厚度最大,对射线的吸收也最多,底片相应部分感光最弱;靠近焊缝的母材厚度最小,对射线吸收较少,底片相应部分感光较强。若焊缝中有缺陷时,缺陷内的气体或非金属夹杂物对射线的吸收能力远远小于金属,则射线通过缺陷时强度衰减较小,相应缺陷的底片部位感光最高。底片冲洗后,可清晰地看到底片上对应缺陷部位的黑度要深一些。根据不同黑度的形状和大小,就可直观地判断缺陷的大小、缺陷类型和数量。

射线探伤所能发现的最小缺陷尺寸称为绝对灵敏度,最小缺陷尺寸占被检工件厚度的百分数称为相对灵敏度。由于射线在传播时发生散射或绕射,所以不能发现尺寸过小的缺陷;工件厚度很大时,较多射线被材料吸收,也无法显示微小缺陷。射线探伤的灵敏度除与缺陷形状、工件材料对射线的吸收能力有关外,主要取决于射线的波长。X射线探伤的灵敏度一般为 2%～3%,透射 50 mm 以下的工件,因射线被吸收较少,故灵敏度在 0.5%～1% 之间。γ射线因波长短,所以探伤灵敏度较低,工件厚度在 10～30 mm 时为 3%～4%;当工件厚度大于 50 mm 时,γ射线较 X 射线探伤的灵敏度高,因为这时 X 射线较多地被工件吸收,难以辨明较小的缺陷。

一般使用透度计来确定灵敏度。例如,金属丝透度计(见图 2-29)是用与试件同样材料的金属丝,将其压在薄橡胶膜中,按粗细排列,其直径和长短均按 GB5618—1985 的规定设置,灵敏度 K 可按下式确定,即

$$K = \frac{d}{T} \times 100\%$$

式中:T 为射线通过工件的总厚度(包括加强高度);d 为底片上能清晰发现的金属丝最小直径。

与 X 射线相比,γ射线探伤除可检验较厚的工件外,最主要的优点是不需要电源,设备简单轻便,易于携带,适于野外作业。

γ射线是由天然放射性元素或人工放射性同位素产生的。最常用的是钴 60(Co^{60}),其次是铱 192(Ir^{192})和铯 137(Cs^{137})。γ射线的剂量即射线的多少是以克镭当量来计算的,也就是与 1g 镭元素放出的 γ射线的多少来比较。钴 60 的克镭当量为 0.3～0.5 至 40～50。随着时间的延续,射线逐渐减少。γ射线的透视原理如图 2-30 所示。

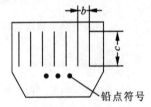

图 2-29 金属丝透度计

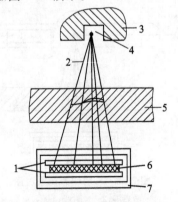

图 2-30 γ射线透视原理

1—增感屏;2—γ射线;3—铅制容器;

4—放射源;5—工件;6—底片;7—暗盒

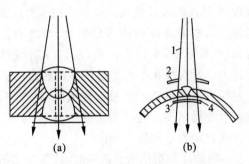

图 2-31 对接焊缝的透视示意图

1—射线束;2—前遮铅板;

3—后遮铅板;4—底片

2）射线探伤方法

当透视大口径管道、平板或球形储罐等的对接焊缝时，是以射线中心来对准焊缝中心，底片放在焊缝的背面进行的（见图2-31）。

当被检内壁无法装暗盒的管子或容器的环焊缝时，可使射线以一倾斜角度透视双层壁厚（见图2-32）。为了不使上层壁厚中的缺陷投影到下层检查部位上造成伪缺陷，可将焦距适当缩短，使上层的缺陷模糊，从而不影响底片的评定。

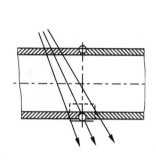

图 2-32　通过双层壁的透视方法

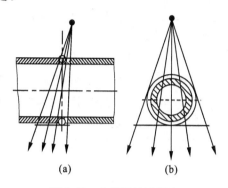

图 2-33　小管径的透视法

对管径小于200mm的管子环焊缝，可让射线一次透过整个环焊缝，在底片上得到椭圆形的影像。为使底片清晰，可适当加大焦距（见图2-33）。

射线探伤时，与射线束平行并具有一定大小的缺陷容易被发现，如未焊透、夹渣、气孔等，而与射线束成一定角度的倾斜裂纹或极细小的裂纹则难以被发现。

3）射线探伤缺陷的判断

根据焊接缺陷在底片上显示的特点，可对射线探伤的结果进行判断。

（1）未焊透

在底片上：根部未焊透表现为规则的连续或断续黑直线，宽度较均匀，位置处于焊缝中心；坡口未熔合表现为断续的黑直线，位置多偏离焊缝中心，宽度不一致，黑度不太均匀，线状条纹往往一边较直而且较黑，即使是连续线条也不会很长；多层焊时各层间的未熔合表现为断续条状，如为连续条状则不会太长。

（2）夹渣

夹渣在底片上多显现为不规则点状或条状。点状夹渣显现为单个黑点，外形不规则，带有棱角，黑度均匀；条状夹渣显现为宽且短的粗条状；长条形夹渣的线条较宽，粗细不均，局部略呈现弧形；多层焊时的层间夹渣与未熔合同时存在。

（3）气孔

气孔在底片上显现为外形较规则的黑色小斑点，多为近似圆形或椭圆形，其黑度一般中间较深，边缘渐浅；斑点分布可能是单个或密集、链状。

（4）裂纹

裂纹在底片上多显现为略带曲折、波浪状黑色细条纹，有时也呈直线细纹，轮廓较分明，中间稍宽，端部尖细，一般不会有分支，两端黑度较浅，逐渐消失。

底片上有时会出现伪缺陷，即底片上有显示，而焊缝并不存在缺陷。这是因底片质量、暗盒使用或底片冲洗不当所致。伪缺陷应加以识别并排除。

需要焊后热处理的工件，射线检验应在热处理后进行。消除残余应力的热处理应在焊缝返修后进行。

2. 超声波探伤

频率高于 20 kHz 的声波称为超声波,这是一种超声频的机械振动波。超声波在介质中传播时,会在两种介质的界面产生反射和折射,也会被介质部分地吸收,使能量衰减。超声波由固体介质传向空气介质时,在界面上几乎全部被反射回来,即超声波不能通过空气介质与固体介质的界面。如金属中有气孔、裂纹或分层等缺陷,因缺陷内有空气存在,超声波传到金属与缺陷边缘时就全部被反射回来。超声波的这种特性可用于探伤。利用超声波在不同介质面上的反射特性的方法称为反射法。

1) 超声波探伤原理

超声波探伤仪有多种,通常采用脉冲反射式,用直探头或具有一定角度的斜探头进行探伤。探头内的压电晶片将电振荡转变为机械振动,形成超声波。超声波在被检测工件中传播时,碰到缺陷和工件底部就大部分被反射,自工件底部及缺陷处反射的超声波行经的路程不同,故反射回来的时间也有先后之分,据此,即可判断该处是否存在缺陷,如图 2-34 所示。

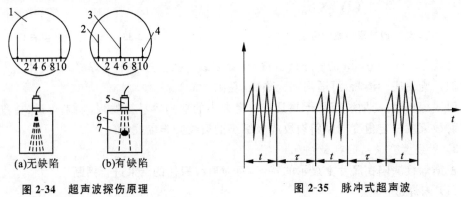

图 2-34　超声波探伤原理

1—荧光屏;2—始脉冲;3—伤脉冲;4—底脉冲;

5—直探头;6—工件;7—缺陷

图 2-35　脉冲式超声波

当采用两个探头探伤时,可以用一个探头向工件发出超声波,用另一个探头接受反射超声波,这称为一收一发。也可以每个探头自发自收。目前,多使用单探头自发自收。利用单探头探伤时,要求间断地发出超声波振动,以便接收不同深度处反射回来的超声波,此即谓之脉冲式反射探伤法。超声波向工件间断地发射,每次持续发射的时间是 t,各次之间停顿的时间为 τ,如图 2-35 所示。应在超声波自缺陷处反射回来之前停止发射超声波。

如缺陷所在深度为 h,超声波在工件介质中的传播速度为 c,则

$$t \leqslant \frac{2h}{c} \quad 或 \quad h \geqslant \frac{tc}{2}$$

如发射时间 $t = 10^{-6}$ s,在钢件中超声波传播速度 $c = 6 \times 10^6$ mm/s,则

$$h \geqslant \frac{10^{-6} \times 6 \times 10^6}{2} \text{mm} = 3 \text{mm}$$

可见,缺陷深度 h 大于 3 mm 时才可辨清反射波,若 h 不大于 3 mm,则不易发现缺陷。而缩短超声波发射的持续时间 t 又非常困难,因此,利用脉冲法探伤不能发现表层中的缺陷。

在荧光屏上,伤脉冲、始脉冲和底脉冲之间的相对位置是和缺陷、工件表面和底面之间的距离相对应的(见图 2-36)。设工件厚度为 H,缺陷所处深度为 h,在荧光屏上始脉冲与底脉冲的距离为 A,而始脉冲与伤脉冲之距离为 a,则可确定缺陷所在深度为

$$h = H\frac{a}{A}$$

若在底脉冲与始脉冲之间没有伤脉冲,则说明工件内部没有缺陷存在。

2) 超声波探伤方法

(1) 反射法

探伤时,工件表面应平滑,以防磨损探头。为了使发射的超声波能很好地进入工件,探头与工件表面之间要加变压器油或机油等作为耦合剂,以排除接触面的空气,避免声波在空气层界面上反射。

● 直探头非多次反射法如图 2-36 所示。采用这种方法探伤,只要观察始脉冲与底脉冲之间是否有伤脉冲存在即可。

● 直探头多次反射法如图 2-37 所示。当对一块无缺陷的工件探伤时,在荧光屏上会出现底脉冲的多次反射脉冲,由于多次反射和钢对超声波的吸收,能量逐渐减小,因此,在荧光屏上脉冲波幅的能量是逐渐减小的。当工件中有缺陷时,超声波能量被吸收很多,缺陷界面的不规则又会造成超声波的散射,致使超声波能量衰减严重,荧光屏上只出现 1～2 次底脉冲波形,有时还出现一些缺陷波和杂波,如图 2-38 所示。荧光屏上出现的底脉冲波形反射次数越少,说明超声波的衰减越严重,因而缺陷的范围也就越大。

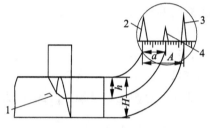

图 2-36 直探头非多次反射法

1—缺陷;2—始脉冲;3—底脉冲;4—伤脉冲

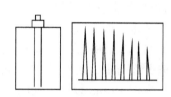

图 2-37 直探头多次反射法

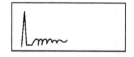

图 2-38 工件中的缺陷波和杂波

● 斜探头法。斜探头法(见图 2-39)是常用的一种超声波探伤法,也是焊缝探伤的主要方法。由于超声波与工件表面成一定角度入射,所以可检查直探头无法检查的缺陷。

探头按"W"形路线移动(见图 2-40),移动区宽度为 s。由图 2-39 可看出,在前半个 s 可以探焊缝的下半部,在后半个 s 可以探焊缝的上半部。对于板厚 $T = 25～46\,mm$ 的工件,$s = 2TK + 50\,(mm)$。式中,K 是斜探头折射角的正切值,$K = 1.5～2.5$。

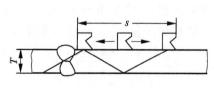

图 2-39 斜探头法

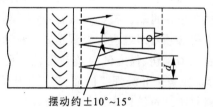

摆动约 ±10°～15°

图 2-40 用斜探头法时,超声波在工件上的移动路线

超声波按"W"形路线传播时,若焊缝没有缺陷,钢板的上下表面又较平整,则超声波探头就接收不到任何反射信号。

(2)穿透法

穿透法是在被检测工件的一面发出连续的超声波,通过工件后,由放在工件另一面的探头接收的方法。当工件中没有缺陷时,超声波能一直通过去,衰减很少;有缺陷时,超声波不能完全通过,一部分声能被反射,一部分声能被缺陷吸收或散射,另一侧探头接收信号衰减很大。穿透法是以超声波信号的衰减量作为判断缺陷的依据。穿透法一般用于探测大厚度的金属材料。

如果焊缝探伤不合格,则应在不合格部位的一侧进行补充探伤,长度为原探伤长度的一倍。如补充探伤仍不合格,则整条焊缝及其他有怀疑的焊缝应全部检查。

由于超声波探伤具有灵敏度高、速度快、设备轻便灵巧、不用冲洗照片、对人体无害等优点,它得到了越来越广泛的应用。厚度为 8 mm 以上的钢板基本上采用超声波探伤。超声波探伤的主要缺点是对缺陷尺寸的判断不够精确,辨别缺陷性质的能力较差。

3.磁力探伤

钢管和储气罐等均为铁磁性体,磁力线在磁性体中以平行直线均匀分布,若遇有未焊透、夹渣或裂纹等缺陷时,因为缺陷处的磁导率低,就会发生磁力线弯曲,部分磁力线还可能泄漏到外部空间,形成局部泄漏磁通。由金属内部缺陷所引起的局部泄漏磁通将聚集在缺陷的上面,从而指出缺陷隐藏的位置。

旋转磁场磁粉探伤仪就是一种常用的磁力探伤设备。当探伤仪把工件磁化后,洒在工件表面的细磁粉(或磁性悬浮液)将聚集在局部泄漏磁通处,即可断定缺陷所在。

当缺陷分布与磁力线平行,或缺陷位于工件内部深处时则无法发现。因此,磁力探伤只能检查距工件表面 10 mm 以内的缺陷。

4.液体渗透探伤

液体渗透探伤剂由渗透剂、清洗剂和显像剂配制而成。利用毛细作用将渗透剂渗入工件表面开口缺陷处,擦去表面多余的渗透剂后,再用显像剂将缺陷中的渗透剂吸附到工件表面,即可将表面缺陷显示出来。

2.4.4 焊缝检验

燃气管道的焊缝检验是燃气管道工程施工的重要工序,是评定工程质量与交工验收的主要依据,是保证燃气管道安全运行与使用寿命的关键。因此,必须重视燃气管道焊接的检验。

1.焊缝外观检查

施焊前应检查坡口形式及坡口精度、组对要求(包括对口间隙、错边量)、坡口及坡口两侧表面的清理是否符合焊接工艺要求,并作出记录。施焊前,必须对焊接设备进行检查,并确认工作性能稳定可靠。检查焊接材料的干燥设备,应保证符合相应焊接材料的干燥要求。

焊后必须对焊缝进行外观检查。检查前应将妨碍检查的渣皮、飞溅物清理干净。外观检查应在无损探伤、强度试验及气密性试验之前进行。对焊缝表面质量:当工作压力不小于 4 MPa 时,应符合Ⅱ级焊缝标准;当工作压力小于 4 MPa 时,合格级别为Ⅲ级焊缝标准。焊缝的宽度以每边超过坡口边缘 2 mm 为宜。

对接接头焊缝表面质量标准如表 2-18 所示。

焊缝表面应是原始状态,在外观检查前,不应加工补焊或打磨。

2. 焊缝无损探伤检验

焊缝无损探伤检验应由取得锅炉压力容器无损检测人员资格考核委员会颁发的Ⅲ级及Ⅲ级以上资格证书的检测人员承担,评定应由取得Ⅱ级资格证书的检测人员承担。

管道焊缝应进行射线探伤,探伤方法应执行《钢熔化焊对接接头射线照相和质量分级》(GB3323—1987)的规定。工作压力不小于 4 MPa 时,合格级别为Ⅱ级焊缝标准;工作压力小于 4 MPa 时,合格级别为Ⅲ级焊缝标准。焊缝根部允许有未焊透,但在任何连续 300 mm 焊缝长度中,未焊透的总长度不得大于 25 mm。

受条件限制时,也可以用超声波探伤代替射线探伤。探伤方法应执行《锅炉和钢制压力容器对接焊缝超声波探伤》(JB1152—73)的规定。工作压力不小于 4 MPa 时,合格级别为Ⅰ级;工作压力小于 4 MPa 时,合格级别为Ⅱ级。

对长输燃气管道,要求全部焊缝逐条进行无损探伤;若全部焊缝采用超声波探伤,则应做 5% 的射线探伤复查。

表 2-18 对接接头焊缝表面质量标准   单位:mm

编　号	项　　目	焊　缝　等　级			
		Ⅰ	Ⅱ	Ⅲ	Ⅳ
1	表面裂缝 表面气孔 表面夹渣 熔合性飞溅		不允许		不允许
2	咬边		不允许		深度 $e_1 < 0.5$,长度不大于焊缝全长的 10%,且小于 100

编 号	项 目	焊 缝 等 级			
		Ⅰ	Ⅱ	Ⅲ	Ⅳ
3	表面加强高度	深度 $e_1 \leqslant 1+0.10b_1$，但最大为 3		深度 $e_1 \leqslant 1+0.20b_1$，但最大为 5	
4	表面凹陷	不允许		深度 $e_1 \leqslant 0.5$，长度不大于焊缝全长的 10%，且小于 100	
5	接头坡口错位	深度 $e_1 < 0.15s$，但最大为 3		深度 $e_2 < 0.25s$，但最大为 5	

　　城镇燃气管道焊缝的无损探伤数量应按设计规定确定。当设计无规定时，抽查数量应不少于焊缝总数的 15%。在抽查的焊缝中，不合格者超过 30%，则应加倍探伤。若加倍探伤仍不合格者，则应全部探伤。对穿越铁路、公路、河流、城市主要道路及人口稠密地区的管道焊缝，均必须进行 100% 的无损探伤。

　　射线探伤和超声波探伤应在强度试验与密封性试验之前进行。

　　对每条管线上每一焊工所焊的焊缝，应按规定比例进行抽查。每条管线最低探伤不得少于一个焊口。若发现不合格者，应对被查焊工所焊焊缝按规定比例加倍探伤，如继续发现有不合格者，则应对该焊工在该管线上所焊全部焊缝进行无损探伤。

　　经检查不合格的焊缝应进行返修，返修后应按原规定进行检查。焊缝返修一般不得超过两次。如超过两次，必须经单位技术负责人签字，提出有效修理措施。返修最多不得超过三次。

　　对接接头焊缝内部质量标准如表 2-19 所示。

表 2-19 对接接头焊缝内部质量标准

序号	项目		等级			
			Ⅰ	Ⅱ	Ⅲ	Ⅳ
1	裂纹		不允许	不允许	不允许	不允许
2	未熔合		不允许	不允许	不允许	不允许
3	未焊透	双面或加垫单面焊	不允许	不允许	不允许	不允许
		单面焊	不允许	深度不大于 $0.10s$，最大不大于 2mm，长度不大于夹渣总长	深度不大于 $0.15s$，最大不大于 2mm，长度不大于夹渣总长	深度不大于 $0.20s$，最大不大于 3mm，长度不大于夹渣总长
4	气孔和点夹渣	壁厚/mm	点数/个	点数/个	点数/个	点数/个
		2～5	0～2	2～4	3～6	4～8
		5～10	2～3	4～6	6～9	8～12
		10～20	3～4	6～8	9～12	12～16
		20～50	4～6	8～12	12～18	16～24
		50～100	6～8	12～16	18～24	24～32
		100～200	8～12	16～24	24～30	32～48
5	条状夹渣/mm	单个条状夹渣长	不允许	$1/3s$，但最小可为 4，最大不大于 20	$2/3s$，但最小可为 6，最大不大于 30	s，但最小可为 8，最大不大于 40
		条状夹渣总长	不允许	在 $12s$ 长度内不大于 s，或在任何长度内不大于单个条状夹渣长度	在 $6s$ 长度内不大于 s，或在任何长度内不大于单个条状夹渣长度	在 $4s$ 长度内不大于 s，或在任何长度内不大于单个条状夹渣长度
		条状夹渣间距	—	$6L$；间距小于 $6L$ 时，夹渣总长不大于单个条状夹渣长度	$3L$；间距小于 $3L$ 时，夹渣总长不大于单个条状夹渣长度	$2L$；间距小于 $2L$ 时，夹渣总长不大于单个条状夹渣长度

注：s 指钢板壁厚；L 指相邻夹渣中较长者。

● 焊缝内不允许有任何裂纹、未熔合、未焊透（指双面焊和加垫板的单面焊的未焊透）。

● 允许存在的气孔（包括点状夹渣）不得超过表 2-19 的规定。表中数据是指照片上任何 10mm×50mm 的焊缝区域内（宽度小于 10mm 的焊缝以 50mm 长度计），Ⅰ～Ⅳ级焊缝中所允许的气孔点数，多者用于厚度上限，少者用于厚度下限，中间厚度所允许的气孔点数，用插入法决定，可四舍五入取整数。气孔直径不同时，应先换算，见表 2-20，然后查表 2-19。

表 2-20 不同直径气孔、点状夹渣的换算系数

气孔、点状夹渣直径/mm	0.5 以下	0.6～1.0	1.1～1.5	1.6～2.0	2.1～3.0	3.1～4.0	4.1～5.0	5.1～6.0	6.1～7.0	7.1～8.0
换算系数	0.5	1	2	3	6	8	12	16	20	24

在表 2-19 中，L 为相邻两夹渣中较长者；s 为母材厚度。单面焊未焊透的长度指设计焊缝系数大于 70% 者；若不大于 70% 时，则长度不限。

缺陷的综合评级。在 12s 焊缝长度内（如 12s 超过底片长度，则以一张底片长度为限）几种缺陷同时存在时，应先按各类缺陷单独评级。如有两种缺陷，可将其级别数字之和减 1 作为缺陷综合后的焊缝质量等级。如有 3 种缺陷，可将其级别数字之和减 2 作为缺陷综合后的焊缝质量等级。

在焊接前，每个焊工在施工现场采用与实际管道焊接相同的焊接工艺，焊一道管道焊缝试样，经力学性能试验合格后方可施焊。

施工现场焊接的焊缝试件应进行射线探伤检查，合格后截取力学性能试样、拉伸试样、面弯试样和背弯试样各两件。取样位置和试样形式可参照《压力容器焊接工艺评定》(JB3964) 执行。试样的抗拉强度不得小于母材的最小抗拉强度。抗拉试验未达到强度要求，且断口在母材上，则试验无效。

弯曲试验的弯曲直径为 3δ（δ 为试样厚），支座间距为 5.2δ，对于弯曲角度，碳素钢为 90°；对于普通低合金钢，弯曲角度为 50°。拉伸表面不得有长度大于 1.5 mm 的横向（沿试样长度方向）裂纹或缺陷。试样的棱角先期开裂不计。

经检查，对管道焊缝试件不合格的焊工还可以补作一个管道焊缝试件。若仍不合格者，则应停止其对管道工程的焊接工作。

3. 修补

焊缝缺陷超出允许范围时，应进行修补或割掉。母材上的焊疤、擦伤等缺陷应打磨平滑，深度大于 0.5 mm 的缺陷应修补。缺陷修补前，焊缝表面上所有涂料、铁锈、泥土和污物等应清除干净。所有补焊的焊缝长度应不小于 50 mm。修补后应按原规定进行检验。

第3章 钢管防腐施工技术

3.1 地上钢管防腐层施工

地上钢管防腐主要采用涂料防腐的方法。涂料防腐层施工就是对地上敷设的钢燃气管道和储气罐表面涂刷防锈涂料。在防腐层施工过程中,其质量关键点为钢材表面处理和涂敷工艺过程控制,涂层的质量直接影响到管道与罐体的使用寿命和安全。涂料施工在管道及储气罐安装试压合格后进行。

3.1.1 钢材表面除锈质量等级标准

钢材表面原始锈蚀程度决定了除锈所需的工作量、时间和费用。在进行表面处理前,应考虑到钢材表面上氧化皮、锈、孔蚀、旧涂层和污物的数量。为此,根据钢材表面上氧化皮、铁锈和蚀坑的状态和数量,划分了锈蚀等级。

我国石油天然气部门标准 SYJ4007 将钢材表面原始锈蚀程度分成 A、B、C、D 共 4 级,如表 3-1 所示。一般说来,C 级和 D 级钢材表面需要做较彻底的表面处理。

表 3-1 钢材表面原始锈蚀等级

锈 蚀 等 级	锈 蚀 状 况
A 级	覆盖着完整的氧化皮或只有极少量锈的钢材表面
B 级	部分氧化皮已松动、翘起或脱落,已有一定锈的钢材表面
C 级	氧化皮大部分翘起或脱落,大量生锈,但用目测还看不到锈蚀的钢材表面
D 级	氧化皮几乎全部翘起或脱落,大量生锈,目测时能见到孔蚀的钢材表面

3.1.2 钢管的表面处理

钢管的表面处理的好坏对防腐是至关重要的。为了使防腐层牢固地黏附在钢管表面,就必须在涂刷油漆前仔细地清除管子表面的氧化皮、铁锈、油脂和污物。表面清除后的 8～10 h 内需涂刷防锈漆,防止再锈蚀。常用的除锈方法有工具除锈、喷(抛)射除锈与化学除锈。

1. 工具除锈

除锈前应用清洗的方法除掉钢管表面的油、油脂、可溶性的焊接残留物和盐类。

清洗的方法:先刮掉附着在钢管表面上的浓厚的油或油脂,然后用抹布或刷子蘸溶剂擦洗。最后一遍擦洗时,应用干净的刷子、抹布与溶剂。各种清洗方法的适用范围可参照表 3-2。

1) 手工工具除锈

一般使用锤头、钢丝刷、砂布和废砂轮片等。先用锤头敲击钢表面的厚锈和焊接飞溅,然后用钢丝刷、铲刀、砂布等刮或打磨,直至露出金属光泽。这种方法劳动强度大,劳动环境差,效率低,质量较差。

表 3-2　各种清洗方法的适用范围

清洗方法	适用范围	注意事项
溶剂(如工业汽油、溶剂汽油、过氯乙烯、三氯乙烯等)清洗	除油、油脂、可溶污物和可溶涂层	若需保留旧涂层,应使用对该涂层无损的溶剂,溶剂与抹布应经常更换
碱清洗剂	除掉可皂化的涂层、油、油脂和其他污物	清洗后要充分清洗,并作钝化处理
乳剂	除油、油脂和其他污物	清洗后应将残留物从钢表面上冲洗干净

2) 动力机具除锈

(1) 手提式动力机具

这种工具是由动力驱动的旋转式或冲击式除锈工具。常用手提式电动钢丝刷除锈工具。用冲击式工具除锈,不应造成钢表面损伤;用旋转式工具除锈,不应将钢表面磨得过光。

(2)电动除锈机

● 固定式除锈机。固定式除锈机适用于直径 200~1400 mm 的管子除锈,如图 3-1 所示。将钢管放在托轮上,开动电动机,通过减速器带动主动托轮旋转,管子也随着转动。再启动除锈小车上的两台电动机,带动钢丝刷高速旋转,并通过卷扬机拖动除锈小车沿导轨缓慢移动,即可从钢管一端除锈到另一端。除锈中,为使钢丝刷与钢管表面保持接触,靠电动机的重力通过铰轴实现。为防止钢管在除锈时产生纵向移动,两端用可转动的挡筒挡住,当钢管长度与直径改变时,可调整托轮小车与主动托轮的距离及托轮与托轮间的距离(带轮)。

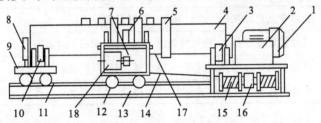

图 3-1　固定式除锈机

1—电动机;2—减速器;3—主动托轮;4—钢管;5—钢丝刷;6—带轮;7—除锈小车;8—挡筒;9—托轮小车;10—托轮;11—卡块;12—车轮;13—导轨;14—钢丝绳;15—卷扬机;16—离合器;17—铰轴;18—电动机

这种除锈机的除锈速度为 800 mm/min 左右。一般钢管锈蚀,除锈小车走两遍即可。对于比较严重的锈蚀,除锈小车可走 3~4 次。

● 移动工作式除锈机。这种除锈机是套在钢管上除锈的机具,每种管径需要一种规格。除锈时,将除锈机套在钢管上,开动刷环。刷环有前后两个,旋转方向相反,可避免管子倾斜,保持管子稳定。刷环中的钢丝刷用弹簧紧压在钢管表面上,开动行走轮,除锈机则一边前进,一边除锈。如果除锈不干净,可使整机倒退,重复除锈。这种除锈机行走速度可达300 m/h。

2. 喷(抛)射除锈

这种方法能使管子表面变得粗糙而均匀,增强防腐层对金属表面的附着力,并且能将钢管表面凹处的锈污除净,除锈速度快,故在实际施工中应用较广。

（1）敞开式干喷射

常用的敞开式喷砂方法是用压缩空气把干燥的硅砂,或铁砂通过喷枪嘴喷射到管子表面,靠细砂对钢管表面的撞击去掉锈污。喷砂流程如图 3-2 所示。

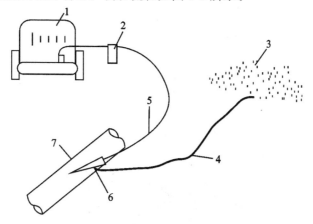

图 3-2　喷砂流程图

1—空气压缩机;2—分离器;3—砂堆;4—吸砂管;5—压缩空气胶管;6—喷嘴;7—钢管

喷砂用的压缩空气的压力为 0.35～0.5 MPa,采用 $\phi1～\phi4$ mm 的硅砂或 $\phi1.2～\phi1.5$ mm 的铁砂。吸砂管的吸砂端完全插入砂堆时,要在末端锯一小口,使空气进入,便于吸砂,或者把吸砂端对着砂堆斜放,但不必锯小口。现场喷砂方向尽量与风向一致,喷嘴与钢管表面成 $60°～70°$ 夹角,并距离管子表面 100～150 mm。

敞开式干喷射方法因污染环境,劳动强度大,效率不高,故不多用。有时用于钢板除锈。

（2）封闭式循环喷射

封闭式循环喷射采用封闭式循环磨料系统,用压缩空气通过喷嘴喷射金属磨料或非金属磨料。

使用这种方法时,先将几个喷嘴套在钢管上,外套封闭罩,钢管由机械带动管子自转并在封闭罩中缓慢移动。除锈时,开动空气压缩机喷砂,钢管一边前进,一边除锈。如除锈不净可倒车再除锈。用此法除锈效率较高,应用广泛,多为自制设备。

（3）封闭式循环抛射

这种方法是采用离心式叶轮抛射金属磨料与非金属磨料。

图 3-3 为抛砂除锈机示意图。细砂存于储砂斗中,经送砂机构送入抛砂装置。抛砂装置内有一叶轮经电动机带动作高速旋转,叶轮旋转的离心力把细砂抛向位于除锈箱内的管段(管段由送管机构不断向前送进)。落至除锈箱底的细砂经出砂口送至斗式提升机的底部,提升至高处后再由回砂管送回储砂斗,便完成细砂流程的一个循环。

对喷(抛)射除锈后的钢表面,应擦去尘土后立即进行防腐处理。若防腐处理前钢表面已受污染,应重新进行清理。

（4）喷(抛)射除锈用磨料

● 金属磨料。常用的金属磨料有铸钢丸、铸铁丸、铸钢砂、铸铁砂和钢丝段,这些磨料的硬度、化学成分、粒度和显微结构应符合国家标准。

● 非金属磨料。它又分为天然矿物磨料(如硅砂、燧石等)和人造矿物磨料(如熔渣、炉渣等)。

天然矿物磨料使用前必须净化,清除其中的盐类和杂质。

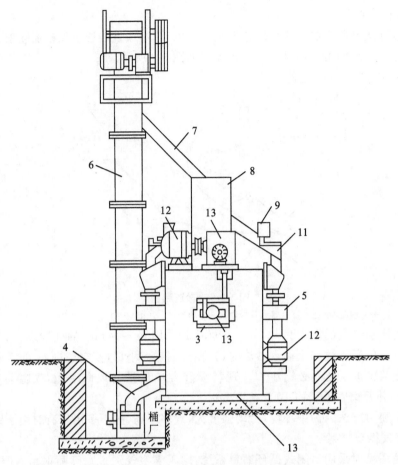

图 3-3 抛砂除锈机示意图

1—出砂口;2—斗式提升机;3—回砂管;4—砂斗;5—检查孔;6—送砂机构;7—抛砂装置;
8,12—电动机;9—除锈箱;10—细砂进出口;11—送砂机构;13—传动机构

人造矿物磨料必须清洁干净,不含夹渣、细砂、碎石、有机物和其他杂质。

3. 化学除锈

化学除锈是将管子完全或不完全浸入盛有酸溶液的槽中,钢管表面的铁锈便和酸溶液发生化学反应,生成溶于水的盐类;然后,将管子取出,置于碱性溶液内中和;再用水把管子表面洗刷干净,并烘干,立即涂底漆。

当用硫酸处理时,酸洗除锈化学反应如下,即

$$Fe_3O_4 + 4H_2SO_4 = FeSO_4 + Fe_2(SO_4)_3 + 4H_2O$$

$$Fe_2O_3 + 3H_2SO_4 = Fe_2(SO_4)_3 + 3H_2O$$

$$FeO + H_2SO_4 = FeSO_4 + H_2O$$

$$Fe + H_2SO_4 = FeSO_4 + H_2$$

酸洗槽用耐酸水泥砂浆和砖砌成,表面涂 2mm 厚的沥青保护层;也可以用混凝土浇筑而成,混凝土表面用耐酸砂浆砌一层釉面砖。

酸洗速度取决于钢材的锈蚀程度、酸的种类、酸的浓度与温度。酸的浓度大,则酸洗速度快,但硫酸浓度过高易造成浸蚀过度现象。当硫酸的质量分数超过 25% 时,酸洗速度反而减慢,故实际使用硫酸的质量分数不应超过 20%。温度升高可加快酸洗速度(见表 3-2)。

表 3-2　温度对酸洗时间的影响

盐酸质量分数/(%)	在下列温度下的酸洗时间/min			硫酸质量分数/(%)	在下列温度下的酸洗时间/min		
	18℃	40℃	60℃		18℃	40℃	60℃
5	55	15	5	5	135	45	13
10	18	6	2	10	120	32	8

在实际操作中,要求溶液中酸的质量分数为 5%～10%,盐酸的温度不高于 30℃,硫酸的温度不高于 50℃。

在酸洗操作时,操作人员应戴好防护用品。钢材酸洗后必须中和,并用水清洗干净,干燥后立即喷刷涂料。

3.1.3　涂层施工

1. 涂敷环境

涂敷场地的环境温度宜在 15℃～35℃之间,相对湿度不大于 70%;涂敷场地的空气必须清洁,无煤烟、灰尘及水汽,雨天及降雾天气应停止室外涂敷施工。

2. 涂敷方法

涂敷方法应根据施工要求、涂料性能、施工条件和设备状况来选择。

(1) 手工涂刷

这种方法是指刷涂和揩涂均用手工的方法。在分层涂刷时,每层均按涂敷、抹平、修饰三步进行。手工涂刷适用于初期干燥较慢的涂料,如油性防锈漆或调和漆。

(2) 空气喷涂法

这种方法是指靠压缩空气的气流使涂料雾化,在气流的带动下喷涂到金属表面的方法,其主要工具是喷枪。喷枪在操作中,喷涂距离、喷枪运行方式和喷雾图样搭接是喷涂三原则。喷涂距离过大,会使漆膜变薄,涂料损失增大;过近,又会在单位时间内形成的漆膜增厚,易产生流挂。一般采用的方式是:保持喷枪与涂面呈直角,平行运行,移动速度一般在 300～600 mm/s 内调整并恒定,方能使漆膜厚度均匀。在此运行速度范围内,喷雾图样的幅度约为 200 mm。喷雾图样搭接宽度为有效图样幅度的 1/4～1/3。喷涂空气压力一般为 0.2～0.4 MPa。

为获得更均匀的涂层,不论刷涂或喷涂,第二道漆与前道漆应纵横交叉。

3. 涂敷要求

涂料开桶后需搅拌均匀后使用;需要混合的涂料,在使用时应按说明书规定的比例进行调配。根据不同涂敷方法,用稀释剂调配到合适的施工黏度。

第一层底漆或防锈漆直接涂在金属表面,一般应涂两道,不要漏涂。第二层面漆一般为调和漆、磁漆或银粉漆,可根据彩色均匀情况涂一道或两道。第三层是罩光清漆,除有特殊要求外可不必涂刷。每道漆干燥后才能涂下一道。

4. 带锈涂料的应用

除锈是一项劳动强度大、对人体有害的工作,能否将有害的铁锈转化成有用的保护膜直接附在钢件表面上呢? 带锈涂料解决了这个问题。

带锈涂料由转化液和成膜液按比例配制而成,亚铁氰酸和酒石酸可组成转化液,聚乙烯醇缩丁醛和环氧树脂可组成成膜液。钢件表面锈蚀严重时可适当增加转化液的比例。转化液的

主要作用是使铁锈转化为蓝色颜料,反应式为

$$2Fe_2O_3 + 3H_4[Fe(CN)_6] \xrightarrow{\text{酸性介质中}} Fe_4[Fe(CN)_6]_3 + 6H_2O$$

（铁锈）　　　（亚铁氰酸）　　　　　　　　（亚铁氰酸铁）

$$Fe_2O_3 + 3C_4H_6O_6 \longrightarrow Fe_2(C_4H_4O_6)_3 + 3H_2O$$

（酒石酸）　　　　　　（酒石酸铁）

上述反应中生成的亚铁氰酸铁和酒石酸铁均不能很好地成膜,因此要加入成膜液,使生成物成为具有一定机械强度的涂膜,附在钢件表面上。带锈涂料生成的涂膜较松散,一般不能单独作防腐层使用,必须与其他涂料配合使用。

3.2 埋地钢管防腐层施工

防止地下燃气钢管腐蚀的基本保护形式是采用隔离绝缘法,在钢管上涂敷电绝缘性能良好的绝缘隔离层,使土壤中的电解质和化学腐蚀物质不能透过隔离层与管壁接触,防止电化学腐蚀和化学腐蚀的发生,从而达到防腐目的。

3.2.1 对绝缘防腐层的基本要求

- 涂覆过程中不应危害人体健康及污染环境。
- 绝缘电阻不应小于 $10kΩ \cdot m^2$。
- 应有足够的抗阴极剥离能力。
- 与管道应有良好的黏结性。
- 应有良好的耐水、汽渗透性。
- 应具有规定的抗冲击强度和压痕强度,应具有良好的抗弯曲性能和耐磨性能。
- 应有良好的耐化学介质性能。
- 应有良好的耐环境老化性能。
- 应易于修复。
- 工作温度应在 $-30℃ \sim 70℃$ 之间。

目前,国内外埋地钢管所采用的防腐绝缘层的种类很多,可根据土壤的腐蚀性能来决定防腐绝缘层等级,常用的有石油沥青、烧结环氧粉末、聚乙烯胶带、聚乙烯热塑涂层等防腐绝缘材料。

我国城镇燃气埋地钢管使用较多的是挤压聚乙烯和聚乙烯胶粘带等防腐绝缘材料。

3.2.2 挤压聚乙烯防腐层

挤压聚乙烯防腐层俗称"夹克",因其防腐性能好,机械强度高,绝缘性能优良,施工简单,成本低廉,故发展很快。国外"夹克"发展已有 40 多年历史,国内从 1978 年开始在油田试用挤压聚乙烯防腐层,以后陆续扩大试用范围,城市燃气系统也逐步开始普及使用。

1. 挤压聚乙烯防腐层结构

第一层(底层)为烧结环氧(FBE)层,其厚度一般为 $80 \sim 100 \mu m$,以粉末状态进行喷涂并熔融成膜。这种热固性粉末涂料无溶剂污染,固化迅速,具有极好的黏结性能。

第二层(中间层)为聚烯烃共聚物,作为胶粘剂起到连接底层和外防护层的作用,厚度为 $170 \sim 250 \mu m$。聚乙烯是非极性聚合物,它要直接黏结在钢管表面或环氧层上是很困难的,所

以中间层黏结剂必须同时具有极性基团和非极性基团,以便实现聚乙烯和环氧之间的化学键合。黏结剂是一种带有极性基团的乙烯共聚物、嵌段共聚物或三聚物(共聚物中有三个单体),通过共聚或嵌段反应,使末端环氧和羟基与未完全固化的环氧底漆发生化学反应,能获得很好的黏结。同时,黏结剂的非极性链与聚乙烯的化学亲和作用,使其在软化点温度以上熔融黏合,与聚乙烯融为一体,显示出很强的黏结性。所以,这种胶粘剂具有黏结性强、吸水率高、抗阴极剥离的优点,而且在施工过程中可以与防护层聚乙烯共同挤出,方便施工。

第三层(防护层)为聚烯烃,如低密度聚乙烯、高/中密度聚乙烯,或改性聚丙烯(PP)。一般厚度为 1.8~3.7 mm,或视工程的特殊要求增加厚度。

表 3-3 所示为埋地燃气钢管防腐层基本结构。

表 3-3　埋地燃气钢管防腐层基本结构

防腐层		防腐层基本结构		国家现行标准
		普通级	加强级	
挤压聚乙烯防腐层	二层	170~250 μm 胶粘剂+聚乙烯 1.8~3.0 mm	170~250 μm 胶粘剂+聚乙烯 2.5~3.7 mm	SY/T0413—1995
	三层	≥80 μm 环氧+170~250 μm 胶粘剂+聚乙烯 1.8~3.0 mm	≥80 μm 环氧+170~250 μm 胶粘剂+聚乙烯 2.5~3.7 mm	
聚乙烯胶粘带防腐层		底漆+内带(带间搭接宽度 10~20 mm)+外带(带间搭接宽度 10~20 mm)≥0.7 mm	底漆+内带搭接 50%+外带搭接 50%≥1.4 mm	SY/T0414—1995

注:胶粘带宽度不大于 75 mm 时,搭接宽度可为 10 mm;胶粘带宽度大于 75 mm,小于 230 mm 时,搭接宽度可为 15 mm;胶粘带宽度不小于 230 mm 时,搭接宽度可为 20 mm。

在实际应用中,各国根据工程的需要从性能和降低造价方面做了研究和改进。例如通常的外防护层是低密度聚乙烯(LPDE)和中密度聚乙烯(MPDE)。表 3-4 和表 3-5 分别列出了聚烯烃和三层 PE 的性能指标。

从表 3-5 可见,三层 PE 达到了最优效果,既具有环氧树脂与钢管表面的强黏结性和极好的耐阴极剥离性能,又具有 PE 的优良力学性能与抗冲击性。此外,该防腐层还具有很高的绝缘电阻值(大于 $10^8 \Omega \cdot m^2$)。

表 3-4　聚烯烃的性能指标

项　目	单　位	LDPE	HDPE	PP
密度(23 ℃)	kg/cm³	935	956	915
含碳量	%	2~3	2~2.5	2.5
熔融指数	g/10 min	0.2~0.3	0.1	0.8
维卡软化点	℃	90	125	135
屈服强度	MPa	10	24	23
极限伸长率	%	600	500	400
肖氏硬度(D 标尺)	—	45	60	65

项 目	单 位	LDPE	HDPE	PP
耐环境应力开裂	h	>1000①	>1000②	>3000①
电绝缘强度	kV/mm	30	25	32
透水率	g/(m²·24 h)	0.9	0.3	0.7
透氧性	cm³/(m²·24 h·bar)	2000	650	700
吸水率	%(质量分数)	0.01	0.01	0.005

注:①试剂浓度 10%(质量分数)。

②试剂浓度 100%(质量分数)。

表 3-5 3 mm 厚度的三层 PE 防腐层性能指标

性 能	单 位	试验温度/℃	MDPE	LDPE	标准最低要求
最高施工温度	℃	65	80	50	—
最低施工温度	℃	−25	−40	无规定	—
冲击强度	N/m	65	>10	>15	≥15①
		23	>25	>27	
		−25	>30	>40	
剥离强度	N/cm	23	>70	>70	≥35
剥离强度(H₂O,95℃,100 h 浸渍)	N/cm	23	≥10	≥10	≥10
压痕试验(%)	Mm(%)(厚度)	80	—	0.3/10	≤0.3
		65	0.2/7	0.2/7	
		23	0.1/3	0.1/3	
透氧率:O₂:0.2bar 透水率:H₂O:0.02bar	mol/(m²·a)	23	0.25	0.25	—
		23	0.55	0.55	
耐磨	mm	23	0.2	0.2	—
涂层电阻	Ω·m²	23	>10⁸	>10⁸	>10⁸
		80	>10⁸	>10⁸	

注:不能影响管子直径。

2. 挤压聚乙烯防腐层的制作

挤压聚乙烯防腐层制作工艺流程如图 3-4 所示。

以下为预制厂作业线的生产工艺过程。

(1)钢管表面的预处理

清除钢管表面油污和杂质,然后采用喷(抛)丸进行表面除锈处理。除锈处理时先预热管子至 40℃～60℃,除锈质量达 Sa2 1/2 级。预处理后要检查管子表面有无缺陷,清理焊渣与毛刺等,将表面清扫干净。钢管表面温度必须高于露点 3℃,表面干燥无水汽,防止在涂敷前生锈及二次污染。管子两端应粘贴掩蔽带。

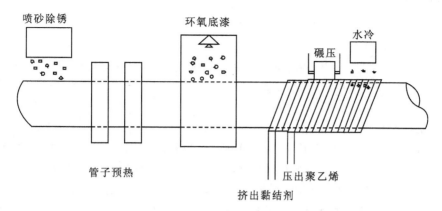

图 3-4　挤压聚乙烯防腐层制作工艺流程图

（2）加热钢管

用无污染热源（如感应加热）对钢管加热至合适的涂敷温度（200 ℃～300 ℃）。涂敷温度主要取决于环氧树脂的类型，可依厂家提供的数据在作业线上调试后确定。

（3）采用静电熔结环氧层

（4）涂敷黏结剂

采用挤出缠绕或喷涂工艺，黏结剂与聚乙烯防护层一起挤出。涂敷时必须在环氧粉末胶化过程中进行。

（5）包覆聚乙烯层

采用纵向挤出或侧向缠绕工艺，直径大于 500 mm 的管子用侧向缠绕法。在侧向缠绕时采用耐热硅橡胶辊碾压搭接部分的聚乙烯及焊缝两侧的聚乙烯，以保证粘结密实。

（6）用循环水冷淋

PE 层包覆后用水冷却，使钢管温度不高于 60 ℃。注意从涂敷烧结环氧树脂底层开始至防腐层开始冷却这段时间内，应保证烧结环氧树脂涂层固化完成。

（7）管端处理及保护

防腐层涂敷完毕，除去管端部的 PE，管端预留 100～500 mm，且 PE 端面应形成不大于 45°的倒角。对裸露段的钢管表面涂刷防锈可焊涂料。

3．聚乙烯防腐层的补口和补伤

在管子对口焊接后，经外观检查、无损探伤和试漏合格后应进行补口和补伤作业。施工过程中防腐层出现的疤痕、裂缝、瑕疵和针孔需要进行修补，所用补口和补伤材料及施工方法应符合标准 SY/T 4013—1995 的规定。聚乙烯冷缠胶带、热收缩套（带）等都是防腐管道较理想的补口和补伤材料。

（1）热收缩材料

防腐用热收缩材料是由具有保护机能的外层热收缩材料和具有黏结性能、防蚀性能的内层黏结剂组成，此外，还有加入纤维增强材料的。作为防蚀用的热收缩材料主要有聚乙烯、聚丙烯、尼龙等。根据需要也可用氯乙烯、乙烯、丙烯三元聚合物等。

内层的黏结剂一般有沥青系或丁基橡胶系的黏着型材料、改性聚乙烯或聚酰胺、聚酯系的热熔黏结剂等，可根据管线的工作温度、耐热寿命、必要的黏结力等特性选择。一般用交联的聚乙烯膜制成的多层材料作为外层，内层为玛蹄脂系的黏结剂。

热收缩材料的加热一般采用丙烷燃烧器（喷灯）、远红外加热器及热感应加热器等。为提高施工时的作业效率,同时还采用各种辅助夹具。

（2）PE热收缩多层防蚀套

PE热收缩多层防蚀套（带）采用具有感温颜色显示功能的聚乙烯制造,按不同用途形成系列产品。除了用于直管段焊口处,还有PE热收缩弯管用数片式防蚀套,用于异径管的高收缩率包覆式片状型防蚀套,用于加热型修补片等。PE热收缩多层防蚀套可与三层PE防腐层配套使用。防蚀套材质是由交联聚乙烯制成,防蚀套内均匀涂敷热熔性耐蚀黏结剂。补口时,钢管表面处理合格后,加热补口管子,以环氧树脂作为底漆,涂敷在钢管表面两道（双层）或加热后涂敷熔结环氧粉末,在其胶化和固化过程中包覆热收缩套（片）。该收缩套（片）加热后通过收缩的力量使黏结剂挤入焊口,紧密收缩包覆焊口。即使有凹陷表面及管子包覆着其他防腐材料,PE热收缩多层防蚀套（片）也能与其紧密结合。

（3）用热收缩片补口和补伤

用热收缩片修补管道有两种情况:一是用于已经涂敷外防腐层的管道小面积破损（破损处直径 $d \leqslant 30 \, \text{mm}$）处的补漏;另一种情况是用于管道阴极保护系统电缆与管子的连接处进行接头绝缘处理,并起到强化结构的作用。在修补时,当管道破损深度过深,必须选用黏结力强的填充剂填补。该填充剂具有防止管道锈蚀、水汽渗入及堵漏等功能。

4. 聚乙烯防腐层质量检验

（1）外观检查

不得出现气泡、破损、裂纹、剥离缺陷。

（2）厚度检查

采用相关测厚仪,在测量截面圆周上按上、下、左、右四个点测量,以最薄点为准。

（3）粘结力检查

采用剥离法,在测量截面圆周上取一点进行测量。在常温下将管端的包覆层沿环向割开,切割部位及尺寸如图3-5所示。撬起一端,用5kg的弹簧秤垂直于包覆层匀速拉起,拉力应不小于 40N（20N/cm）。

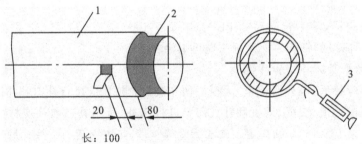

长:100

图3-5　剥离强度测试示意图

1—包覆层;2—钢管;3—弹簧秤

（4）连续性检查

采用电火花检漏仪逐根管道进行检漏,以不打出火花为合格。最低检漏电压按下列公式计算,即

当防腐层厚度大于 0.5mm 时,有

$$V = 7900\sqrt{\delta}$$

当防腐层厚度不大于 0.5mm 时,有

$$V = 3300\sqrt{\delta}$$

式中:V 为检漏电压(V);δ 为防腐层平均厚度(mm)。

3.2.3 聚乙烯胶粘带防腐层

埋地聚乙烯胶粘带防腐层管道输送介质温度为-30℃～70℃。

1. 聚乙烯胶粘带与底漆

(1)胶粘带的分类

聚乙烯胶粘带分防腐胶粘带(内带)和保护胶粘带(外带)两种。内带是起防腐绝缘作用,外带是保护内带不受损伤。

(2)胶粘带的选择

根据不同的防腐要求、不同的施工方法,可选用不同厚度、不同规格的内带和外带。聚乙烯胶粘带的性能应符合表 3-6 的规定。

表 3-6 聚乙烯胶粘带的性能

项目名称		防腐胶粘带(内带)	保护胶粘带(外带)	测试方法
颜 色		黑色	黑色或白色	目 测
厚度/mm	基 膜	0.15～0.40	0.25～0.50	GB6672—2001
	胶 层	0.10～0.70	0.10～0.20	
	胶 带	0.25～1.10	0.35～0.70	
基膜拉伸强度/MPa		≥18	≥18	GB1040—2006
基膜断裂伸长率/(%)		≥400	≥400	GB1040—2006
剥离强度/(N/cm)	对有底漆的不锈钢	≥15	—	GB2792—1998
	对背材	5～10	5～10	
体积电阻率/(Ω·m)		>1×10^{12}	>1×10^{12}	GB1410—2006
电气强度/(MV/m)		>30	>30	GB1408—2006
耐热老化试验/(%)		<25	<25	—
吸水率/(%)		<0.035	<0.035	—
水蒸气渗透率(24 h,mg/cm²)		<0.45	<0.45	GB1037—1988

注:①胶粘带厚度允许偏差为胶粘带厚度的±5%。

②耐热老化试验是试样在 100℃条件下,经 2400 h 热老化后,测得基膜拉伸强度、基膜断裂伸长率、剥离强度的变化率。

(3)底漆

底漆应采用橡胶合成树脂材料制造,底漆与胶粘带应有较好的相容性,其性能应符合表 3-7 的规定。

表 3-7 底漆的性能

项目名称	指标	测试方法
固体含量质量分数/(%)	15～30	GB1725—1979
表干时间/min	1～5	GB1728—1979
黏度/(Pa·s)	0.65～1.25	GB1723—1993

2. 防腐层等级及结构

聚乙烯胶粘带防腐层的等级及结构应符合表 3-3 的要求。

对于特殊环境、特殊地段,可以根据设计要求施工。

3. 胶粘带防腐层施工

(1) 表面处理

钢管表面必须认真处理,表面处理质量应达到钢管表面露出金属光泽。

(2) 涂底漆

底漆涂刷前,应在容器中搅拌均匀。在除锈合格并除去灰尘的钢管表面上涂刷底漆,使其形成均匀的薄膜。待底漆干后,即可缠带。当底漆较稠时,应加入与底漆配套的稀释剂,调到合适的稠度,调制时注意安全,以防着火。

(3) 缠绕胶粘带的施工要求

● 胶粘带宜在 0℃以上施工,当大气相对湿度大于 75% 或在有风沙的天气时不宜施工。

● 使用适当的机械或手工工具,在涂好底漆的管子上按搭接要求缠带。胶粘带始端与末端搭接长度不少于 1/4 管周长,且不少于 100 mm。缠绕时,各圈间应平行,不得扭曲皱折,带端应压贴,使其不翘起。

● 工厂预制缠带可以冷缠,也可以热缠。管段缠绕时管端应预留 150±10 mm 光管,以备焊接。在成品管管端,应按防腐等级作出明显标记(普通级:红。加强级:绿。特加强级:蓝),标记包括钢管规格及质量检查标志。

● 缠绕异型管件时,应选用专用的胶粘带。缠绕异型管件及异径三通时,应先用相应宽度的胶带以卷烟式包裹三通底座,然后用较窄的胶粘带(25~50 mm)从一端缠起,全部敷盖先前包扎的胶带。

(4) 补伤

修补时,应先修整损伤部位,涂上底漆。使用专用胶粘带时,应采用贴补法修补;使用与原管体相同的胶粘带时,应采用缠绕法修补。

(5) 补口

● 补口时,应除去管端防腐层的松散部分,除去焊缝区的焊瘤、毛刺和其他污物,补口处应干燥。钢管表面预处理质量应达到钢管表面露出金属光泽。

● 连接部位和焊缝处按搭接要求缠带,方法和要求与管体相同。缠带时不可粘上泥土,内带与外带严禁互换使用,补口层与原防腐层搭接宽度应不小于 100 mm。

● 在夏季,由于底漆与内、外带之间的气体挥发较快,有时缠绕后胶粘带会裂开,影响钢管的防腐绝缘,应在全部检验合格后,立即回填土。

4. 防腐层质量标准及检查方法

(1) 外观

沿管线目视检查,表面应平整,搭接均匀,无皱褶,无凸起,无破损,无开裂。

(2) 厚度

用测厚仪测量,厚度值应符合表 3-3 的要求。

(3) 粘结力(剥离强度)

用刀沿环向划开 10 mm 宽的胶粘带,然后用弹簧秤与管壁成 90° 角拉开,如图 3-5 所示。拉开速度应不大于 300 mm/min,剥离强度应大于 1.5 N/mm。该测试应在缠好胶粘带 2 h 以后进行。对防腐管线应测试 3 处/km,补口处的抽查数量为 1%,若有一个不合格,应加倍抽查,再不合格,全部返修。

（4）电火花检漏

对管道进行全线检查,检漏探头移动速度为3m/s,以不打出火花为合格。检漏电压根据下列公式确定,即

当防腐层厚度大于0.5mm时,有

$$V = 7\,900\sqrt{\delta}$$

当防腐层厚度不大于0.5mm时,有

$$V = 3\,300\sqrt{\delta}$$

式中：V 为检漏电压（V）；

δ 为防腐层平均厚度（mm）。

5. 竣工文件

PE胶粘带防腐层工程竣工后,施工单位应向建设单位提交下列文件。

● 防腐工程的简要内容,施工方法及其过程。

● 防腐胶粘带及底漆的出厂合格证及复验报告。

● 防腐层的性能试验结果及记录。

● 返修记录。应包括返修位置、原因、方法、数量。

● 防腐管现场施工补口、补伤及检测记录。

● 隐蔽工程记录。

● 其他有关资料。

3.3　绝热层的施工

在严寒地区,敷设的燃气管道因温度过低,会使燃气中的水蒸气、萘或焦油等杂质冻结或凝结,造成管径减小甚至堵塞,为此,管道外壁必须做绝热层。

1. 对绝热材料的要求

绝热材料应符合下列条件,才适用于燃气管道绝热层的施工。

● 导热系数和密度要小,一般要求导热系数 $\lambda \leqslant 0.14\,W/(m \cdot K)$,密度 $\rho \leqslant 450\,kg/m^3$。

● 具有一定的强度,一般应能承受 0.3MPa 的压力。

● 能耐一定的高温和潮湿,吸湿性小。

● 不含有腐蚀性物质,不易燃烧,不易霉烂。

● 施工方便,价格低廉。

除上述条件外,选择绝热材料还应考虑管道敷设方式和敷设地点、燃气介质温度、周围环境特点等因素。

2. 常用的绝热材料

基本符合要求的绝热材料种类很多,一般分为有机绝热材料和无机绝热材料。燃气管道的绝热层一般使用无机绝热材料。现将几种常用的绝热材料简介如下。

（1）石棉及其制品

石棉是一种纤维结构的矿物,可耐700℃的高温。因纤维长度不同可制成各种制品:长纤维可制成石棉布、石棉毡和石棉绳等;短纤维的石棉粉可与其他绝热材料混合制成各种制品,如石棉水泥和石棉硅藻土等。

（2）玻璃棉及其制品

玻璃棉是用熔化的玻璃喷成的纤维状物体,其导热系数小、机械强度高、耐高温、吸水率小,很容易制成各种制品,如玻璃棉布、玻璃毡和玻璃棉弧形预制块等,因此得到广泛应用。其缺点是施工时细微的纤维易飞扬,刺激人的眼睛和皮肤。

（3）矿渣棉及其制品

矿渣棉是用蒸汽或压缩空气吹喷炼铁高炉的熔化炉渣而成的纤维状物体。其导热系数小、吸水率小、价格低廉,但强度低、施工条件差。制品有矿渣棉毡。

（4）岩棉及其制品

岩棉是以玄武岩为主要原料,经高温熔融,以高速离心方法制成的纤维状物体,其密度小、导热系数小、吸水率小,是一种最常用的绝热材料。制品有岩棉毡,加入酚醛树脂经固化成型后制成的管壳块。

（5）膨胀珍珠岩及其制品

膨胀珍珠岩的原料是一种叫做珍珠岩的矿石,将矿石粉碎,再经高温焙烧。由于高温作用,岩石中的结晶水急剧汽化膨胀,形成多孔结构的膨胀珍珠岩颗粒。

用不同的胶结材料(如水泥、水玻璃和塑料等)可将膨胀珍珠岩制成不同形状、不同性能的制品。这种绝热材料具有导热系数小、不燃烧、无毒、无味、无腐蚀性、耐酸碱盐侵蚀、材料强度高等特点,是一种高效能的绝热材料。缺点是吸水率较大。

（6）泡沫混凝土及其制品

用水和水泥,加上泡沫剂可制成泡沫混凝土。这是一种多孔结构的混凝土,孔隙直径0.5～0.8mm,孔隙率越大绝热性能越好,但机械强度相应降低。其制品一般呈半圆形或扇形的管壳块,施工时,包扎在管子上即可。

燃气管道绝热层常用的几种绝热材料的性能如表3-8所示。各厂家生产的同一种绝热材料的性能均有所不同,应按厂家说明书或样本所给的技术数据选择。

表 3-8　几种常用绝热材料的性能

材 料 名 称	密 度 /(kg/m³)	导热系数 /(W/(m·K))	使用温度 /℃
膨胀珍珠岩	50～135	0.033～0.046	−200～+1000
普通水泥珍珠岩制品	240～450	0.053～0.081	≤600
矿渣棉	114～130	0.044～0.076	≤800
玻璃棉	81～85	0.032～0.035	<250
岩棉	150	0.034	≤300
石棉灰	600	0.081～0.093	<600
石棉绳	1000～1300	0.14+0.0002	<450
泡沫混凝土	400～500	0.093～0.14	<250

3. 绝热层构造及其施工

绝热层均包敷在防腐层之外,一般由绝热、防潮和保护三层组成。绝热层的主体是绝热层,根据不同绝热材料,采用不同施工方法。

（1）缠绕湿抹法

采用石棉绳和石棉灰作绝热层时,在已做好防腐层的管子上先均匀而有间隔地缠好石棉绳,绳匝间距 5～10 mm,然后分两层抹石棉灰,最后抹一层石棉水泥浆作保护壳。若是室外燃气管道,待保护壳干燥、固化后再涂沥青底漆和沥青涂料各一层,作为防潮层,如图 3-6 所示。缠绕湿抹法的绝热层总厚度不小于 20 mm。

这种方法适用于小直径和短距离的燃气管道,例如建筑物的燃气引入管或沿建筑物外墙架设的小直径燃气管。

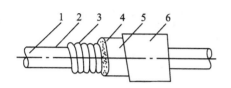

图 3-6　石棉绳绝热层结构

1—管子;2—防腐层;3—石棉绳;4—石棉灰浆;

5—石棉水泥保护壳;6—防潮层

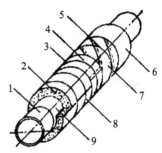

图 3-7　绑扎式绝热层结构

1—管子;2—膨胀珍珠岩瓦块;3—镀锌铁丝;

4—玻璃布油毡;5—镀锌铁丝;6—沥青层;

7—浸油玻璃布;8—镀锌铁丝;9—环氧煤焦油防腐层

（2）绑扎法

使用泡沫混凝土或水泥膨胀珍珠岩管壳块作绝热层时,通常采用绑扎法。绑扎管壳块时,应将纵向接缝设置在管道的两侧,横向接缝错开。所有接缝均可采用石棉灰、石棉硅藻土或与管壳块材料性能接近的绝热材料制成泥浆填塞。绑扎铁丝的直径一般为 1～1.2 mm,每块管壳应至少绑扎两处,铁丝头嵌入接缝内。管壳块表面可以抹一层石棉水泥保护层,厚约 10 mm。待保护层干燥、固化后在其表面涂一层沥青涂料,外包浸沥青底漆的玻璃布(或油毡),玻璃布上再涂一层沥青。沥青玻璃布层为防潮层。也可以不抹石棉水泥保护层,在管壳表面直接做防潮层,如图 3-7 所示。

（3）缠包法

使用岩棉毡、矿渣棉毡或玻璃棉毡做绝热层时,将棉毡剪成适用的条块缠包在管子上,用铁丝或铁丝网紧紧捆扎。若单层不够厚度,可缠包两至三层。棉毡外再缠包油毡作保护(防潮)层。

4. 硬质聚氨酯泡沫塑料绝缘层

硬质聚氨酯泡沫塑料是一种高分子多孔材料,全称为硬质聚氨基甲酸泡沫塑料(以下简称泡沫塑料)。它具有导热系数小、几乎不吸水、质轻、耐热性能好、化学稳定性强、与金属及非金属黏结性均较好等优点,可作为钢管既绝热又防腐的绝缘层。

施工时,首先将原料按比例分别配制 A 和 B 两组备用。A 组分为多次甲基多苯基多异氰酸酯,简称异氰酸酯,代号为 PAPI,其结构式为 A－NCO(也可采用二苯基甲烷二异氰酸酯,代号为 MCI);B 组分为多羟基聚醚(简称聚醚,结构式为 R－OH)、催化剂、乳化剂、发泡剂和溶剂按比例配制而成。只要 A、B 两组材料混合在一起,即起泡生成泡沫塑料。

泡沫塑料一般采用现场发泡,施工方法有喷涂法和灌注法两种。

泡沫塑料喷涂法施工如图 3-8 所示。A、B 两组分分别用两台比例泵送至喷枪,采用压缩空气将两组材料从喷枪喷出时雾化,掌握好喷涂速度和喷枪距钢管表面的距离,喷雾在钢管表面固化后即可达到要求的厚度。

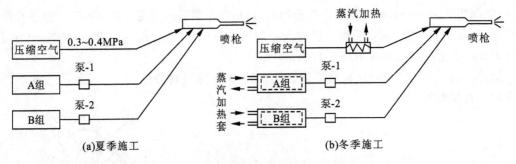

(a)夏季施工   (b)冬季施工

图 3-8　泡沫塑料喷涂法施工示意图

灌注法施工就是将两组液料按比例混合均匀,直接注入需要成型的空间或模具内,经发泡膨胀而充满模具空间,固化后即可达到要求形状与厚度。

在泡沫塑料绝缘层施工时,因为异氰酸酯和催化剂有毒,对人的上呼吸道、眼睛和皮肤有强烈的刺激作用,必须加强防护。

第4章　燃气管道工程的施工、试验与验收

4.1　地下燃气钢管的施工

地下燃气钢管的防腐绝缘层一般是集中预制,待检验合格后,再运至现场安装。在管道运输、堆放、安装、回填土的过程中,必须妥善保护防腐绝缘层,以延长燃气管道使用年限。

燃气管道工程施工一般采取分段流水作业,即根据施工力量,合理安排,分段施工。管沟开挖后,立即安装管道,同时开挖下一段管沟。完成一段,立即回填管沟,避免影响交通和造成安全事故、管口锈蚀、防腐层损坏,地面水(或雨水)进入管沟使沟壁塌方、沟底沉陷、管道下沉或上浮、管内进水、管内壁锈蚀等各种事故的发生。

分段施工是确保工程质量、减少事故、加快工程进度、降低工程造价的有效措施。这就需要合理组织挖土、管道组装、焊接、分段进行强度试验与密封性试验、分段吹扫、钢管焊口防腐包口、回填土等工作,尽量缩短工期。

4.1.1　运输与布管

管子运输和布管应尽量在管沟挖成后进行。将管子布置在管沟堆土的另一侧,管沟边缘与钢外壁间的安全距离不得小于 500 mm。禁止先在沟侧布管再挖管沟,这样会将土、砖头、石块等压在管上,损坏防腐层与管子,使管内进土。布管时,应注意首尾衔接。在街道布管时,尽量靠一侧布管,不要影响交通,避免车辆损伤管道,并尽量缩短管道在道路上的放置时间。

在预制厂运输管子前,应检查防腐绝缘层的质量证明书以及外观质量。必要时,可进行厚度、黏附力与绝缘性检查,合格后再运。

由于燃气钢管防腐绝缘层易碰伤,因此应使用较宽的尼龙带吊具进行吊装。采用卡车运输时,管子放在支承表面为弧形的、宽的木支架上,紧固管子的绳索等应衬垫好;运输过程中,管子不能互相碰撞。采用铁路运输时,所有管子应小心地装在垫好的管托或垫木上,所有的承截表面及装运栅栏应垫好,管子间要隔开,使它们相互不碰撞。当管子沿管沟旁堆放时,应当支撑起来,离开地面,以防止防腐绝缘层损伤。当沟底为岩石等,铺管时会损伤防腐绝缘层,应先在沟底垫一层过筛的土或细砂。移动钢管用的撬棍应套橡胶管。

4.1.2　沟边组对焊接

沟边组对焊接就是将几根管子在沟旁的地面上组对焊接。焊接时采用滚动焊接,这样易保证质量,而且操作方便,生产效率高。管子焊成管段再下入地沟,管段长度由管径大小及下管方法而定,不可过长而造成移动不便,也不可过短,使下管时管段弯曲过大而损坏管道与防腐层。每一管段以 30~40 m 长为宜。

在逐根清除管子内壁泥土、杂物后,将管子放在方木或对口支撑上组对,然后对口、找中、点焊、焊接。应特别注意,有缝钢管的螺旋焊缝或直焊缝要错开间距焊接,其焊缝间距不得小于 100 mm 弧长。点焊与焊接时,不准敲击管子。对分层施焊,管子焊接到一定程度后,转动

管子,在最佳位置施焊。第一层焊完再焊第二层,禁止将焊口的一半全部焊完,再转动管子,焊另一半焊口。

管段下沟前,应用电火花检漏仪对管段防腐层进行全面检查,发现有漏点处立即按有关规程进行补伤,补伤后再用电火花检漏仪检查,合格后方可下沟。

下班前应用堵板将管段两端临时封堵,防止杂物进入管内。

4.1.3 管道下沟与安装

管道下沟的方法,可根据管子直径及种类、沟槽情况、施工场地周围环境与施工机具等情况而定。一般来说,应采用汽车式或履带式起重机下管。当沟旁道路狭窄,周围树木、电线杆较多,管径较小时,可用人工下管。

1. 下管方式

(1) 集中下管

将管子集中在沟边某处下到沟内,再在沟内将管子运到需要的位置。这种方式适用于管沟土质较差及有支撑的情况,或地下障碍物多,不便于分散下管的场合。

(2) 分散下管

将管子沿沟边顺序排列,然后依次下到沟内。

(3) 组合吊装

将几根管子焊成管段,然后下入沟内。

2. 管沟要求

管道下沟前,管沟应符合以下要求。

● 管子下沟前,应将管沟内塌方土、石块、雨水、油污和积雪等清除干净。

● 检查管沟或涵洞深度、标高和截面尺寸,应符合设计要求。

● 对石方段管沟,松软垫层厚度不得小于300mm,沟底应平坦、无石块。

3. 下管方法

1) 起重机下管法

这种方法需要使用轮胎式或履带式起重机,如图4-1所示。

图4-1 履带式起重机下管

下管时,起重机沿管沟移动,起吊高度以1m为宜。将管子用专用的尼龙吊具起吊后,转动起重臂,使管子移至管沟上方,然后轻放至沟底。起重机的位置应与沟边保持一定距离,以免沟边土壤受压过大而塌方。钢管两端拴绳子,由人拉住,随时调整方向并防止管子摆动。严禁损伤防腐绝缘层。

如果仅是两或三根管子焊接在一起的管段，则可用一台起重机下管。对管子外径不小于529 mm的管道下沟，应使用三台起重机同时吊装。对管径小于529 mm的管道下沟，起重机不应少于两台。

在管道施工中，应尽可能减少管道受力。吊装时，尽量减少管道弯曲，防止管道与防腐绝缘层裂纹。管子应妥当地安放在管沟中，以防管子承受附加应力。

管道应放置在管沟中心，其允许偏差不得大于100 mm。

移动管道所使用的撬棍或滚杠应外套胶管，以使防腐绝缘层不受损伤。

2）人工下管法

（1）压绳下管法

这种方法是在管子两端各套一根大绳（绳子的粗细由管子重量而定），借助工具控制，徐徐放松绳子，使管子沿沟壁或靠沟壁位置的滚杠慢慢滚入沟内。铸铁管下管多用此法。有防腐绝缘层钢管用此法时，应在管下铺表面光滑的木板或外套橡胶管的滚杠，再用外套橡胶管的撬棍将钢管移至沟边，在沟壁斜靠滚杠，用两根大绳在两侧管端1/4处从管底穿过，在管边土壤中打入撬杠或立管，将大绳缠在撬杠或立管上二三圈，人工拉住大绳，撬动钢管，逐步放松绳子，使钢管徐徐沿沟壁的滚杠落入沟中。沟底不得有砖头、石块等硬物，不得将钢管跌入沟中。如图4-2所示。

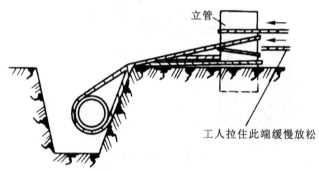

图4-2　竖管法压绳下管

（2）塔架下管法

这种方法是利用装在塔架上的滑车、导链等设备进行下管。先将管子在滚杠上滚至架在横跨沟槽的跳板上，然后将管子吊起，撤掉跳板后，将管子下到槽内。塔架数量由管径和管段长度而定，间距不应过大，以防损坏管子及防腐绝缘层。图4-3所示为三脚塔架下管，图4-4所示为高塔下管，图4-5所示为导链下管。

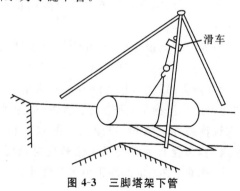

图4-3　三脚塔架下管

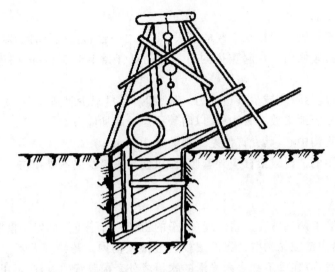

图 4-4　高塔下管

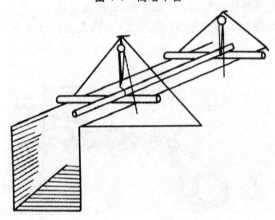

图 4-5　导链下管

4. 稳管、焊接与防腐

稳管是将管子按设计的标高与水平面位置稳定在地基或基础上。管道应放在管沟中心,其允许偏差不得大于 100mm。管道应妥当地安放在管沟中,管子下方不得有悬空,以防管道承受附加应力。

管子对口前应将管内的泥土、杂物清除干净。沟内组对焊接时,对口间隙与错边量应符合要求,并保持管道成一直线。焊接前应将焊缝两侧的泥土、铁锈等清除干净。

管道焊接完毕,在回填土前,必须用电火花检漏仪进行全面检查,对电火花击穿处应进行补伤,补伤后再检查,直至合格。

管道组对焊接后,需要对焊缝进行无损探伤、对管道进行强度与密封性试验,合格后再将焊口包口防腐,用电火花检漏仪检查合格后方可回填土。通常在管子焊接后,先留出焊接工作坑,然后将管身部分填土,将管身覆盖,以免石块等硬物坠落在管上,损坏防腐绝缘层,同时可以减少因气温变化而产生的管道的热胀冷缩,而热胀冷缩往往会使防腐层与土壤摩擦而损伤。

地下燃气管道与建筑、构筑物或相邻管道、电缆之间的水平和垂直净距,不应小于表 4-1 与表 4-2 的规定。如受地形限制,布置有困难而又无法解决时,经与有关部门协商,在采取行之有效的保护措施后,表 4-1 与表 4-2 中规定的净距可适当缩小。

表 4-1　地下燃气管道与建筑物、构筑物或相邻管道、电缆之间的水平净距　　单位：m

项　目		地下燃气管道				
		低　压	中　压		次高压	
			B	A	B	A
建筑物基础		0.7	1.0	1.5	4.5	6.5
给水管		0.5	0.5	0.5	1.0	1.5
排水管		1.0	1.2	1.2	1.5	2.0
电力电缆 通信电缆	直埋	0.5	0.5	0.5	1.0	1.5
	在导管内	1.0	1.0	1.0	1.0	1.5
其他燃气管道	外径≤300mm	0.4	0.4	0.4	0.4	0.4
	外径>300mm	0.5	0.5	0.5	0.5	0.5
热力管	直埋	1.0	1.0	1.0	1.5	2.0
	在管沟内	1.0	1.5	1.5	2.0	4.0
电杆(塔) 的基础	≤35kV	1.0	1.0	1.0	1.0	1.0
	>35kV	2.0	2.0	2.0	5.0	5.0
通信照明电杆(至电杆中心)		1.0	1.0	1.0	1.0	1.0
铁路路堤坡脚		5.0	5.0	5.0	5.0	5.0
有轨电车钢轨		2.0	2.0	2.0	2.0	2.0
街树(至树中心)		0.75	0.75	0.75	1.20	1.20

表 4-2　地下燃气管道与建筑、构筑物或相邻管道之间的垂直净距　　单位：m

项　目		地下燃气管道(当有套管时,以套管计)
给水管、排水管或其他燃气管道		0.15
热力管的管沟底(或顶)		0.15
电　缆	直埋	0.50
	在导管内	0.15
铁路轨底		1.20
有轨电车轨底		1.00

当燃气管道遇到障碍时,常采取以下措施。

● 当实际情况小于表 4-1、表 4-2 规定的净距时,可根据当地条件,使燃气管道横向或竖向绕过,增加 4 个弯管。

● 增加套管,将燃气管道敷设在套管内。

● 加固地沟,将燃气管道敷设在砖砌管沟内。

4.2 PE燃气管道的施工

PE燃气管道只作埋地管道使用,严禁在室内和地上管道中使用。

4.2.1 PE燃气管道布置

● PE燃气管道不得从建筑物或大型构筑物下穿越,不得在堆放易燃、易爆材料和具有腐蚀性液体的场地下面穿越,不得与其他管道或电缆同沟敷设。

● PE燃气管道与供热管道之间水平净距不应小于表4-3的规定,与其他建筑、构筑物的基础或相邻管道之间的水平净距应符合表4-1的规定。

表4-3　PE燃气管道与供热管道之间的水平净距　　　　　　　　单位:m

供热管道种类	净距	说明
T<150℃直埋供热管道 供热管 回水管	3.0 2.0	燃气管埋深小于2m
T<150℃热水供热管沟 蒸汽供热管沟	1.5	
T<280℃蒸汽供热管沟	3.0	PE管工作压力不超过0.1MPa, 燃气管埋深小于2m

● PE燃气管道与各类地下管道、电缆或设施的垂直净距不应小于表4-4的规定。

4-4　PE燃气管道与各类地下管道、电缆或设施的垂直净距　　　　单位:m

名　称	埋设方式及条件	净　距	
		PE管在该设施上方	PE管在该设施下方
给水管燃气管	—	0.15	0.15
排水管	—	0.15	0.2加套管
电缆	直埋 在导管内	0.50 0.20	0.50 0.20
供热管道	T<150℃ 直埋供热管	0.5加套管	1.30加套管
	T<150℃ 热水供热管道 蒸汽供热管道	0.20加套管或0.40	0.30加套管
	T<280℃ 蒸汽供热管道	1.00加套管,套管有 降温措施可缩小	不允许
铁路轨底	—	—	1.20加套管

● PE 燃气管道埋设的最小管顶覆土厚度应符合以下规定：

埋设在车行道下时，覆土厚度不得小于 0.9m；

埋设在非车行道（含人行道）下时，覆土厚度不得小于 0.6m；

埋设在庭院（指绿化地及载货汽车不能进入之地）时，覆土厚度不得小于 0.3m；

埋设在水田下时，覆土厚度不得小于 0.8m。

当采取行之有效的防护措施后，上述规定可适当降低。

● PE 燃气管道在输送含有冷凝水的燃气时，应埋设在土壤冰冻线以下，并应设凝水缸。管道坡向凝水缸的坡度不宜小于 0.003。

中压 PE 燃气管道干管上应设置分段阀门，并应在阀门两侧设置放散管；中压 PE 燃气支管起点也应设置阀门；低压 PE 燃气管道可不设置阀门。阀门宜设置在阀门井内。

PE 燃气管道不宜直接引入建筑物内或直接引入附属在建筑墙上的调压箱内。当需要直接用 PE 燃气管道引入时，穿越基础或外墙以及地上部分的 PE 燃气管道必须用硬质套管保护。

PE 燃气管道不宜直接穿越河底。

4.2.2 PE 管材、管件的验收、存放和运输

1.PE 管材、管件的验收

接收 PE 管材、管件时必须验收产品合格证、产品使用说明书、质量保证书和各项性能检验报告等有关资料。验收管材、管件时，应在同一批中抽样，并按现行国家标准《燃气用埋地聚乙烯管材》(GB15558.1—2003)和《燃气用埋地聚乙烯管件》(GB15558.2—2005)进行规格尺寸和外观性能检查，必要时进行全面测试。

2.存放

PE 管材和管件应存放在通风良好、温度不超过 40℃的库房或简易棚内。管材应水平堆放在平整的支撑物上或地面上，堆放高度不宜超过 1.5m。当管材捆扎成 1m×1m 的方捆，并且两侧加支撑保护时，堆放高度可适当提高，但不宜超过 3m。管件应逐层叠放整齐，应确保不倒塌，并便于拿取和管理。管材存放时，应将不同直径和壁厚的管材分别堆放。管材和管件在户外堆放时，应有遮盖物，避免阳光照射。管材、管件从生产到使用之间的存放时间不宜超过一年。

3.运输

PE 管材、管件的存放、搬运和运输，应用非金属绳捆扎、吊装，管材端头应封堵；不得与油类、酸、碱、盐等其他化学物质接触。

在搬运 PE 管材、管件时，应小心轻放，排列整齐，不得抛摔和沿地拖曳。寒冷季节搬运管材、管件时，严禁剧烈撞击，以防产生裂纹。

车辆运输 PE 管材时，应放置在平底车上；水运时，应放在平坦的船舱内。无论采用何种方式运输，管材全长应设有支撑，应叠放整齐，直管和盘管均应捆扎、固定，避免相互碰撞。堆放处不应有可能损伤管材的尖凸物。管件运输时，应叠放整齐，并固定牢靠。管材、管件运输中，应有遮盖物，避免暴晒和雨淋。

4.2.3 PE 管道连接的一般规定

● PE 燃气管道在连接前，应对管材、管件及附属设备按设计要求进行核对。核对管材、管

件外观是否符合现行的《燃气用埋地聚乙烯管材》(GB15558.1—2003)和《燃气用埋地聚乙烯管件》(GB15558.2—2005)国家标准的要求。

● PE燃气管道连接应采用电熔连接(电熔套接连接、电熔对接连接)或热熔连接(热熔对接连接、热熔套接连接)方式,不得采用螺纹连接和粘接。PE管道与金属管道连接,必须采用钢塑过渡接头连接。

上述几种连接方式是最经济并能保证PE燃气管道长期使用的方式。一般来说,其接头的强度都高于管材本身强度。螺纹连接不可使用,因为PE燃气管道对切口极为敏感,会导致管壁截面强度减弱和应力集中而易损坏、漏气。至于粘接,因为聚乙烯是一种高度结晶性的非极性材料,在一般条件下,其粘接性能较差,一般来说粘接的PE管道接头强度要比管材本身强度低,故这种方法在燃气管道中不宜使用。

● PE燃气管道不同的连接形式应采用不同的专用连接工具或设备。如对接熔接采用对接设备,电熔连接采用电熔连接专用设备等。连接时,不得使用明火加热。

● PE燃气管道连接宜采用同种牌号、材质的管材和管件。对性能相似的不同牌号、材质的管材与管材或管材与管件之间的连接,应经过试验,确定连接质量能得到保证后方可使用。

在力学性能无甚差别的情况下,对于不同品牌、材质的PE燃气管道,其熔体流动速率不同,密度不同,因而连接条件也不同。当密度差异较大的两连接件进行连接时,接头处会出现残余应力等不良影响。在实际施工时,不同牌号、材质(即熔体流动速度或密度相差较大时)的PE燃气管道连接,不可能获得稳定的连接质量,所以应避免不同材质的PE燃气管材、管件相互熔接。

● 钢塑过渡接头与PE管道连接应符合有关电熔连接或热熔连接的规定。钢塑过渡接头钢管端与金属管道连接,可采用焊接、法兰连接和机械连接。当与钢管焊接时,应采取降温措施,因钢管焊接的高温对PE管道有不良影响。PE燃气管道熔点一般在210℃左右,过高温度会使PE管与其结合部位熔化,达不到密封作用。

● 从事PE燃气管道连接的操作工人上岗前,应经过专门培训,经过考试和技术评定合格后,方可上岗操作。

由于PE燃气管道与金属管道性能不同,而且连接方法与焊接设备也不同。它主要是通过加热工具熔化PE管材或管件,达到连接目的的。接头质量与操作步骤和参数有直接关系,如熔接温度、熔接时间、施压大小、保压冷却时间、连接件对直度等,因此操作工人上岗前要经过专门培训。

● 在寒冷气候(−5℃以下)和大风环境条件下进行操作时,应采取保护措施或调整连接工艺。

在寒冷气候条件下进行熔接操作,达到熔接温度的时间比正常情况下要长,连接后冷却时间也要缩短。因此,应对正常情况下连接参数进行调整。此外,在低于−5℃进行熔接操作时,工人工作环境差,操作精度很难保证,故要采取保护措施。

● PE燃气管材、管件存放处与施工现场温差较大时,在连接前应将管材和管件在施工现场放置一定时间,使其温度接近施工现场温度。

由于PE燃气管道采用熔化连接,熔接条件(温度、时间)是根据施工现场调节的。管材、管件从存放处运到施工现场,当其温度高于现场温度时,导致加热时间过长;反之,加热时间不足。两种情况都会影响接头质量。同时,PE管材的线膨胀系数较大,因温度变化而产生的热胀冷缩也较大,如果待连接的管材或管件从不同温度存放处运来,两者温度不同,产生的热胀冷缩也不同,也会影响接头质量。

● PE燃气管道连接时,管端应洁净。每次收工时,管口应临时封堵,防止杂物进入管内。

● PE管道连接结束后,应进行接头外观质量检查。不合格者必须返工,返工后重新进行接头外观质量检查。

4.2.4 PE燃气管道的敷设

1. 土方工程

PE燃气管道的土方工程包括开槽和回填,基本上与钢管土方工程相同。由于PE燃气管道质量轻(仅为金属管的1/8),每根管的长度比金属管长,而且柔软,搬运及向管沟中下管方便,故宜在沟上进行连接。沟底宽度按钢管沟上焊接要求设定,即当单管沟边组装敷设时,沟底宽度为管道公称外径加0.3m。

由于PE燃气管道柔软,当管道拐弯时,可使管道本身弯曲而不需另加弯管。PE燃气管道敷设时,管道允许弯曲半径应符合下列规定。

● 管段上无承插接头时,应符合表4-5的规定。

表4-5　管道允许弯曲半径单位　　　　　　　　　　　　　单位:mm

管道公称外径 D	允许弯曲半径 R
$D \leqslant 50$	$30D$
$50 < D \leqslant 160$	$50D$
$160 < D \leqslant 250$	$75D$

● 管段上有承插接头时,允许弯曲半径 $R \geqslant 125D$。

当PE燃气管道改变走向而使管道本身弯曲时,开挖管沟应按照管道的弯曲半径尺寸施工。当环境不许可时,应用PE燃气管件中的弯管。

应根据PE燃气管材每根的长度,在下管前挖好接口工作坑,以作沟内连接、强度与密封性试验和检查时使用。接口工作坑比金属管道接口工作坑略小。下管后工作坑若有误差,则应修整,防止损伤管道。

当PE燃气管道输送含有冷凝水的燃气时,沟底坡度必须严格检查,合格后方准敷设。防止由于PE燃气管道柔软而造成的倒坡或积水。

2. PE管道敷设

PE燃气管道应在沟底标高和管基质量检查合格后,方可敷设。PE燃气管道下管方法有以下几种。

(1)拖管法施工

用掘进机挖出沟槽,盘卷的PE管道或已连接好的PE管道在掘进机后部被拖带进入沟中。采用拖管施工时,拉力不得大于管材抗拉强度的50%。拉力过大会拉坏PE管道。拖管法一般用于支管或较短管段的PE燃气管道敷设。

(2)喂管法施工

将固定在掘进机上的盘卷的PE管道,通过装在掘进机上的犁刀后部的滑槽喂入管沟。喂管弯曲不可超过表4-5的规定。

(3)人工法

常用人工法有压绳法、人工抬放等。

PE 燃气管道的热胀冷缩量比钢管大得多，其线膨胀系数为钢管的 10 倍以上。为减少 PE 管道的热应力，可利用 PE 管道的柔性，做横向蜿蜒状敷设和随地形弯曲敷设，但弯曲半径应符合表 4-5 的规定。

PE 燃气管道硬度较金属管小，因此在搬运 PE 管和敷设时要防止划伤。划伤的 PE 管道在运行中会受到外力作用，再遇表面活性剂（如洗涤剂），会加速伤痕的扩展，最终导致管道破坏。此外，还应防止对 PE 管道的扭曲或过大的拉伸与弯曲。

在 PE 燃气管道敷设时，宜随管道走向埋设金属示踪线，距管顶不小于 300 mm 处应埋设警示带。埋设示踪线是为了管道测位方便，精确地描绘出 PE 燃气管道的走线。目前常用的示踪线有两种，一种是裸露金属线，另一种是带有塑料绝缘层的金属导线。它们的作用都是通过电流脉冲，便于探测系统进行检测。警示带是为了提醒在以后施工时，当发现警示带时要注意：下面有 PE 燃气管道，小心开挖，避免损坏燃气管道。

PE 管道敷设后，留出待检查（强度与密封性试验）的接口，将管身部分回填，避免损伤管道。

4.2.5　吹扫与试验

当 PE 燃气管道系统安装完毕，外观检查合格后，应对全系统进行分段吹扫。吹扫合格后，方可进行强度试验和密封性试验。在强度试验时，使用肥皂液或洗涤剂检查是否漏气。这是因为 PE 燃气管道在其内部变形达到某一临界值或与外部介质（洗涤剂等表面活性剂）接触时，PE 燃气管道会出现龟裂。在检验完毕后，及时用水冲去检漏的洗涤剂或肥皂液。

吹扫与试验介质宜用压缩空气，其温度不宜超过 40℃。

压缩机出口端应安装分离器和过滤器，防止有害物质进入 PE 燃气管道。由于空气压缩机使用的油和寒冷冬季使用的防冻剂容易随压缩空气进入 PE 燃气管道内，油和防冻剂会对 PE 燃气管道产生不良影响，故规定要在压缩机出口端安装分离器和过滤器。

PE 燃气管道的强度试验压力应为管道设计压力的 1.5 倍。中压管道最低试验压力 SDR11 系列不得低于 0.4 MPa，SDR17.6 系列不得低于 0.2 MPa；低压管道最低不得低于 0.05 MPa。PE 燃气管道进行强度试验时，应缓慢升压，达到试验压力后，稳压 1 h，不降压为合格。

PE 燃气管道的密封试验与金属管道相同。

4.3　燃气管道的试验与验收

4.3.1　强度试验和气密性试验

燃气管道的泄漏将导致中毒、火警和爆炸，危害人民生命财产的安全，尤其是地下燃气管道的泄漏。地下管道泄漏时，外溢燃气沿地下土层的孔隙渗透，难以使人察觉，当积累到一定浓度后，会突发中毒、火灾和爆炸等严重事故。因此，对新敷设的地下燃气管道必须进行强度试验和气密性试验。进行强度和气密性试验是为了检查管道系统及各连接部位的工程质量，试验结果是作为工程验收的主要依据。

强度试验和气密性试验应在地下燃气管道吹扫检验合格后进行。

穿、跨越管道的强度试验和气密性试验应在下管前进行，敷设完工后应进行复验。

无论是地下燃气管道,还是穿、跨越燃气管道,在强度试验和气密性试验合格后半年以上仍未通气使用者,则在通气前应重新试验,复验合格后方可通气。

试验时采用的测压仪表可按试验压力范围选定:

● 试验压力低于 0.01 MPa,宜用 U 形水柱压力计;

● 试验压力为 0.01～0.1 MPa,宜用 U 形水银柱压力计;

● 试验压力大于 0.1 MPa,宜用精度不低于 0.4 级、量程不得大于试验压力 2 倍的弹簧压力表。

试验用的压力仪表应在校验的有效期内。

地下燃气管道的试验应与室内燃气管道及室外地上管道的试验分开,一般以引入管的总阀门或室外丁字管的接头处分界。充气试验时绝对不可互相窜气,以免造成试验数据不准或有漏气部位查不到。

1. 强度试验

地下燃气管道包括干管和庭院管道。干管的强度试验应分段进行,庭院管道可视情况分段、或不分段一次进行。

● 干管试验管段一般限于 3 km 以内。

● 干管试验管段应包括凝水缸、阀门及其管道附件。

● 强度试验压力应为设计压力的 1.5 倍,但对于钢管不得低于 0.3 MPa,对于铸铁管不得低于 0.05 MPa。

● 试验管段的焊缝、接口等应检部位不得涂漆或做防腐绝缘层。

试验方法如下。

试压准备:管径在 200 mm 以下的钢管在施工条件许可的情况下,一般首先在沟槽上一侧进行排管焊接,用钢板把管道两端焊死,在一端的墙板上留一个洞,焊出管径为 20 mm 的带螺纹的短管(长 100～200 mm),接上压力表管,操作时要仔细,注意不要使接头漏气;如果是已下到管沟内的管道,压力表管可以安装在凝水缸的管径为 20 mm 的管接头上或转心门上,同样要把管道两端用钢板焊死;不管是焊死钢板还是用法兰盲板隔断试验管道时,钢板及盲板的厚度、紧固件和密封件均应满足最高试验压力的要求,以保证试验的精确性;然后对管线上的管件(凝水缸头部、可拆连接处)进行仔细检查,看是否有漏气的可能性;最后将试压用的小毛刷准备好,用刀子把肥皂切成碎片,再用水将肥皂溶化。

充气试压:把空压机输气胶管接在充气压力表上,即可进行充气;气压达到要求的压力为止,一般充气气压比要求的压力稍高,如要求 0.3 MPa,则充气气压宜到 0.31～0.32 MPa,待关阀后压力会降至 0.3 MPa 左右。

● 进行强度试验时,应缓慢升压,达到试验压力后,稳压 1 h,然后仔细检查,观察压力表读数,并用皂液逐个检查接口部位。无明显压降,管位移定、无变形为合格。如发现有漏气点要及时标出漏气位置,待全部接口检查完毕后,将试验压力降至标准大气压时进行修补,修补后应进行复试。

如强度试验合格可直接转入气密性试验。

2. 气密性试验

(1) 试验压力

气密性试验应在强度试验合格后进行。试验压力为:

● 当设计压力不大于 5 kPa 时,试验压力应为 20 kPa;

● 当设计压力大于 5 kPa 时,试验压力应为设计压力的 1.15 倍,但不小于 100 kPa。

(2)地下管道的压力试验

埋入地下的燃气管道的气密性试验宜在回填至管顶以上 0.5 m 以后进行。在气密性试验开始前,应向管道内充气至试验压力,为使管道内空气温度和土壤温度平衡,气密性试验正式开始前宜按下列要求时间进行压缩空气的稳压:

● 管径在 200 mm 以下的管段,在空气压力升至气密性试验压力后稳压 12 h;

● 管径为 200~400 mm 的管段,在空气压力升至气密性试验压力后稳压 18 h;

● 管径大于 400 mm 的管段,在空气压力升至气密性试验压力后稳压 24 h。

(3)压力测定

气密性试验压力测定如图 4-6 所示。

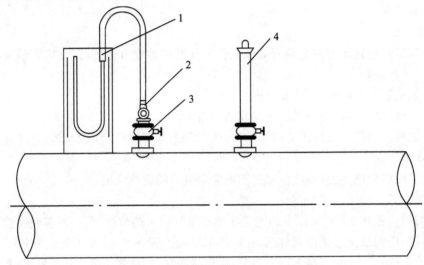

图 4-6　气密性试验压力测定示意图

1—U 形压力计;2—旋塞;3—阀门;4—温度计

当达到稳压时间时,观察压力表读数是否为试验压力,压力过高或过低时应采取措施使之达到试验压力,并开始记录管内压缩空气压力、温度和大气压。试验时间为 24 h,再记录一次管内压缩空气压力、温度和大气压。

根据两次记录所得的压力降、温度差和大气压差的数据来鉴定被检验管道的气密性试验是否合格。

(4)气密性试验允许压力降

● 设计压力 $p > 5$ kPa 时,有

对同一管径,有

$$\Delta p = 40T/d$$

对不同管径,有

$$\Delta p = \frac{40T(d_1 L_1 + d_2 L_2 + \cdots + d_n L_n)}{d_1^2 L_1 + d_2^2 L_2 + \cdots + d_n^2 L_n}$$

● 设计压力 $p \leqslant 5$ kPa 时,有

对同一管径,有

$$\Delta p = 6.47T/d$$

对不同管径,有

$$\Delta p = \frac{6.47T(d_1 L_1 + d_2 L_2 + \cdots + d_n L_n)}{d_1^2 L_1 + d_2^2 L_2 + \cdots + d_n^2 L_n}$$

式中:Δp 为允许压力降(Pa);

$\quad T$ 为试验时间(h);

$\quad d$ 为管段内径(m);

$\quad d_1$、d_2、$\cdots$、d_n 分别为各管段内径(m);

$\quad L_1$、L_2、$\cdots$、L_n 分别为各管段长度(m)。

(5)试验实测压力降

应根据在试压期间管内温度和大气压的变化按下式予以修正,即

$$\Delta p' = (H_1 + B_1) - (H_2 + B_2)\frac{273 + t_1}{273 + t_2}$$

式中:$\Delta p'$ 为修正压力降(Pa);

$\quad H_1$、H_2 分别为试验开始和结束时的压力计读数(Pa);

$\quad B_1$、B_2 分别为试验开始和结束时气压计读数(Pa);

$\quad t_1$、t_2 分别为试验开始和结束时的管内温度(℃)。

(6)气密性试验合格标准

气密性试验合格标准为实测修正的压力降小于或等于允许压力降,即

$$\Delta p' \leqslant \Delta p$$

4.3.2 工程验收

在整个施工阶段,对单项工程都应该根据有关技术标准和验收规范逐项检查和验收,尤其是隐蔽工程,如管道地基、防腐和焊接等项目更应及时检查,做到防微杜渐,杜绝质量事故。

工程竣工验收一般由设计、施工、运行管理及其他有关单位共同组成验收机构进行验收。验收应按程序进行,施工单位应提供如下完整准确的技术资料。

- 开工报告。
- 监理资料。
- 相关部门的检验文件。
- 各种测量记录。
- 隐蔽工程验收记录。
- 材料、设备出厂合格证,材质证明书,安装技术说明书以及材料代用说明书或检验报告。
- 管道与调压设施的强度与严密性试验记录。
- 焊接外观检查记录和无损探伤检查记录。
- 防腐绝缘措施检查记录。
- 管道及附属设备检查记录。
- 设计变更通知单。
- 工程竣工图和竣工报告。
- 储配与调压各项工程的程序验收及整体验收记录。
- 其他应有的资料。

验收机构应认真审查上述技术资料,并进行现场检查,最后根据现行质量指标全面考核,做出鉴定。对质量未达到要求的工程不予验收。

第5章 燃气管道穿越工程施工

传统管道施工属于开挖式,这种方式易阻碍交通、破坏路面、损坏既有管线、造成施工成本增加,因此有必要发展非开挖式管道施工技术。

埋地管道施工没有挖沟埋管那么简单,它涉及测量、地质、土木、机械、水利、运输、电焊、化学、物理、燃气等专业知识。本章重点介绍燃气埋地管道穿越障碍常用的三种施工方法,即定向钻施工法、气锤式钢管推进施工法、机械与水力掘进顶管施工法。

5.1 定向钻施工法

定向钻施工法也称为往复式潜钻施工法,简称 HDD(horizontal directional drilling)。它是指无法采用传统开挖、推进的方式及作业人员无法进入工作区,须用机械方法来进行钻掘、排土、清渣及方向控制,并同时在扩孔后将各种管材埋入地下的施工方法。

定向钻施工法的优点如下。

- 需要的作业空间小,对交通影响小。
- 采用机械化施工,施工工期短。
- 减少因施工发生的路面下陷及房屋龟裂。
- 对已有埋设物的障碍处理减至最小限度。
- 所需开挖空间少,安全防护容易。
- 工人不需进入危险区作业,可保护工人安全。
- 对市民生活影响小,在人口密集地区尤为明显。
- 适合穿越铁路、公路、高速公路、机场跑道、河流、湖泊等处的埋管施工。

5.1.1 定向钻施工法工作原理

定向钻施工法工作原理为:钻头先喷射高压水柱将泥土松开,钻杆再旋转前进;采用高科技制造的钻头可击碎直径为 300 mm 以下的石块,钻杆在最小弯曲半径为 33 m 内可 360°调整其行进方向;采用无污染的天然黏土细粉作为润滑剂,混合在水柱中喷入土壤,不但有润滑作用且可稳固孔道壁,将拉管时的摩擦力降至最低,日后泥浆形成一圈干燥的黏土裹覆管线。

钻头内装有精确的导向及信号发射器,当其在地下潜钻时,地面上的接收器可由其电磁波显示钻头所在位置及深度,进而可转绘成精确的地下管线图表。

整个施工过程最少仅需控制操作人员及探测指挥人员共 3 人,可同时埋设多条管线,并减少开挖施工所造成的影响交通及环保问题。

5.1.2 水平定向钻的基本结构

无论是大型还是中、小型水平定向钻,其基本结构都包括主机、钻具、导向系统、泥浆系统以及智能辅助系统。

1. 主机

主机的动力系统一般为柴油发动机。柴油发动机的功率是衡量钻机施工能力的指标之一。钻机在钻进、回拖过程往往需要钻机以恒定的荷载运行,因此发动机的连续功率显得更为重要。

为了降低劳动强度、提高劳动效率,主机一般装备了钻杆自动装卸装置:钻进时,钻机自动从钻杆箱中取出钻杆,旋转加接到钻杆柱上;回拖时,过程正好相反。有的还装备了润滑油自动涂抹装置,对钻杆连接头螺纹的润滑有助于延长钻杆的寿命。

钻机在工作中应完全固定。如果主机在钻进、回拖过程中发生移动,一方面有可能造成发动机的损坏,另一方面会降低推力或拉力,造成孔内功率损失。目前最新型的钻机都装备有自动液压锚固系统,靠自身功率把锚杆钻入土层。在干燥土层一般用直锚杆,在潮湿土层用螺旋锚杆。

2. 钻具

定向钻钻具包含钻杆、钻头和扩孔器。

钻杆应当有足够的强度,以免扭折、拉断,又要有足够的柔性,这样才能钻出弯曲的孔道。在长距离钻孔中,钻杆的长度直接影响钻进效率,特别是在采用有线导向时,长钻杆使钻杆连接次数减少,明显节约总连接时间。

钻头一般为楔形。在前进过程中,若钻头不断旋转,则钻进轨迹为直线。当钻头想绕过障碍物或以一定曲率半径前进时,钻头停止转动,使楔面停留在某一角度再推进,这样,钻头就以与楔面相背的方向前进。

钻头上通常有喷嘴,泥浆高速从喷嘴喷出,对土层进行冲刷。

对不同土层,应选用不同的钻头。在较软的黏土中,一般选用较大尺寸的钻头,便于在推进过程改变方向。在较硬的钙质层中,选用较小的钻头。若在硬岩钻进,则要选用特殊的钻头,如镶焊小尺寸硬质合金钻头。

扩孔器种类繁多,不同的扩孔器适用不同土层。如:凹槽状扩孔器适用于沙地和含有岩石的紧密沙地,而在黏性高的黏土中运行则容易变成球状;杆状扩孔器适用于硬土层、黏土层,但无法在岩石层或卵石地层有效运行。

3. 导向系统

导向系统包括无线导向系统和有线导向系统。

无线导向系统由手持式地表探测器和装在钻头里的发射器组成。探测器通过接收钻头发射的电磁波信号判断钻头的深度、楔面倾角等参数,并同步将信号发射到钻机的操作台显示器上,以便操作人员及时调整钻进参数,控制钻进方向。

在穿越河流、湖泊时,由于地面行走困难或钻孔深度太深,电磁波信号难以接收,这时就必须使用有线导向系统,发射器通过钻杆后接电缆把信号传给操作台。由于电缆必须由人工通过钻杆一根根搭接起来,因此有线导向仪的使用相当耗费时间。

4. 泥浆系统

泥浆系统是保证扩孔以及顺利回拖管道的重要设备。

膨润土、水以及添加剂等在泥浆罐里充分搅拌混合后,通过泥浆泵加压,经过钻杆(中空)从钻具喷嘴喷出,冲刷土层并把钻屑带走,起到辅助钻进的作用。钻进时,泥浆可冷却孔底钻具,以免钻具过热而磨损。

泥浆的另一重要作用是在回拖管道时降低管壁与孔壁之间的摩擦力。在理想状态时,钻杆是悬浮在泥浆中被拉出。因此在实际工程中,若钻孔成型好,则管道所需的拉力往往比预料的要小得多。

另外,泥浆在钻孔内凝固后可以起到稳定孔壁的作用。

5. 智能辅助系统

钻机的智能辅助系统近几年发展很快。在预先输入地下管线的走向及障碍物位置、钻杆类型、钻进深度、进出口位置、管道允许弯曲半径等参数后,钻进软件可以自动设计出一条最理想的路径,包括入土角、出土角、每根钻杆的具体位置等,在实际工程中还可以根据实际情况调整。

5.1.3　制订定向钻施工计划

虽然每个工程的情况不同,但水平定向钻掘设备具备了各种不同尺寸与规格的钻具,钻挖管径从 50~2000 mm,长度从几米~1250 米,拉力可达 750 kN。

制订定向钻施工计划时应注意以下事项。

1. 位置与路径

位置与路径是影响计划与执行定向钻工程最重要的因素。例如城市及乡村因位置状况完全不同,其施工计划也完全不同。在做施工计划时,须先了解要穿越的是何种类型障碍,例如河流、公路、铁路或机场跑道等。

2. 预埋物(管道)

事先要知道所要埋设管道的种类、尺寸、数量以及功能,需知道是何种材料(塑料管或钢管等)。因为不同的材料,管件受地表压力或因地心引力会产生特殊的倾斜角度,这也是考虑的重点。

目前,燃气输配的管道有钢管,PE 管和铸铁管。铸铁管采用承插式和机械接口,加上本身柔性差,不适合用定向钻敷设。钢管、PE 管既可拉又可弯,适合用于定向钻施工,其中盘卷PE 管最为理想。

3. 钻掘长度

依据地质状况、钻掘装置与设备,也是钻掘长度设计的考虑重点。

4. 位置限制

该区域的地质情况,例如附近构筑物的状况报告,这些信息包含以下内容。

● 已有管线:在钻孔线路或钻孔设施附近,任何地下的管件、管道、电缆线或其他埋设物的详细信息。

● 计划管线:在钻孔线路或钻孔设施附近,任何规划将埋设的地下管件、管道、电缆线或其他埋设物的详细信息。

● 计划建筑物:规划将兴建的建筑物、桥梁、隧道、河流拓宽、疏浚或港湾建设等建筑物的详细信息。

● 施工区域历史资料:包括施工区域构筑物资料或土地使用情形的历史信息,尤其是该区域有钻掘过又回填的旧有信息。

● 地形考察:地形考察包括已存在的构筑物及既有设施等,钻掘线路上的既有设施也是钻掘前应考虑的因素之一,这些因素会影响到钻掘的进入点、出口点以及定向钻钻孔的整个轮廓。

● 地质勘测资料:地质勘测非常重要,地质情况决定了钻孔工艺的可行性。通常所需的地质报告要非常接近钻孔路线,但并不一定是延着定向钻施工路线一一取得。这份报告须陈述取得重点地段地质的实际位置与方法,并详述此一重点地段地质的样本,至于所需重点地段地质的数量与深度,则取决于钻掘的长度及所经过的线路。重点地段地质取样的深度需比计划定向钻掘的深度还要深。这份详细而广泛的地质报告是钻掘计划中最重要的信息。

除了上述信息外,在制订定向钻施工计划时尚有一些施工上的限制必须留意,如表 5-1 所示。

表 5-1　定向钻施工法工程的技术参数

管径/mm	200	400	600	800	900
最小钻掘长度/m	70	125	150	220	250
最小钻掘深度(进入点角度为 8°时)/m	3	4	5	6	7
进入点角度	7°~25°	7°~25°	7°~14°	7°~14°	7°~14°
出口点角度	7°~15°	7°~12°	7°~10°	7°~10°	7°~10°
装置管件管径/曲率	以钢管为例,管径/曲率最大为 1/1200				

当完成位置考察后,则钻掘的轮廓也就大致完成,一般钻掘轮廓图会标示出进入点角度、钻掘曲率及出口点的角度。钻掘曲率是依据钻掘长度、深度、预埋管种类、直径、材质等因素而决定。

5.1.4　定向钻施工方法及施工流程

1. 入钻区域与装备

因为在工作区域须放置一些重装备,因此合适的通路是非常重要的。在钻掘机组侧需预留车辆进出通道,在管件侧预留车辆通道有助于工程的进行。如果无法预留通路则可采用轮流施工的方式。大型的定向钻工程须使用 160 t 的重型传动齿棒及齿轮设备、消声柴油发电机组、泥浆混合及回收装置、控制室、钻孔工具、导杆、钻头及扩孔器等,所有的装备须有条不紊地安置在工作现场。在钻掘工具及辅助工具送达工作区域时,所有施工规划及准备工作应先完成,包括准备 7 m³/h 和 35 m³/d 的干净水源(无污染、无盐分),此为最基本的要求。混合皂土(钻掘液)的水量需求会因预埋管尺寸及地质情况的不同而不同。工作区域如果无天然或既有的坚固地基,则必须放置钢板,或利用坚硬的碎石铺地,或用围篱围一小块坚固的地表供机具安置使用。

在进入端(机具端)需最少 900 m² 的工作范围,此一工作范围并不一定是正方形,但必须有一边最少是 15 m 宽,入钻区域工作平台布置如图 5-1 所示。

2. 出钻区域

出钻区(管件端)在钻掘出口点需一块接近 15 m×15 m 的工作区域,并在出口点挖掘一个泥浆(钻掘液加泥沙)池及预留固定预埋管线的滚轮所需的空间。出钻区域工作平台布置如图 5-2 所示。

3. 挖坑

在完成所有施工位置勘测后,即可确定钻掘进入点并挖掘进入坑,并将挖出的土方堆放在施工范围外。此外,泥浆池也应在机具端施工区域内先行挖妥。一般泥浆池的大小约为 150 m³。在出钻区域的出口坑及泥浆池,可在钻头到达出口时挖掘。

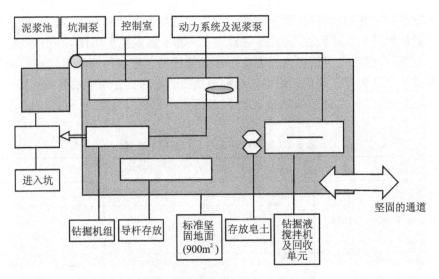

图 5-1　入钻区域工作平台布置

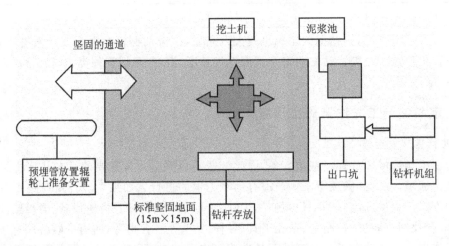

图 5-2　出钻区域工作平台布置

4. 路线引导

较早的钻掘线路追踪设备是校准器。校准器是由没有磁性的不锈钢外壳及内装地下洞穴位置追踪系统所组成。新型的导引系统则利用"磁性导引系统"监控钻头的位置,钻头的水平及竖直方位会通过位于钻杆内的电缆线直接传给钻掘机控制室。这些信息通过导引系统的计算机显示出来,这些信息在钻孔过程会一直回馈,以便随时修正钻头位置,使钻头能依既定路线钻出最正确的孔。

连接"磁性导引系统"及"导引系统计算机"的PVC包覆电缆线卷放在一个防热的套筒内,并依钻掘长度的增加而增加。在施工过程中,每增加每一段钻杆时,会先切断电缆,待钻杆安装好后即重新连上。

"磁性导引系统"的信息是由随时提供直流电流的通信线所传递,经由"磁性导引系统"传回的信息可完全排除原有埋设电缆管线或其他构筑物产生的干扰信号。

5. 出口

当钻头钻出出口点时,可取下钻头,并在钻杆上换装扩孔器。

6. 扩孔

为成功的埋设管线,在钻孔后必须扩孔。将扩孔器装在钻杆的头部,扩孔器由钻掘机组以旋转方式沿已形成的钻孔回拉。回拉时钻掘液泵也会通过钻杆提供钻掘液给扩孔器,扩孔器会使用本身的喷嘴喷出钻掘液,这些钻掘液不但有润滑及暂时支撑已扩大孔径的效果,而且会与扩孔过程中所刮下土坯混合,一起流出到两端的泥浆坑。这些泥浆在坯出口点会被集中到泥浆池,在钻掘机组端(入口点)则会马上被分离再回收利用。为确保钻孔中随时有钻杆,当在钻掘机组端取下一支钻杆时,会在扩孔器后面(出口点)增加一支钻杆。扩孔过程如图 5-3 所示。

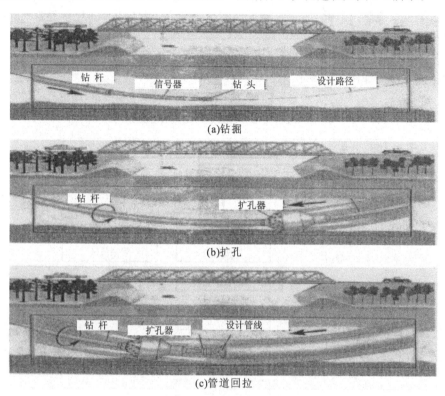

(a)钻掘

(b)扩孔

(c)管道回拉

图 5-3 定向钻施工法的钻掘过程示意图

7. 扩孔器

扩孔器的形状是一个在切割面焊有切割牙的圆筒,圆筒上装有钻掘液喷嘴。扩孔器可依地质状况及孔径大小而调整,当扩孔器抵达进入坑时就会从钻杆上拆除。假如扩孔一次无法达到预定管径需求时,则可依上述扩孔程序重复进行扩孔。一般而言,扩孔的孔径须比预埋管的外径大 35%,这样可以避免预埋管道在回拉过程中的阻碍。钻掘液(泥浆)会提供地下孔可以抵抗地面压力的液压,替代地下孔在扩孔过程中所减少的土壤,当管道回拉并敷设完成后,管道就会取代由进入坑或出口坑溢出的泥浆。

8. 管道回拉

在扩孔器的尾端固定一只旋轴,并将管道连接在旋轴上,出钻区域的工程师在重复检查完每个环节是稳固的及活动部分可以旋转之后,即可用对讲机通知入钻区域的工程师。在钻掘机的回拉下,扩孔器进入出口坑,在此之前先使用泵将钻掘液经由钻杆送进扩孔器,以确定扩孔器中所有的喷嘴都是畅通的,通过连续的泵压力、旋转及控制即可进行管道的安装,当所有的钻杆在钻掘机端一一被取下后,管道就完成了安装。当扩孔器穿过地下孔抵达钻掘机侧时,操作人员必须谨慎控制旋转扭力及钻掘机的拉力负载,以确保管道不被拉坏。

9. 钻掘信息

有关长度、深度及穿越位置等定向钻穿越的信息,会在钻孔时一一记录。这些精确的记录会被绘制在钻掘竣工图中,以确保日后此管道不会被挖掘。当管道安装完成后,施工场地应一一复原。

10. 环境保护

定向钻工程中应注意的环保问题是钻掘液(泥浆)及被挖出的土壤的回收问题。为了减少废弃物产出量,泥浆应被回收及再利用,而泥浆回收的费用则取决于工地现状,尤其是入钻区域和出钻区域的交通状况。此外,泥浆是天然物质并非人工化学合成物,不会像一般的有毒化学合成物那样污染环境。

11. 定向钻施工流程图

定向钻施工流程如图 5-4 所示。

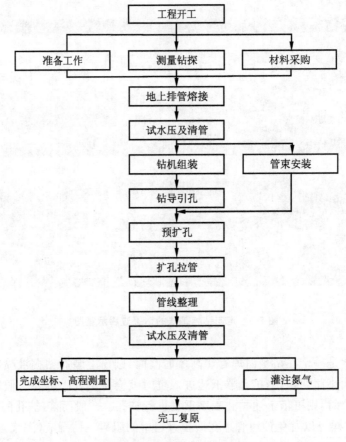

图 5-4　定向钻施工流程图

5.1.5　定向钻施工中常见问题及解决措施

1. 钻机锚固

若钻机在施工中如锚固不好,则钻进、回拖管道过程中易造成事故发生。在钻机锚固前,要对锚固区域用仪器进行地下管线检测,防止将锚杆打在地下管线上。合理的钻机锚固是顺利完成钻进及回拖管道的前提,钻机锚固的好坏反映了钻机在钻进和回拖时利用本身功率的能力。一台钻机功率再大,若锚固不好,钻机在定向钻孔中会发生移动,这样会导致钻机无法按预定的计划完成钻进工作。在回拖管道时,如锚固不好,钻机移动,需进一步锚固,从而导致了管道有可能拖不动,进一步加大钻机拖力,又会出现钻机的全部功率作用在钻机机身上,容易发生设备破坏和人员伤亡的事故。

2. 信号接收

在钻进过程中,由于地磁信号强(建筑物、高架桥屏蔽作用),定向信号可能无法接收。在这种情况下,依靠在信号消失之前的钻进斜率与点数在钻杆上做标记进行自钻。在自钻过程中,由钻杆上的标记及计算钻杆的斜率来完成钻进,直至信号出现为止。

3. 钻具选择

钻头是定向的重要工具之一。对于不同的土层,要采用不同的钻头,这样才能防止卡钻的出现。

◎ 对淤泥质黏土,必须采用较大的钻头。

◎ 对干燥的软黏土,采用中等尺寸的钻头效果最佳。

◎ 对硬土层,较小的钻头效果最佳,但要保证钻头至少比探头外筒的直径大 12.5 mm。

◎ 对钙质层,最小钻头效果最佳,可采用特殊的切削破碎技术来实现钻孔方向改变。

◎ 对糖粒砂层,中等尺寸的钻头效果最佳,镶焊硬质合金的钻头耐磨性最好。对这种土层,钻机的锚固和钻掘液是关键。

◎ 对砂质淤泥,中、大尺寸的钻头效果较好。有时需要高扭矩来驱动钻头。

◎ 对致密砂层,小尺寸锥形钻头效果最好,但钻头的尺寸必须大于探头外筒的尺寸。在这种土层中,向前推进较难,可较快实现控向,钻机锚固是钻孔成功的关键。

◎ 对砾石层,镶焊小尺寸硬质合金的钻头效果最佳。对大颗粒卵石层,钻进难度大,不过若卵石层间有足够的胶结性土,则钻进还是可行的。在砾石层中,回扩难度最大。

◎ 对固结的岩层,使用孔内动力钻具钻进效果最佳。采用标准钻头钻到硬质岩时,钻机可在无明显方向改变的条件下完成施工。

4. 穿越地层与设计轨迹的合理选择

水平定向钻可承担管线的穿越任务。钻机性能的很好发挥,依赖于理想的地质条件和合理的轨迹设计。如果地质条件理想,穿越曲线位于黏土、亚黏土或淤泥等造浆能力好的地层,则可以适当加长穿越长度,而实际拖力不会增加太多;如果穿越曲线所在地层不理想(如流沙、钙质层、砾石层)时,则会降低穿越成功的可能性,甚至导向孔都可能无法完成。

(1) 地质要求

对穿越工程,必须先勘测穿越处的地质情况,对不同地层(如淤泥、黏土、亚黏土、粉土层、砂土、流沙)的穿越,需选用不同的钻具及其配套设施。

穿越段地质必须详勘。按要求在穿越中心线两边各 25 m,沿中心线方向间隔打勘测孔,对复杂的地段,勘测孔的间距还要加密。穿越段的地质勘探应提供取样深度、含水量、颗粒度、液性指数、塑性指数、液限、塑限、标贯击数、承载力等参数,并提供水质报告,提供穿越地段地形图和地质钻探剖面图,供设计及施工单位参考。

(2) 设计轨迹

根据敷管设计标高、地层及地形情况,根据钻杆曲率半径、工作场地、地下管线分布情况和图纸来设计管道埋深、管道的弯曲曲率半径,确定定向钻钻进过程中钻头的顶角、方位角、工具面向角,计算出测定空间坐标,设计出定向钻进的轨迹图及对特殊地层、地段制订特殊施工方案,并且要把常用和应急材料准备一定的库存量,以防特殊情况的发生,保证施工各阶段的顺利进行。

5. 导向孔工艺及卡钻的解决方法

(1) 导向钻孔

导向钻孔采用射流辅助钻进方式。导向孔钻进是通过定向钻的高压泥浆射流冲蚀、破碎和钻头旋转切削成孔的,以斜面钻头来控制钻头方向。钻头内的发射器发射钻头的位置、顶角、深度、钻头的温度、面向角、发射器内电池的状态等参数,这些参数由地面手提定位示踪仪接收,供操作人员能及时、准确地确定钻头的具体位置、深度,并随时通过钻机调整钻进参数,以控制钻头按设计轨迹钻进。

(2) 斜面纠偏

地面示踪仪测量精度一般为 3‰~5‰,测量深度为 21 m。当发现定向钻进偏离设计轨迹时,通过调整钻头斜面的方向进行纠偏。纠偏不能太急,应按照管道的曲率半径在几根钻杆的长度内完成纠偏。不要在一根钻杆的长度内就完成所有的纠偏,以防止回拖管道过程中出现拖不动的问题。

(3) 卡钻及解决方法

在砾石、糖粒砂、钙质层钻进中,可能会出现卡钻的现象。此时应及时调整泥浆配比,使用最大泥浆排量,并与钻机配合,将钻杆撤出卡钻区。在分析卡钻的原因后,调整泥浆配比,使用进口膨润土,增加泥浆切力与黏度,使用扭矩大、推力大的钻机及相匹配的钻头,继续进行导向孔的钻进。

6. 扩孔器选择

当先导孔钻至出钻区后,需用扩孔器来扩大钻孔,以便安装管道。一般将钻孔扩大至管道尺寸的 1.2~1.5 倍,扩孔器的拉力或推力一般要求为 175.1 N/mm(孔径)。根据管道的尺寸和钻机的规格可采用多级扩孔。对于不同的地层要采用不同的扩孔器,这是保证回扩成孔的关键。

(1) 快速切削型扩孔器

这种类型的扩孔器对黏性大及砂土层较有效,但这种扩孔器无法破碎坚硬的岩石。

(2) 拼合型钻头通孔器

它是将剖开的牙轮锥形体焊接到金属板和短的间接构件上。拼合型钻头通孔器是一种通用的、经济的扩孔工具,易定做,有多种切削具类型和规格,制造时必须采取特别焊接、热处理以及其他的保护措施,以免损坏后牙轮失落于钻孔内。

(3) 锥形牙轮扩孔器

这种扩孔器现在广泛应用,应用在除岩石层以外,强度在 40 MPa 以内的各种地层。

(4) YO - YO 型扩孔器

这种扩孔器非常适应于非开挖施工。它在岩石崩落的地层中可以向前或向后钻进。这种平衡式的牙轮是稳定的,而且能够自动跟踪先导孔。

7. 泥浆性能与钻孔、回拖的关系

定向钻穿越施工的钻孔多位于地表层以下 3~20 m,这里土层松软,不易形成孔洞,钻孔易塌方。这就要求所用泥浆的护壁性、控制失水性要好,以保证钻机性能的很好发挥。由于地层结构的不同,所需泥浆性能也不相同。

泥浆作为钻进冲洗液,它是使用优质的膨润土和添加剂,严格按照比例经搅拌系统搅拌后注入孔内,具有润滑钻具、稳定孔壁、降低旋转扭矩和回拉力、降低回拖管道时管道和洞壁的摩擦系数、冷却钻头和发射器、携带土屑、减少腐蚀,固孔护管等作用。

对长距离穿越，泥浆的作用尤其重要。孔内缺少泥浆往往是钻孔失败的重要原因。为改善泥浆性能，需加入适量的添加剂，配制成不同性能的泥浆。纯碱可增黏，增静切力，调节 pH 值，投入纯碱量一般为膨润土量的 2%（质量分数）。

为了保证穿越工程的顺利进行，只有切实保证泥浆的性能，才能保证穿越施工的成功。在施工中，对泥浆要注意以下几个方面。

◉ 认真研究地质构造图，制订完善的泥浆配比方案，并认真实施。对特殊地段应提前采取特殊措施，及时加入添加剂，调节好泥浆性能，尽量保证孔内状况良好，形成良好的孔壁。

◉ 在易塌方的地段，一方面改进泥浆的性能，另一方面，改变钻孔和回拖工艺，尽量缩短停钻时间，加快钻进速度，保证钻孔不塌方。

◉ 加强泥浆循环。停止钻进时，仍要注入适量泥浆，保证孔内始终存在正压，使泥浆把孔内切削物尽量多的携带出来，防止沉积在孔内。

8. 在回拖管道过程中出现管道拖不动的情况

在回拖管道途中出现管道拖不动时，应及时加大钻机拖力，将管道拖出地面。要总结拖不动的原因，审查各个工程环节及相关保障措施是否到位，并加以改善，如采用更大的扩孔器、使用进口黏土和添加剂，采用更大动力的钻机等。

5.2 气锤式钢管顶管施工法

5.2.1 气锤式钢管顶管施工法工作原理

气锤式钢管顶管施工法工作原理为：以空气为动力，驱动活塞推动冲击设备，空气压缩机不断加压，活塞以排压模式将冲击力加至顶管壁到切割刀头，切割土壤前进，进入顶管内的土壤一部分由排压孔排出，剩余土壤在到达终点后再排除。

其后的套管则以第一根管为水平基准，如长度较长时，也可在套管外侧焊一水平翼来加强稳定。采用气锤式钢管顶管施工法施工时对道路产生的影响最小，适用于交通繁忙路段、铁路下方、无法拆除设施等处，如因工地条件不良，也可在最小边长为 4 m 的工作坑内施工。顶管管径从 150~2000 mm 皆可，顶进长度可达 80 m。为维持顶管水平稳定，第一根套管安装时须保持绝对水平，以较缓慢的速度顶进至土壤中，并以土壤本身压力来稳定管身，若对行进路线的状况无法确认，可配合小型潜钻设备做探钻。为保证顶管行进准确，也可在顶管外侧焊一小管，内置信号发射器，在上方可测其深度及位置。

5.2.2 气锤式钢管顶管施工流程

气锤式钢管顶管施工流程如图 5-5 所示。

5.2.3 气锤式钢管顶管施工方法

1. 顶管施工法施工顺序

◉ 开动空压机。

◉ 打开气阀，缓慢激活气锤。

◉ 观察垂直度，慢慢增加气锤的动力。

◉ 打完第一根钢管后，气锤与钢管卸开。

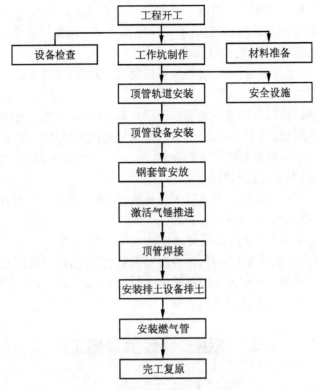

図 5-5 气锤式钢管顶管施工流程图

2. 排土顶管

在推进完成要排土时,视土壤及工地情况,可采用下列方式排土。

- 螺旋排土机排土。
- 高压水喷射等方法排土。
- 人工清除方式排土。
- 空气压力推排土器排土。

3. 方向修正

顶管方向的修正在推进后进行,第一根管依规定打好后,确认第一根管水平面正常,焊接第二根管。如水平面有偏差时,则须调整气锤两侧的固定带进行修正。

5.2.4 适用地质条件及钢管选用

气锤式钢管顶管施工适用地质条件如表 5-2 所示。

表 5-2 气锤式钢管顶管施工适用地质条件

土 质 区 分	N 值		地 盘 区 分
黏性土质	3	以下	A
	3～15	以下	B
	15～30	以下	C
	30～50	以下	D
砾石混合土	30	以下	B
	30～50	以下	C

土 质 区 分	N 值		地 盘 区 分
砂质土质	10	以下	A
	10～20	以下	B
	20～50	以下	C
卵石混合土质	—		D

注：指平均标贯击数。单位是"击"，是土质力学性能指标，N 值越大，土质越坚硬。

地盘区分 A、B、C、D 为顶进工程难易程度所作的区分，对卵石混合土质，使用管径宜为最大卵石直径的 1.5 倍。

A、B、C 类地盘适用的钢管壁厚与管径、管长的关系如图 5-6 所示。

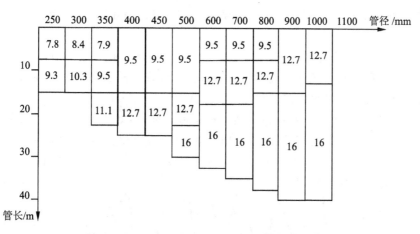

图 5-6 A、B、C 类地盘适用的钢管壁厚与管径、管长的关系

D 类地盘适用的钢管壁厚与管径、管长的关系如图 5-7 所示。

在卵石混合土质、硬质地施工时，钢管壁厚宜选高一级或在其前端适当加强。

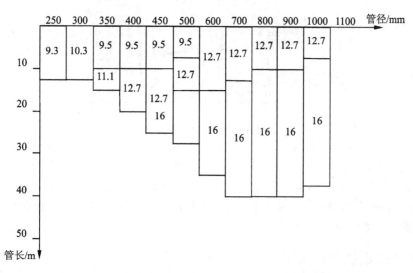

图 5-7 D 类地盘适用的钢管壁厚与管径、管长的关系

5.3　机械与水力掘进顶管施工法

机械与水力掘进顶管施工法是指使用直径为 250～2400mm 管材的挖掘机进行施工的方法。此类挖掘机适用于软质岩石、含卵石沙砾层以及松软粉砂层等各种土质,其特性填补了定向钻施工法及气锤式钢管顶管施工法的不足。

5.3.1　机械掘进顶管施工法

机械掘进顶管施工法的原理是:在被顶进的管道前端安装上机械钻进的掘土设备,配置输送带运土机械运土,当管前方土体被掘削成一定深度的孔洞时,利用顶管设施,将连接在钻机后部的管子顶入孔洞。

机械掘进顶管要在工作坑内按设计高程及中线方向安装导轨,使每节管子沿着一定方向和高程顶进。

机械钻进的顶管设备有两种安装形式:一种是将机械固定在特制的钢管内,此管称为工具管,工具管安装在顶进的钢管的前端,称为套筒式安装;另一种是将机械直接固定在顶进的首节管内,顶进时安装,竣工后分件拆卸,称为装配式安装。

套筒式水平钻机主要分工作室、传动室、校正室三部分,如图 5-8 所示。工作室装有切削刀主轴支座(轴承座)、刮泥板和偏心环等,掘削下来的土落至链带输送机。传动室安装有电动机变速箱、链带运输机等,使掘土与运输协调动作。校正室则安装有小千斤顶、纠偏装置和拉杆等,用于顶进过程中的偏斜纠正。

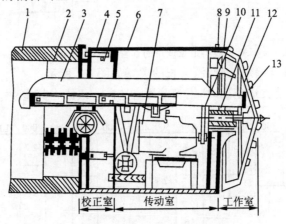

图 5-8　套筒式水平钻机

1—钢筋混凝土管;2—特殊内套环;3—链带输送机;4—校正室;5—纠偏千斤顶;6—机壳;
7—摆线针轮减速电机;8—偏心环;9—刮泥板;10—减速齿轮;11—轴承座;12—机头;13—切削刀

机械掘进顶管施工法可降低劳动强度,加快施工进度,对黏土、砂土及淤泥等土层均可顺利进行顶管。但运土与掘进速度不易同步,出土较慢。当遇到含水土层或岩石地层时,因无法更换机头,所以不能使用。

5.3.2　水力掘进顶管施工法

水力掘进顶管的全套设备安装在水力掘进工具管内,如图 5-9 所示。工具管分前、中、后三段。前段为冲泥舱,高压水枪射流将切入工具管的土层冲成泥浆,进入泥浆吸口,由泥浆管

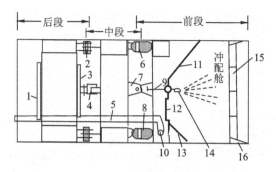

图 5-9　水力掘进工具管

1—大密封门；2—竖直铰；3—气阀门；4—左右纠偏千斤顶；5—泥浆管；

6,8—上、下纠偏千斤顶；7—水平铰；9—水枪操作把；10—泥浆吸口；

11—观察窗；12—小密封门；13,15—格栅；14—水枪；16—刃脚

输送至泄泥场地。中段为校正环，环内安装校正千斤顶和校正铰，校正铰可使冲泥舱作相对转动，在相应千斤顶的作用下，调整掘进方向。后段为气闸室，是工作人员进出冲泥舱（高压区）内检修或清理故障时升压和降压之用。冲泥舱、校正段和气闸室之间应具有可靠的密封连接。

在有充足水源和泄泥场地的条件下，水力掘进工具管可使顶管过程大为简化。

5.3.3　切刀掘削流体输送顶管施工法

切刀掘削流体输送顶管施工法是指用水加压或机械加压使掘削面土层保持稳定，同时旋转切削刀掘进，掘出的土方则采用流体输送装置排出，掘削、排泥和顶管同时进行的方法。

压紧破碎型环流式掘进机是较先进的切刀掘削流体输送顶管设备。在这种掘进机前面装有扇形辐条刀，辐条刀与锥体破碎机装配成一体，辐条刀转速为 $4 \sim 5 \mathrm{r/min}$，破碎机则以 $100 \mathrm{r/min}$ 的转速进行偏心转动，掘进面的切削与进刀、破碎同时进行，破碎后的石块粒径不大于 $20 \mathrm{mm}$。

切刀掘削流体输送顶管设备的安装如图 5-10 所示。主千斤顶的举升力通过锥体内装满掘削下来的土石传递给掘进面，具有压紧掘进面的作用，使掘进面土石层保持稳定。掘削土石量可以通过操纵台用增减掘进面压力或顶进速度的方式来调节。

方向修正（纠偏）可通过操纵顶进管内设置的两个纠偏油缸来完成，它可在上下 $\pm 1°$、左右 $\pm 1.5°$ 的范围内，调节破碎机头部的角度。这种操作是通过工作坑内安装的激光经纬仪，它将激光照射到顶进管内的指示计上，然后由电视摄像仪不断监视的远距离操作方式来进行的。

泥石的输送由排泥管、送水管、送水泵和专用排泥泵所组成的输送系统来完成。排泥泵通过变速器来控制转速。

切刀掘削流体输送顶管法的特点是适用于各种不同的地质条件，只需较小的工作坑。

1. 切刀掘削流体输送顶管施工流程

切刀掘削流体输送顶管施工流程如图 5-11 所示。

2. 切刀掘削流体输送顶管施工的特点

● 通过泥水加压，使切割扇片更加稳定，无论是带水沙砾层，还是软质淤泥层以及各种土质，均可进行高效率的施工。

● 使用流体输送机运送土方，因此可以连续进行挖掘，提高施工速度，而且还可以进行长距离的施工。

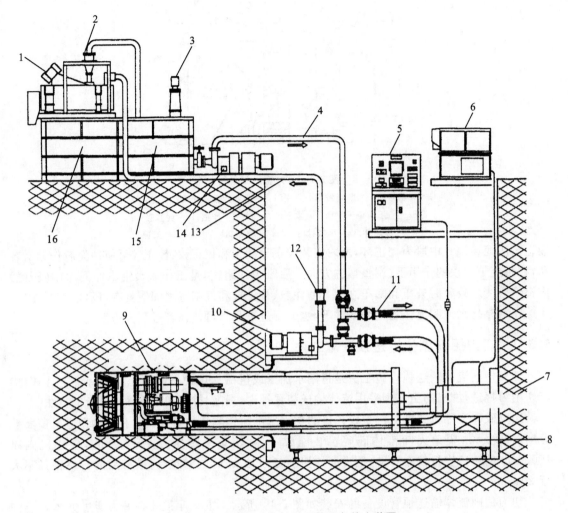

图 5-10 切刀掘削流体输送顶管设备的安装图

1—泥水处理机(USD 型);2—旋风分尘器;3—搅拌机;4—送水管;5—中央操作台;
6—油压装置;7—推压顶架;8—推进台架;9—输送掘进机;10—排泥泵;11—坑道排送管;
12—排泥流量检测器;13—排泥管;14—送水泵;15—调整槽;16—沉淀槽

◐ 使用安装在切刀前面的滚轮截齿进行一次粉碎,用截断压缩粉碎机构的圆锥破碎机进行二次粉碎,这样即使是沙砾岩石层也可以顺利施工。

◐ 采用大转矩切刀,不论是压缩强度高的沙砾,还是卵质石层、岩石块等,均不影响其破碎能力,对 N 值较高的土质也可以进行安全施工。

◐ 采用盘式切刀,可以根据土质改变切刀的开口率和更换截齿,并可根据不同的土质,使用不同的切刀。

◐ 通过中央控制方式进行遥控操作,保证高效率的施工作业。

◐ 机械结构简单,可减少故障,便于使用。

3. 掘进机的构造及功能

掘进机是由盾构主体、切刀盘、圆锥破碎室、机械室、切刀发动机、机内送排泥管(机内排送管)、调整方向装置和控制装置所构成,如图 5-12 和图 5-13 所示。

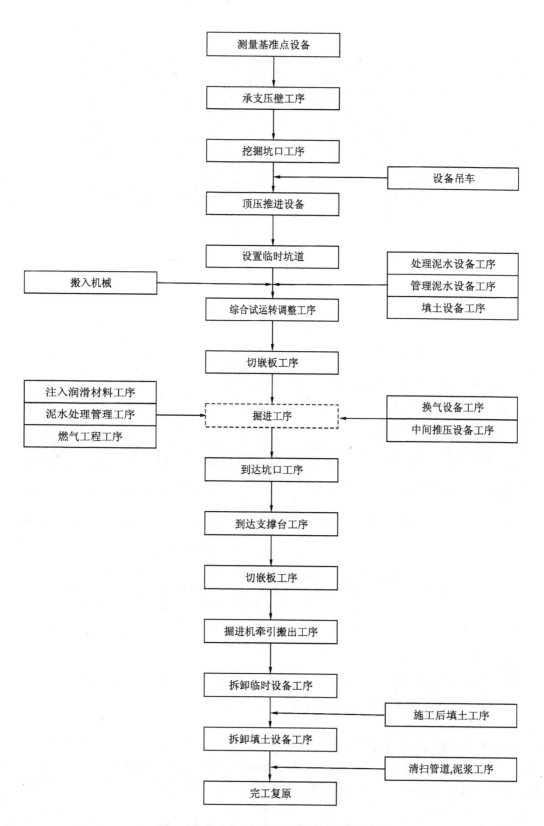

图 5-11 切刀掘削流体输送顶管施工流程图

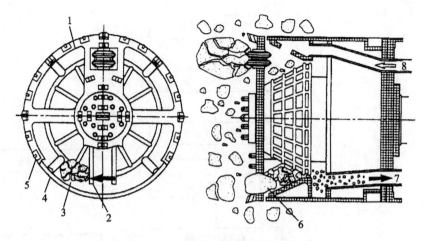

图 5-12 切刀盘、圆锥破碎机结构图

1——一次粉碎滚轮截齿；2—粉碎力；3—粉碎叶片支架；4—沙砾；
5—筒型电缆；6—二次粉碎圆锥破碎机；7—排泥；8—送水

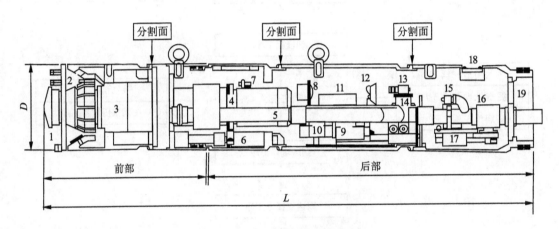

图 5-13 压紧破碎型环流式掘进机

1—切刀架；2—圆锥破碎室；3—减速机；4—切刀发动机；5—送排泥管；6—改变顶架方向；
7—激光指示器；8—指示计(目标板)；9—油压装置；10—电磁阀(油压传感器)；11—荧光灯；
12—聚光灯；13—电视摄像机；14—倾斜角检测器；15—泥水压力传感器；16—机内排送管；
17—阀门开关装置；18—润滑材料注入孔；19—止水窗

（1）盾构主体

盾构主体是由前部和后部两部分组成。盾构主体采用圆筒形钢板焊接而成，完全可以承受土压以及改变破碎机方向时所产生的推力。

（2）切刀盘

切刀盘安装在掘进机的前部，采用平板式。切刀盘上装有用于挖掘的固定截齿和进行粉碎砾石、岩石层的滚轮截齿，以及适应于各种土质的压力切刀。用滚轮截齿和压力切刀将一次粉碎的砾石和岩石块送入开口部，通过圆锥破碎室进行二次粉碎。

（3）圆锥破碎室

圆锥破碎室由固定在盾构主体与切刀盘一起转动的粉碎装置所组成，它将送入开口部的沙砾、岩石块粉碎至 30mm 以下。

（4）机械室

机械室主要起支撑切刀架和切刀发动机作用。另外，机械室还负责承受进行粉碎时所产生的反冲力和前冲力。机械室内减速装置上的 DH-Ds 型游星齿轮减速器、DH 型以及 DH-D 型平齿轮减速器均具有很大的转矩。

（5）切刀发动机

切刀发动机是由有 1～4 台带减速器的电动机组成，安装在机械室的旁边。在设计上保证其具有良好的旋转速度和转矩。

（6）机内排送管装置

机内排送管装置包括 DH-Ds 型、DH 型和 DH-D 型。DH-Ds 型是由送水三通阀和排泥止水阀构成，DH 型和 DH-D 型是由送水阀、排泥阀以及排送管阀构成。另外，送水阀的切刀扇片侧装有送水压力计，排泥阀的坑道侧装有排泥压力计。通过机内排送管的作业状况，送水压力计可监测采掘面的水压，排泥压力计可监测送水管回流压力。

（7）调整方向装置

调整方向顶杆固定在挡泥板前部与后部之间的圈梁上。DH-Ds 型由两根驱动杆和一根固定顶杆组成，按 120° 均等排列。DH-D 型则是用四根（或八根）驱动杆按 90° 均等排列。各方位的顶杆由中央操作台控制。通过操作旋钮，顶杆可同时启动，也可以单独作业。调整掘进机的轨道时，操作人员可通过监视器，根据显示在指示计上的激光光点进行调整。

（8）控制装置

掘进机上的仪器可通过中央操作台上的监视器和各种仪表进行确认，挖掘作业的操作几乎均通过中央操作台进行，以便行之有效地管理。中央操作台为落地式，正面的配电盘上排列有显示各种运转情况的显示灯、切割转矩表、振动表、排泥流量表及监视器，还有切割发动机、液压泵等运转开关，盘面上排列有调整方向及机内各种阀门的开关。

（9）后部筒

后部筒($\phi600\sim\phi900\,$mm)内设置有液压装置、机内控制盘及电视摄像机等设备，它安装在主机的后部。

4. 顶压装置

● 可以对钢筋混凝土管进行一次性顶压，工作效率明显提高。

● 采用三段式顶杆装置，使其结构更加简单，并可以在狭窄的坑道内进行拆卸和安装。如图 5-14 所示。

● 直径使用范围在 250～500 mm 之间，压圈分直径为 250～300 mm、350～400 mm 和 450～500 mm 三种，可适用于两个机种。用螺栓进行固定。

● 顶杆速度采用变换器控制方式，可在有效的范围内控制其速度。

● 液压装置采用低噪音设计，运转、管理均通过掘进机的中央操作台控制。另外，也可在顶压顶杆侧进行操作。

5. 适应土质及切刀种类

切刀掘削流体输送顶管施工法适应土质如表 5-3 所示，切刀种类及其适应土质如图 5-15 所示。

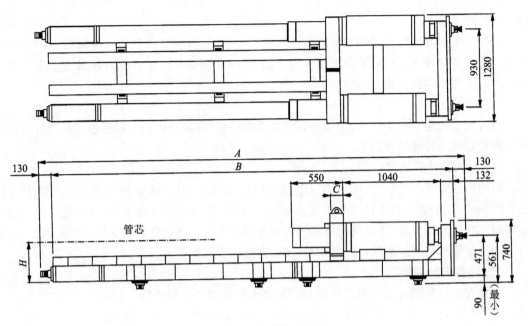

图 5-14 顶压装置安装图

表 5-3 切削掘流体输送顶管施工法适应土质

分 类	土 质		砾石率,N 值,单轴压缩强度 σ, $1\text{kgf}/\text{cm}^2 = 98066.5\text{Pa}$	备 注
A	普 通 土	淤泥层 黏土 砂	$N \leqslant 30$ $N \leqslant 30$ $N \leqslant 50$	$N < 3$ 时,为改变方向应进行补助施工法
B	硬 质 土	凝固淤泥层 凝固黏土 砂	$N > 30$ $N > 30$ $N > 50$	丹土 砂土
C	沙 砾	管径 250~500 mm	砾石大小:50 mm 以下 砾石混合率:10 mm 以上的占 20% 以下	透水系数 $K > 10^{-2}$ 时,进行补助施工法
C	沙 砾	管径 600~2400 mm	砾石大小:75 mm 以下 砾石混合率:30 mm 以上的占 20% 以下	透水系数 $K > 10^{-2}$ 时,进行补助施工法
D	玉 石 湿砂砾	管径 250~500 mm 管径 600~2400mm	砾石混合率:10 mm 以上的占 30% 以下 砾石混合率:50 mm 以上的占 30% 以下	—
岩 盘		巨大砾石	上述以外	①适用于岩盘切刀; ②根据切刀的使用寿命规定延长推进距离;③是否在巨大砾石或坚硬岩石处施工,应进行妥善研究
岩 盘		岩石	单轴压缩强度为 1500kgf/cm^2 以下,SiO_2 含量为 70% 以下	

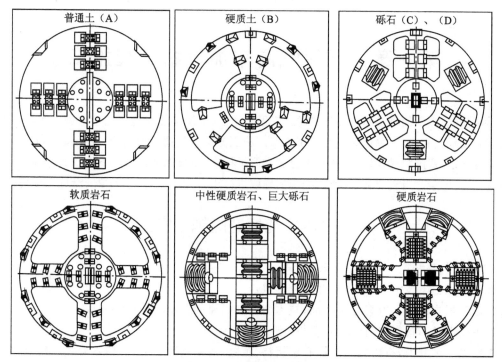

图 5-15 切刀种类及其适应土质

第6章 天然气汽车加气站工程施工

对天然气(以下简称 CNG)汽车加气站工程的施工,设计单位在施工前应对施工单位进行设计交底和技术交底,施工单位应编制施工方案。施工方案应包括下列内容:工程概况,施工部署,施工进度计划,资源配置计划,主要施工方法和质量标准,质量保证措施和安全保证措施,施工平面布置,施工记录。当在有地下管道、线缆的地段进行土石方作业时,应采取安全施工措施。

6.1 CNG 加气站的施工安排

CNG 加气站开工应具备以下条件。
- 设计和施工技术文件齐全,并已通过审定。
- 施工报告和施工方案经过批准;技术交底和必要的技术培训已经完成。
- 主要设备和材料(包括备品、备件)已经落实。
- 在施工区域内,有碍施工的原有建筑物、道路、沟渠、管线、电杆、树木等经由建设单位与有关单位协商处理完毕。
- 施工用电用水满足连续施工要求。
- 施工现场符合安全、劳动保护、环境保护和市政管理规定。

CNG 加气站的施工及验收程序如下。
- 场地平整和土建施工。
- 设备和材料的检验与安装。
- 焊接质量检验和施工过程检查。
- 设备和系统的清洗、强度试验、吹扫、复位检查、气密性试验。
- 涂漆和防腐处理;采暖管道的保温。
- 设备单体和系统的试运转、调整。
- 消防器材、劳动保护和安全设施检查。
- 竣工验收。

6.2 CNG 加气站站址选择及平面布置

1. 选址

在对城市 CNG 加气站规划和选址时,应符合城市规划和道路交通规则,处理好加气方便与不影响交通的关系。CNG 加气站在选址时可参照以下原则。
- 加气站位置应避开重要公共建筑和人员密集的繁华区,以减少事故危害。
- 加气站位置应在城市交通干线和车辆出入方便的次要干道上,以方便加气,对车辆比较集中的公交车停车库(场)和大型运输企业可设专用加气站。
- 进、出加气站的 CNG 管瓶车的行驶路线应符合城市易燃易爆危险物品交通运输的有关规定。在站址选择时,应避免 CNG 管瓶车在市区内的繁忙道路上行驶,并应考虑道路转弯半径等因素。

● CNG 加气站、加气母站和合建站站址选择时,尚应考虑:该地区天然气管网压力是否符合压缩机进气要求;加气站用气量大,布点不当会影响天然气管网的运行和使用,要求 CNG 加气站的设置纳入城市燃气规划。

● 压缩天然气的工艺设施与站外建、构筑物的防火距离,不应小于表 6-1 的规定。

表 6-1　压缩天然气工艺设施与站外建、构筑物的防火距离　　　　单位:m

项　　目		供气瓶组、脱硫脱水装置	放散管管口	储气井组、加气机、压缩机
重要公共建筑物		100	100	100
明火或散发火花地点		30	25	20
民用建筑物保护类别	一类保护物	30	25	20
	二类保护物	20	20	14
	三类保护物	18	15	12
甲、乙类物品生产厂房、库房和甲、乙类液体储罐		25	25	18
其他类物品生产厂房、库房和丙类液体储罐以及容积不大于 50 m^3 的埋地甲、乙类液体储罐		18	18	13
室外变配电站		25	25	18
铁路		30	30	22
城市道路	快速路、主干路	12	10	6
	次干路、支路	10	8	5
架空通信线	国家一、二级	1.5 倍杆高	1.5 倍杆高	不跨越加气站
	一般	1 倍杆高	1 倍杆高	
架空电力线路	电压>380V	1.5 倍杆高	1.5 倍杆高	不跨越加气站
	电压≤380V	1.5 倍杆高	1.5 倍杆高	

注:①压缩天然气加气站的撬装设备与站外建筑物的防火距离,应按本表相应设备的防火距离确定。

　　②压缩天然气工艺设施与郊区公路的防火距离按城市道路确定;高速公路、Ⅰ级和Ⅱ级公路按城市快速路、主干路确定;Ⅲ级和Ⅳ级公路按照城市次干路、支路确定。

2. 平面布置

CNG 加气站的围墙设置应符合下列规定。

● 当加气站的工艺设施与站外建筑物之间的距离不大于 25 m,以及不大于表 6-1 中规定的防火距离的 1.5 倍时,相邻一侧应设置高度不低于 2.2 m 的非燃烧实体围墙。

● 当加气站的工艺设施与站外建筑物之间的距离大于表 6-1 中的防火距离的 1.5 倍,且大于 25 m 时,相邻一侧应设置隔离墙,隔离墙可为非实体围墙。

● 面向进、出口道路的一侧宜设置非实体围墙,或开敞。

● 车辆入口和出口应分开设置。

站区内停车场和道路应符合下列规定。

● 单车道宽度不应小于 3.5 m,双车道宽度不应小于 6 m。

● 站内的道路转弯半径按行驶车型确定,且不宜小于 9 m;道路坡度不应大于 6%,且宜坡向站外;对 CNG 管瓶车卸车停车位,宜按平地设计。

● 站内停车场和道路路面应采用沥青路面。

加气站内设施之间的防火距离,不应小于表 6-2 的规定。

表 6-2　加气站站内设施

设施名称		汽、柴油罐		液化石油气罐						压缩天然气储气瓶组(储气井)	压缩天然气放散管管口	密闭卸油点	液化石油气卸车点
		埋地油罐	通气管管口	地上罐			埋地罐						
				一级站	二级站	三级站	一级站	二级站	三级站				
汽、柴油罐	埋地油罐	0.5	—	*	*	*	6(8)	4(6)	3(4)	6	6	—	5(6)
	通气管管口	—	—	*	*	*	8(10)	6(8)	6	8	6	3	8(9)
液化石油气罐	地上罐 一级站			D			*	*	*			12	12/10
	地上罐 二级站				D		*	*	*			10	10/8
	地上罐 三级站					D	*	*	*			8	8/6
	埋地罐 一级站						2					5	5
	埋地罐 二级站							2				3(4)	3(4)
	埋地罐 三级站								2			3(4)	3(4)
压缩天然气储气瓶组(储气井)										1.5(1)	—	6	
压缩天然气放散管管口												6	
密闭卸油点												—	4
液化石油气卸车点													—
液化石油气烃泵房、压缩机间													
天然气压缩机间													
天然气调压器间													
天然气脱硫和脱水装置													
加油机													
加气机													
站房													
消防泵房和消防水池取水口													
其他建筑物、构筑物													
燃煤独立锅炉房													
燃油(气)热水炉间													
变配电间													
道路													
站区围墙													

注:① 分子为液化石油气储罐无固定喷淋装置的距离,分母为液化石油气储罐设有固定喷淋装置的距离。
② D 为液化石油气地上罐相邻较大罐的直径。　③ 括号内数值为储气井与储气井的距离。
④ 加油机、加气机与非实体围墙的防火距离不应小于 5m。
⑤ 液化石油气储罐放散管管口与液化石油气储罐距离不限,与站内其他设施的防火距离可按相应级别的液化石油气埋地储罐确定。
⑥ 采用小于或等于 10m³ 的地上液化石油气储罐的整体装配式的加气站,其储罐与站内其他设施的防火距离,可按本表中三级站的地上储罐减少 20%。(与充装泵、卸车点和加气机的防火距离可减少至 1.5m,与站房的防火距离可减少至 4m)。
⑦ 压缩天然气加气站的撬装设备与站内其他设施的防火距离,应按本表相应设备的防火距离确定。
⑧ 压缩天然气加气站内压缩机间、调压器间、变配电间与储气瓶组的距离不能满足本表的规定时,可采用防火隔墙,防火间距不可不限。防火隔墙的设置应满足 11.2.6 条的规定。
⑨ 站房、变配电间的起算点应为门窗。其他建、构筑物是指根据需要独立设置的汽车洗车房、润滑油储存及加注间、小商品便利店等。
⑩ 表中:"—"表示无防火间距要求,"*"表示该类设施不应合建。

液化石油气烃泵房、压缩机间	天然气压缩机间	天然气调压器间	天然气脱硫和脱水装置	加油机	加气机	站房	消防泵房和消防水池取水口	其他建筑物	燃煤独立锅炉房	燃油(气)热水炉间	变配电间	道路	站区围墙
5	6	6	5	—	4(6)	4	10	5	18.5	8	5	—	3
6	6	6	5	—	8(9)	4	10	7	18.5	8	5	3	3
12/10				12/10	12/10	12/10	40/30	12	45	18 14 (20 16)	12	5	6
10/8				10/8	10/8	10/8	30/20	12	38	16 12 (18 14)	10	4	5
8/6				8/6	8/6	8	30/20	12	33	16 12	9	3	5
6(8)				8	8	8	20	10	30	10(12)	9	4	4
5(6)				6	6	6	15	8	25	8	7	2	3
4				4	4	6(4)	12(15)	8	18	8	7	2	3
	3(4)	3(4)	5	6	6	5(8,6,6)	6	10	25	14(16,16,12)	6	4(5,4,4)	3
	—	—	—	6	6	5(6)	6	10	15	14(20)	6	4	3
4	6	6	5	—	4	5	10	10	15	8	6	—	—
5(4)	*	*	*	6	5(6)	6	8(10)	12	25	12(20)	7	2	2
—	*	*	*	4	4	6(4)	8	10	25	12	7	2	2
	—	4	5	4(6)	4(6)	5(4)	8	10	25	12	6	2	2
		—	5	6	6	5(4)	8	10	25	12	6	2	2
			—	5	5	5	15	10	25	12	6	2	3
				—	4(4,5)	5	6	8	15	8	6	—	—
					—	5(4)	6	8	18	12(16)	6	—	—
						—	*	6	6	—	—	—	—
							—	6	12	—	—	—	—
								—	6	5	—	—	—
											5		
											5	—	—
											—	—	—
													—

6.3 材料和设备检验

材料和设备的规格、型号、材质、质量应符合设计及有关产品标准的规定。材料和设备(包括工艺设备和电气仪表设备,以下同)必须由有生产许可证的专业制造厂生产,应具有有效的质量证明文件,其质量不得低于国家现行有关标准的规定。不合格的产品不得使用。

材料的质量证明文件应包括下列内容。

- ● 材料标准代号。
- ● 材料牌号、规格、型号。
- ● 生产批号。
- ● 生产单位名称。
- ● 检验印鉴标志。

压力容器应具有符合《压力容器安全技术监察规程》规定的"压力容器产品质量证明书"。天然气高压储气瓶应具有符合《气瓶安全监察规定》的产品质量证明书。"防爆电器设备质量证明书"应符合《特种设备质量监督和安全监察规定》的要求。其他设备质量证明文件应有符合相应标准要求的内容。进口的设备应有商检部门出具的进口设备商检合格证。

- ● 非标设备与现场制作设备应按设计要求和国家有关标准进行检验。

设备的开箱检验,应由有关人员参加,按照装箱清单进行下列检查。

- ● 核对设备的名称、型号、规格、包装箱号、箱数,并检查包装状况。
- ● 检查随机技术资料及专用工具,对主机、附属设备及零、部件进行外观检查,并核实零、部件的品种、规格、数量等。

检验后应提交有签证的检验记录。

压缩天然气储气瓶(含瓶口阀)在安装前应进行检查,对已在制造厂完成压力试验且有完备的证明文件的压力容器,安装前可不进行压力试验,否则应按国家标准《钢制压力容器》(GB150—1998)的规定进行压力试验。压缩天然气储气瓶号应与产品质量证明书和质量监督检验证书相一致。瓶内不得有水、油和污物。

加气机在安装前进行下列检查。

- ● 加气机的使用功能、运行条件、规格、主机部件、加气机附件等应符合设计和有关标准的规定。
- ● 外观检查时不得有锈蚀、损伤等缺陷;外接管道螺纹密封面良好,表面硬度、精度和粗糙度应符合设计和有关标准的规定。

根据设计和产品说明书要求,应对加气机本体、软管、拉断阀和加气枪等进行强度试验和气密性试验,并应符合下列规定。

- ● 强度试验压力不得小于 1.25 倍设计压力或按产品说明书要求,试验介质应为洁净水或氮气,试验合格后应及时排尽内部积水。
- ● 气密性试验压力应以最大工作压力进行,试验介质应为压缩空气或氮气。
- ● 拉断阀应进行拉拽分离力和泄漏量测试,加气枪应进行加气充装泄漏量测试,测试压力宜以最大工作压力进行;各项测试不得少于三次。经两次修复不合格的拉断阀不得使用。

当气密性试验和测试介质压力难以达到压缩天然气工作压力要求时,气密性试验和泄漏量测试可按下列程序进行。

◉ 先按 0.5 倍以上最大工作压力进行测试,其泄漏量应满足压力比值要求。

◉ 随压缩机试运转时进行,必须做好现场的安全防范措施。

加气机的计量仪表必须经计量部门校检,并进行铅封。

加气枪的放置与电磁阀、充装泵所进行的电气连锁试验,应符合设计或产品说明书规定,试验次数不得少于五次。

手持开关应灵敏、可靠、密封性能良好。加气嘴与燃气汽车受气口的连接测试应符合设计或产品说明书规定。

管道及其组成件在施工安装前还应进行下列检查。

◉ 外观检查应不得有裂纹、气孔、夹渣、褶皱、重皮等缺陷。

不得有超过壁厚负偏差的腐蚀和凹陷。

◉ 可燃介质系统上使用的法兰、螺栓和螺母,其表面硬度、精度、粗糙度和力学性能等技术要求应符合设计及国家现行有关标准的规定。

可燃介质管道上的阀门在安装前应按国家标准《石油化工钢制通用阀门选用、检验及验收》的要求,逐个进行强度试验和气密性试验,并应按要求进行检查、验收。

试验合格的阀门应及时排尽内部积水,并吹干,密封面和阀杆等处应涂防锈油。严禁使用强度试验不合格的产品。气密性试验不合格的产品,必须解体检查,不得采用解体复检仍然不合格的产品。

解体检查的阀门,其质量应符合下列规定。

◉ 阀座与阀体应结合牢固。

◉ 阀芯与阀座应结合良好。

◉ 阀杆与阀芯的连接应灵活、可靠。

◉ 阀杆不得有弯曲和锈蚀,阀杆与填料压盖配合合适,螺纹不得有缺陷。

◉ 压盖与阀体应接合良好,压盖螺栓应留有调节余量。

◉ 垫片、填料、螺栓等应齐全,且不得有缺陷。

阀门的操作机构应进行清洗检查,操作应灵活可靠,不得有卡涩现象。

仪表和控制装置在安装前应进行下列检查。

◉ 仪表应按设计要求核对规格、型号、精度等级、测量范围和防爆类型等各项指标。

◉ 产品附件应齐全。

◉ 外观检查不得有锈蚀和损伤等缺陷。

◉ 应根据使用情况进行强度试验、气密性试验和功能调试。

◉ 重要计量仪表必须经计量部门校验和铅封。

当材料和设备有下列情况之一时,不得使用。

◉ 质量证明文件数据不全或对其数据有异议。

◉ 实物标志与质量证明文件标志不符。

◉ 要求复验的材料未进行复验或复验后不合格。

6.4 工艺设备安装

CNG 加气站工程所用的静设备(包括储罐、塔器等,以下同)宜在制造厂整体制造。

静设备采用平垫铁或斜垫铁找正时,应符合下列规定。① 斜垫铁应成对使用,搭接长度不得小于全长的 3/4,各斜垫铁中心线的相互偏斜角不应大于 3°。② 每组垫铁不超过 4 块,垫铁组高度宜为 30~50 mm。③ 每组垫铁均应放置平稳,设备找正后,各组垫铁均应压紧,各块垫铁相互焊牢。④ 垫铁露出设备支座外缘宜为 10~20 mm,垫铁组伸入长度应超过地脚螺栓。⑤ 每个地脚螺栓近旁应至少有一组垫铁。

静设备安装找正后的允许偏差应符合表 6-3 的规定。

表 6-3　静设备安装允许偏差　　　　　　　　　　　　单位:mm

检 查 项 目		偏 差 值
中心线位置		5
标　　高		±5
储罐水平度	轴向	$L/1000$
	径向	$2D/1000$
塔器垂直度		$H/1000$
塔器方位(沿底座环圆周测量)		10

注:D 为静设备外径;L 为卧式储罐长度;H 为立式塔器高度。

加气机的安装应按产品使用说明书的要求进行,并应符合下列规定。

● 安装前应对设备基础位置和几何尺寸进行复检,对于成排(行)的加气机,应确定共同的安装基准线,其平面位置允许偏差应为 2 mm、标高允许偏差应为 ±1 mm。

● 加气机的附属管线从基础的管线坑引出后,管线坑应用黄沙填满。

● 安装完毕,应按照产品使用说明书的规定预通电,进行整机的试机工作。在初次通电前应再次检查确认下列事项符合要求:电源线已连接好;管道上各接口已按设计要求连接完毕;管道内污物已清除。

● 加气枪应进行加气充装泄漏测试,测试压力宜以最大工作压力进行,测试不得少于三次。

压缩机与泵的安装应符合国家标准《压缩机、风机、泵安装工程施工及验收规范》(GB50275—1998)的规定。

压缩机在空气负荷试运转中,应进行下列各项检查和记录。

● 润滑油的压力、温度和各部位的供油情况。

● 各级吸、排气的温度和压力。

● 各级进、排水的温度、压力和冷却水的供应情况。

● 各级吸、排气阀的工作应无异常现象。

● 运动部件应无异常响声。

● 连接部位应无漏气、漏油或漏水现象。

● 连接部位应无松动现象。

● 气量调节装置应灵敏。

● 主轴承、滑道、填函等主要摩擦部位的温度。

● 电动机的电流、电压、温升。

● 自动控制装置应灵敏、可靠。

压缩机空气负荷试运转后,应清洗油过滤器并更换润滑油。

6.5 管道工程与竣工文件

对与储罐连接管道的安装,必须在储罐安装就位,经注水沉降稳定后进行。

可燃介质管道焊缝外观应成形良好,宽度以每道盖过坡口 2mm 为宜,焊接接缝表面质量应符合下列要求。

● 不得有裂纹、未熔合、夹渣、飞溅存在。CNG 管道焊缝不得有咬肉,其他管道焊缝咬肉深度不应大于 0.5mm,连续咬肉长度不应大于 100mm,且焊缝两侧咬肉总长不应大于焊缝全长的 10%。

● 焊缝表面不得低于管道表面,焊缝余高不应大于 2mm。

对可燃介质管道焊接接缝无损检测的缺陷等级评定,应执行国家现行标准《压力容器无损检测》(JB4730—1994)的规定,射线透照质量等级不应低于 AB 级。可燃介质管道焊缝射线检测Ⅱ级合格。

对可燃介质管道焊接接缝抽样检验,若有不合格时,应按该焊工的不合格数加倍检验;若仍有不合格,则应全部检验。不合格焊缝的返修次数不得超过三次。

可燃介质管道系统安装完成后,应进行压力试验。管道系统的压力试验介质为清净水,试验压力应为设计压力的 1.5 倍。当管道系统采用气压试验时,应有经施工单位技术总负责人批准的安全措施,试验压力应为设计压力的 1.15 倍。压力试验的环境温度不得低于 5℃。

在压力试验过程中有泄漏时,不得带压处理。缺陷消除后应重新试压。

在可燃介质管道系统试压完毕后,应及时拆除临时盲板,并恢复原状。

可燃介质管道系统试压合格后,应用清净水或空气进行冲洗或吹扫,并应符合下列规定。

● 不应安装法兰连接的安全阀、仪表件等,对已焊在管道上的阀门和仪表应采取保护措施。

● 不参与冲洗或吹扫的设备应隔离。

● 吹扫压力不得超过设备和管道系统的设计压力,空气流速不得小于 20m/s。水冲洗流速不得小于 1.5m/s。

可燃介质管道系统采用水冲洗时,应目测排出口水的颜色和透明度。以出、入口的水的颜色和透明度一致为合格。采用空气吹扫时,应在排出口设置白色油漆靶,以 5min 内靶上无铁锈及其他杂物颗粒为合格。经冲洗或吹扫合格的管道,应及时恢复原状。

可燃介质管道系统应以设计压力进行气密性试验,试验介质应为压缩空气或氮气。

对已进行防腐处理的设备和管道,应在现场对其防腐层进行电火花检测,若不合格,则应在现场重新进行防腐处理。

当环境温度低于 −25℃、相对湿度不小于 75% 或在雨、雪环境中,未采取可靠措施,不得进行防腐作业。

进行防腐施工时,严禁进行可能产生明火或电火花的作业。

施工单位按合同规定的工程全部完成后,应及时进行工程竣工验收。工程竣工验收时,施工单位应提交下列资料。

1. 综合部分

● 竣工技术文件说明。

● 开工报告。

● 工程竣工证书。

● 设计变更一览表。

● 材料和设备质量证明文件及材料复验报告。

2. 建筑工程

● 工程定位测量记录。

● 地基验槽记录。

● 钢筋检验记录。

● 混凝土工程施工记录。

● 混凝土/砂浆试件试验报告。

● 设备基础允许偏差项目检验记录。

● 设备基础沉降记录。

● 钢结构安装记录。

● 钢结构防火层施工记录。

● 防水工程试水记录。

● 填方土料及填土压实试验记录。

● 合格焊工登记表。

● 隐蔽工程记录。

● 防腐工程施工检查记录。

3. 安装工程

● 合格焊工登记表。

● 隐蔽工程记录。

● 防腐工程施工检查记录。

● 防腐绝缘层电火花检测报告。

● 设备开箱检查记录。

● 静设备安装记录。

● 设备清理、检查、封孔记录。

● 机器安装记录。

● 机器单机运行记录。

● 阀门试压记录。

● 安全阀调整试验记录。

● 管道系统安装检查记录。

● 管道系统压力试验和严密性试验记录。

● 管道系统吹扫/冲洗记录。

● 管道系统静电接地记录。

● 电缆敷设和绝缘检查记录。

● 报警系统安装检查记录。

● 接地极、接地电阻、防雷接地安装测定记录。

● 电气照明安装检查记录。

● 防爆电气设备安装检查记录。

● 仪表调试与回路试验记录。

4. 竣工图(略)

第7章 球罐的安装、试验与验收

7.1 球罐的构造与系列

7.1.1 球罐的构造

球罐由球罐本体、接管、支承、梯子、平台等组成,其构造如图7-1所示。

1. 球罐本体

球罐本体的球壳由数个环带组对而成。按公称容积,一般将球罐分为三带(50 m³)、五带(120~1 000 m³)和七带(2 000~5 000 m³)。各环带按地球纬度的气温分布情况相应取名,三带取名为上极带(北极带)、赤道带和下极带(南极带);五带取名是在三带取名基础上增加上温带(北温带)和下温带(南温带);七带取名则是在五带取名基础上增加上寒带(北寒带)和下寒带(南寒带)。图7-1所示为五带名称示意图。每一环带由一定数量的球壳板组对而成。组对时,球壳板焊缝的分布应以"T"形为主,也可以呈"Y"形。

2. 接管与人孔

接管是指根据储气工艺的需要在球壳上开孔,从开孔处接出管子。例如,液化石油气球罐的

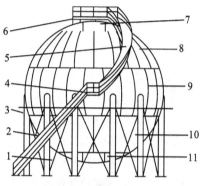

图7-1 球罐的构造

1—拉杆;2—下部斜梯;3—柱式支承;
4—中间平台;5—上部盘梯;6—顶部平台;
7—上极带(北极带);8—上温带(北温带);
9—赤道带;10—下温带(南温带);
11—下极带(南极带)

气相和液相的进出管、回流管、排污管、放散管、各种仪表和阀件的接管等。除特殊情况外,所有接管应尽量设在上、下极带板上。

接管开孔处是应力集中的部位。在壳体上开孔后,在壳体与接管连接处周围应进行补强。对钢板厚度不超过25 mm的开孔,当材质为低碳钢时,因其韧性及抗裂缝性良好,常采用补强板形式(见图7-2)。补强板制作简单,造价低,但缺点是其结构覆盖焊缝,焊接部位无法检查,内部缺陷很难发现。当钢板厚度超过25 mm,或采用高强度钢板时,为了避免钢板厚度急剧变化所带来的应力分布不均匀,以及使焊接部位易于检查,多采用厚壁管插入形式(见图7-3),也可采用锻件形式(见图7-6)。

小直径接管的开孔,因直径小、管壁薄,而球壳板较厚,焊接时接管易变形,伸出长度增长则易弯曲,这时可采用厚壁短管作为过渡接管的过渡形式,如图7-4所示。

球壳开孔需补强的面积可按下式确定,即

$$A = dt_0 \tag{7-1}$$

式中:A 为补强的面积(mm²);

d 为开孔的最大直径(mm);

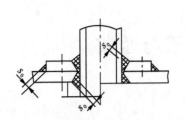

图 7-2 补强板形式

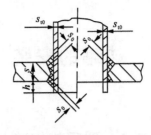

图 7-3 厚壁管插入形式

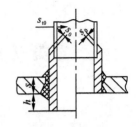

图 7-4 过渡接管形式

t_0 为球壳开孔处的计算壁厚(mm)。

开孔有效补强范围,即有效补强宽度,外侧有效补强高度和内侧有效补强高度可分别按式(7-2)、式(7-3)和式(7-4)计算确定,即

$$B = 2d \tag{7-2}$$

$$h_1 = \sqrt{d(t_t - c)} \tag{7-3}$$

$$h_2 = \sqrt{d(t_t - c - c_2)} \tag{7-4}$$

式中:B 为有效补强宽度(mm);

　　h_1 为外侧有效补强高度(mm);

　　h_2 为内侧有效补强高度(mm);

　　t_t 为接管的实际壁厚(mm);

　　c 为壁厚附加量(mm);

　　c_2 为壁厚腐蚀裕度(mm)。

如图 7-5 所示,在有效补强区 $WXYZ$ 范围内,有效补强面积应由 A_1、A_2、A_3 和 A_4 组成,其中

$$A_1 = (B - d)[(s - c) - s_0] \tag{7-5}$$

$$A_2 = 2h_1(s_t - s_{t0} - c) + 2h_2(s_t - c - c_2) \tag{7-6}$$

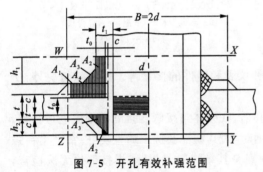

图 7-5 开孔有效补强范围

式中:A_1 为球壳壁承受内外压力所需的壁厚 s_0 和壁厚附加量之外的多余面积(mm^2);

A_2 为接管承受内外压力所需的壁厚和壁厚附加量之外的多余面积(mm^2);

s 为球壳板壁厚(mm);

s_0 为球壳壁承受内外压力所需壁厚(mm);

s_t 为接管壁厚(mm);

s_{t0} 为接管承受内外压力所需壁厚(mm);

c_2 为接管壁厚的腐蚀裕量(mm);

其余符号意义同前述。

A_3 为补强范围内的焊缝增高截面积(mm^2),A_4 为补强范围内外加的开孔补强截面积(mm^2)。

综合上述可知,开孔后不需外加补强的条件是$(A_1 + A_2 + A_3) \geqslant A$。当$(A_1 + A_2 + A_3) < A$ 时则需外加补强,外加的开孔补强截面积为

$$A_4 \geqslant A - (A_1 + A_2 + A_3) \tag{7-7}$$

补强件的材质一般应与球壳相同。若补强件材质的许用应力小于球壳材质许用应力的

75％,则补强截面积应按比例增加,即

$$A_4 \geqslant [A-(A_1+A_2+A_3)]\frac{[\sigma]}{[\sigma_0]} \qquad (7\text{-}8)$$

式中:σ 为球壳材质的许用应力;

σ_0 为补强度材质的许用应力。

为便于球罐的检查与修理,在上、下极带板的中心线上必须各设置一个人孔。人孔直径一般不小于 500 mm,可采用整体锻件补强,如图 7-6 所示。

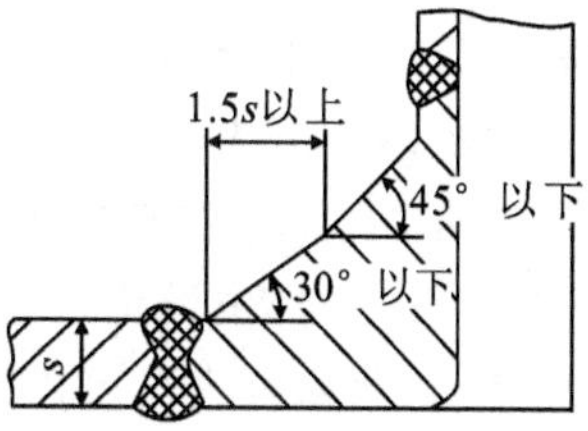

3. 支承

球罐的支承不但要支撑球罐本体、接管、梯子、平台和其他附件的重量,而且还需承受水压试验时罐内水的重量、风荷载、地震荷载及支承间的拉杆荷载等。

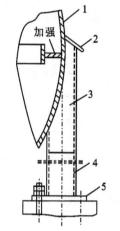

图 7-6 整体锻件补强

支承的结构形式很多,燃气工程常用的几种支承有以下几种。

(1)赤道正切柱式支承

赤道正切柱式支承如图 7-1 所示。球罐总重量由等距离布置的多根支柱支承,支柱正切于赤道带,故赤道带上的支撑力与球壳体相切,受力情况较好。支柱间设有拉杆,拉杆的作用主要是为了承受地震力及风力等所产生的水平荷载。

赤道正切柱式支承能较好地承受热膨胀和各类荷载所产生的变形,便于组装、操作和检修,是应用最为广泛的支承形式。

支柱构造如图 7-7 所示。一般由上、下两段钢管组成,现场焊接组装。上段带有一块赤道带球壳板,上端管口用支柱帽焊接封堵。下段带有底板,底板上开有地脚螺栓孔,用地脚螺栓与支柱基础连接。

支柱焊接在赤道带上,焊缝承受全部荷载,因此,焊缝必须有足够的长度和强度。当球罐直径较大,而球壳壁较薄时,为使地震力或风力的水平荷载能很好地传递到支柱上,应在赤道带安装加强圈。

图 7-7 支柱构造

1—球壳板;2—支柱帽;3—支柱上段;
4—支柱下段;5—底板

(2)V 形柱式支承

V 形柱式支承如图 7-8 所示。柱子之间等距离与赤道带相切,支承载荷在赤道带上均匀分布,且与球壳体相切。支柱在竖直方向与球壳切线倾斜 2°～3°,这样可产生一个向心水平分力,可增强与基础之间的稳定性。这种结构自身能承受地震力和风力产生的水平荷载,支柱间不需要拉杆连接。但是,现场组装应严格按设计进行。

4. 梯子和平台

为了定期检查和维修,以及正常生产过程中的操作,球罐外部要装设梯子(外梯)和平台,球罐内部要装设内梯。

常见的外梯形式有直梯、斜梯、圆形梯、螺旋梯和盘旋梯等。对小型球罐,一般只需设置由地面到达球罐顶部的直梯,或直梯由地面到达赤道带,然后改圆形梯到达球罐顶部平台。对小型球罐或单个中型球罐也可采用螺旋梯。对于中、小型球罐群可采用各种结构的梯子到达顶部的联合平台。对大、中型球罐，由地面到达赤道带一般采用斜梯，赤道带以上则多采用沿上半球球面盘旋而上到达球顶平台的盘旋梯，根据操作工艺需要，可在中间设置平台，使全部梯子形成阶梯式多段斜梯和盘旋梯的组合梯。

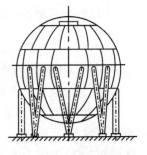

图 7-8 V 形柱式支承

内梯多为沿内壁的旋转梯，如图 7-9 所示。这种旋转梯是由球顶至赤道带，以及赤道带至球底部沿球壁设置的圆弧形梯子。在球顶、赤道带和球底部位设置平台，梯子的导轨设在平台上，梯子可沿导轨绕球旋转，使检查人员可以到达球罐内壁的任何部位。也可以设置杠杆式旋转升降装置代替内梯，如图 7-10 所示，这种装置由中心主轴作支承，主轴中部安装一个能 360°旋转的万向节，检查平台安装在杠杆两端，杠杆由万向节作支承。

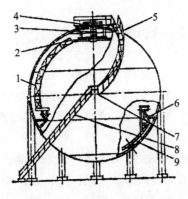

图 7-9 内旋梯与外旋梯

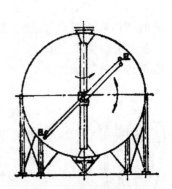

图 7-10 杠杆式旋转升降装置

1—上部旋梯；2—上部平台；3—直爬梯；4—顶部平台；
5—外旋梯；6—中间轨道平台；7—外直梯中间平台；
8—外斜梯；9—下旋梯

梯子与平台和球罐的连接一般均为可拆卸式，以便在检修球罐时搭脚手架。

5. 其他附件

球罐上的附件包括液位计、温度计、压力表、安全阀、消防喷淋装置、静电接地装置、防雷装置，以及各种用途的阀门。附件的种类、规格和型号应根据储存的燃气类别，及其储存与输送的工艺要求来选择和安装。例如，液化石油气球罐必须安装液位计和消防喷淋装置，而天然气球罐则不需要安装。

7.1.2 球罐系列

球罐系列基本参数如表 7-1 所示。该系列也适用于球形燃气储罐的设计和建造。根据建造球罐所用的材质和钢板厚度，球罐公称压力可在 0.45～30 MPa 范围内。

表 7-1 球罐系列基本参数（JB1117—1982）

序 号	1	2	3	4	5	6	7	8	9	10
公称容积/m³	50	120	200	400	650	1000	2000	3000	4000	5000
内径/mm	4600	6200	7100	9200	10700	12300	15700	18000	20000	21200
几何容积/m³	52	119	188	408	640	975	2025	3054	4189	4989

序　　号	1	2	3	4	5	6	7	8	9	10
支承形式	赤道正切柱式支承									
支柱根数	4	6	6	8	8	10	12	15	15	15
带数	3	5	5	5	5	5	7	7	7	7
各带球心角/各带球壳板块数　北极带	90°/—	45°/—	45°/—	45°/—	38°/—	45°/—	26°/—	32°/—	32°/—	32°/—
北寒带	—	—	—	—	—	—	23°/16	26°/20	26°/20	26°/20
北温带	—	45°/12	45°/12	45°/16	46°/16	45°/20	31°/24	30°/30	30°/30	30°/30
赤道带	90°/8	45°/12	45°/12	45°/16	50°/24	45°/20	36°/24	36°/30	36°/30	36°/30
南温带	—	45°/12	45°/12	45°/16	46°/16	45°/20	31°/24	30°/30	30°/30	30°/30
南寒带	—	—	—	—	—	—	28°/16	26°/20	26°/20	26°/20
南极带	90°/—	45°/—	45°/—	45°/—	38°/16	45°/—	26°/—	32°/—	32°/—	32°/—

7.2　球罐的试验与验收

7.2.1　球罐的压力试验

球罐的压力试验应在球罐整体热处理后进行。燃气球罐主要应进行压力试验和气密性试验。压力试验的主要目的是检验球罐的强度和耐压,试验介质为水。气密性试验主要是检查球罐的所有焊缝和其他连接部位的密封程度,是否有渗漏之处,气密性试验介质为空气。

1. 水压试验

为了检查球罐的强度和耐压能力,消除球体内残余内应力,必须向罐内充水加压。在达到试验压力的条件下,检查球罐是否有渗漏和明显的塑性变形,检验球罐包括焊缝在内的各种接缝的强度是否达到设计要求,验证球罐在设计压力下能否保证安全运行,若有渗漏现象,则可发现球罐潜在的局部缺陷,便于及时消除。

在水压试验前,球罐支柱应找正并固定在基础上,基础二次灌浆达到强度要求;罐体与接管所有焊缝全部焊接完毕,全部焊缝都经过外观检查,超声波探伤(或射线探伤)和磁粉探伤。

只有在球罐经过整体热处理后,才可进行水压试验。不准备进行整体热处理的球罐,若是用高强度钢板制造的,其水压试验必须在焊接完成72 h后进行。

试压时,应先将罐内所有残留物清除干净。将球罐人孔、安全阀座及其他接管孔用盖板封堵严密。

(1)水质要求

水压试验可用一般工业用水。应避免使用含氯离子的水,因为氯离子可能造成高强度钢的应力腐蚀。钢板的脆性破坏与试压的水温有关,因此,碳素钢和16 MnR 钢球罐的试压水温不得低于5 ℃,其他低合金钢球罐的试压水温不得低于15 ℃。

(2)试验装置

球罐水压试验装置如图 7-11 所示。水泵与球罐底部之间用钢管连接,进水阀与水源连

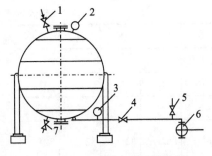

图 7-11　球罐水压试验装置

1—放气阀；2,3—压力表；4—关断阀；
5—进水阀；6—水泵；7—泄水阀

接。当通过进水阀向球罐内充水时，球罐顶部的放气阀打开，不断将罐内空气排出。当水从放气阀泄出时关闭放气阀，同时关闭进水阀。水泵开启后，球罐内水压缓慢上升，当达到试验压力时，关闭关断阀，保持罐内压力。

为了确保试验压力的准确性，一般应安装两块压力表，一块安装在球罐顶部，一块安装在关断阀后面。两块表的计量值都不应低于试验压力值。压力表的最大量程应为试验压力的 1.5～2.0 倍。

水压试验完毕，可打开泄水阀排放试验用水。

（3）试验压力

燃气球罐在使用过程中，可能因燃气成分的变化，环境温度的急剧升高，仪器设备出现故障等因素的影响，造成使用压力超过设计压力。为了保证燃气球罐在使用过程中的安全性和可靠性，要对球罐的承压能力进行实际验证，水压试验时的试验压力应不小于设计压力的 1.25 倍，如有特殊要求，可采用 1.5 倍的设计压力进行试验。试验压力读数应以球罐顶部的压力表为准。

（4）水压试验步骤

球罐灌满水后，启动试压水泵，使罐内压力缓慢上升。升压速度一般不超过 0.3 MPa/h。

● 压力升至试验压力的 50% 时，保持 15 min，然后对球罐的所有焊缝和连接部位作初次渗漏检查，确认无渗漏后，继续升压。

● 压力升至试验压力的 90% 时，应保持 15 min，再次做渗漏检查。确认无渗漏后再升压。

● 压力升至试验压力时，应保持 30 min，然后将压力降至试验压力的 80% 进行检查，应以无渗漏和无异常现象为合格。

● 水压试验完毕后，应将水排尽。排水时不要就地排放。

升压过程中严禁碰撞和敲击罐壁。压力升到 0.2～0.3 MPa 时可停止升压，检查法兰、焊缝等有无渗漏现象，如发现渗漏必须及时处理。

排水降压可按 1.0～1.5 MPa/h 的速度进行。压力降至 0.2 MPa 时应打开放气阀并打开人孔，以防罐内真空。

2. 气密性试验

燃气球罐的气密性试验应在水压试验合格后进行。这项试验是球罐安装质量检查的最后一道工序。因为气体渗漏的可能性要比液体大得多，水压试验只限于检查球罐的强度和耐压能力，不能代替气密性试验。燃气球罐必须进行气密性试验。

试验前，球罐各部分的附件应安装完毕，并符合设计要求。除试验用气体进出口外，其余所有接管和仪表管均应装好阀门，所用压力表应经过校验，安全阀定压到 1.15 倍的工作压力。球罐周围不得有易燃易爆物。

燃气球罐的气密性试验介质一般为空气或氮气，介质温度不得低于 5℃，试验压力应不小于设计压力。

球罐的气密性试验装置如图 7-12 所示。空气压缩机压送出的空气经稳压罐稳压后送入球罐。达到试验压力后，关闭关断阀，通过球罐顶部和底部的压力表观测球罐内压力。

球罐的气密性试验应按下列步骤进行。

● 压力升至试验压力的 50% 时，应保持 10 min，对球罐所有焊缝和连接部位进行检查，确认无渗漏后,继续升压。

● 压力升至试验压力时,应保持 10 min,对所有焊缝和连接部位进行检查,以无渗漏为合格。当有渗漏时,应在处理后重新进行气密性试验。

● 升降压速度应平稳、缓慢,升压以 0.1~0.2 MPa/h 为宜,降压以 1.0~1.5 MPa/h 为宜。

3. 基础沉降检测

球罐在进行水压试验充水的同时,应对每根支柱的基础进行检查。通过各支柱上的永久性测定板,检测每根支柱的沉降量。沉降量在下列各阶段都应进行测定。

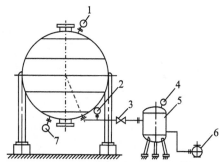

图 7-12　球罐的气密性试验装置

1,2,4,7—压力表;3—关断阀;
5—稳压罐;6—空压机

● 充水前。

● 充水至 1/3 球罐本体高度。

● 充水至 3/4 球罐本体高度。

● 充满水的 24 h 后。

● 放水后。

支柱基础沉降应均匀,放水后不均匀沉降量不得大于 $D_1/1\,000$(D_1 为基础中心圆直径),相邻支柱基础沉降差不得大于 2 mm。若大于此要求时,应采取有效的补救措施进行处理。

7.2.2　球罐安装过程的质量验收

球罐安装过程的质量验收应采用国家标准或部颁标准,若采用企业标准,则应先征得监制部门的同意。安装过程验收中的每一项验收内容,在验收后都必须提供证明书,验收报告或其他书面资料。

1. 球壳零部件的验收

在组装前应查清数量,检查各种零部件的材质和几何尺寸是否与设计图相符,尤其对球壳板的外形尺寸、坡口要求认真检查。

2. 现场组装质量验收

● 球罐组装前必须按设计要求及施工规范对基础进行验收。

● 组装时,必须使相邻焊缝成"T"或"Y"字形对接。相邻两焊缝的最小边缘距离不应少于球壳板厚度的 3 倍,且不得小于 100 mm。

● 认真检查球壳板在组对过程中的对口间隙、错边量和角变形,并做记录,如图 7-13 所示。严禁强力校正对接误差。

● 支柱的垂直度可用吊锤检查,如图 7-14 所示。两个方向的垂直度偏差应满足式(7-9)要求,即

$$\frac{A_1 - A_2}{L} \leqslant \pm 0.3\%$$

(7-9)

● 环带组装后,每个环带都应在不少于 3 个位置上检查环带的椭圆度(见图 7-15),椭圆度应满足式(7-10)要求,即

$$\frac{D - d}{D} \leqslant \Delta$$

(7-10)

(a)错边量　　(b)角变形

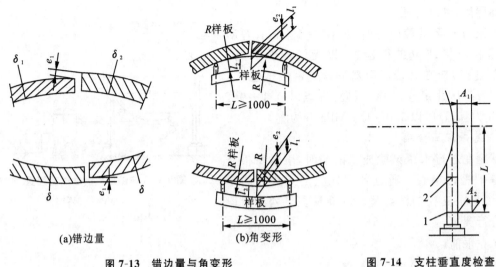

图 7-13　错边量与角变形

图 7-14　支柱垂直度检查

1—标准线；2—对接线

式中：D 为环带截圆设计直径；

d 为环带截圆实测直径；

Δ 为椭圆度允许偏差，赤道带 Δ 在 $\pm 0.2\%$ 之间，极带 Δ 在 $\pm 0.1\%$ 之间。

- 球体椭圆度在水平和竖直两个方向上都应满足式(7-10)要求，但 Δ 要求在 $\pm 0.5\%$ 之间。

(A)检查赤道带　　(b)检查极板带　　(c)检查球体

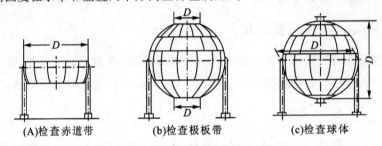

图 7-15　环带及球体椭圆度检查部位

3. 焊接质量验收

焊接质量验收内容包括焊接工艺评定、焊接材料质量、焊工资格、焊缝力学性能试验、裂纹试验、预热及后热记录、缺陷修补状态，以及各种无损探伤检验等报告。

每项无损检验必须有两名以上具有劳动部门所颁发的Ⅱ级以上考试合格证的无损检验人员参加并签字，其报告才有效。

球罐对接焊缝应有 100%射线检验报告和所有底片，100%超声波检验报告，渗透检验报告，水压试验前内外表面磁粉检验报告和水压试验后的 20%磁粉抽检报告。

4. 现场焊后整体热处理验收

对热处理工艺、保温条件、测温系统及柱脚处理等逐项验收。

7.2.3　球罐外径的测定

1. 赤道线外径的测定

测量赤道线外径可以采用经纬仪与吊锤卷尺相结合的方法，按下述步骤测定，如图 7-16 所示。

◉ 将经纬仪置于下极板中心附近,但与中心距离不能超过 500 mm。选择起始点,决定偏转角 α(α 的整倍数应等于 90°),然后粗测一下,检查是否有影响视线或定点的障碍。

◉ 在仪器三脚架的中心位置固定一个水平标记 a,标记应高出球罐周围地面。测出仪器目镜中心线与标记点 a 的垂直距离 H。

◉ 从上极板中心点缓慢地放下带吊锤的卷尺,使之在 D 点与赤道线水平截圆相切。当锤尖与地面 B 点接触时,仪器目镜十字中心线准确地对准锤尺边缘(换测点后,目镜必须对准同一边缘)。B 点为第一测点。仪器的水平度盘调整到零位。

◉ 读取目镜十字中心线与 B 点的垂直高度 BC,并调整 BC,使 $BC=H$。做出 B 点的固定标记,此时标记点 B 与 a 在同一水平线上。

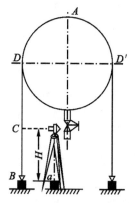

图 7-16　用经纬仪测量球罐外径

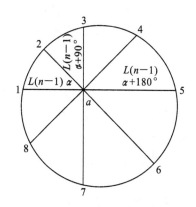

图 7-17　测量球罐外径的定点

◉ 从 B 点开始,经纬仪按预定角度 α 偏转,依次按上述方法测量并编号,记录偏转角度及测量值,如图 7-17 所示。当仪器转回 B 点时,其刻度盘读数与第一次读数之差不得大于 $30''$,否则应重新定点,重新测量。

◉ 依次量取仪器中心标记点 a 至各测量定点的距离 L。

根据各定点的偏转角度 α,以及定点至中心点的距离 L,可按下式计算出赤道线水平截圆第 n 点的外径 D_n,即

$$D_n = \frac{\sqrt{L_{(n-1)a}^2 + L_{(n-1)a+90°}^2}\ \sqrt{L_{(n-1)a+90°}^2 + L_{(n-1)a+180°}^2}}{L_{(n-1)a+90°}} \tag{7-11}$$

球罐平均外径 D 即为赤道线水平截圆平均外径,即

$$D = \frac{\sum_{i=1}^{n} D_i}{N} \tag{7-12}$$

式中:D_n 为赤道线水平截圆第 n 点的外径;

n 为测量外径时的定点序号;

α 为测量定点的经纬仪偏转角度;

$L_{(n-1)a}$、$L_{(n-1)a+90°}$、$L_{(n-1)a+180°}$ 分别为自第 n 点起,经纬仪分别偏转 $(n-1)\alpha$、$(n-1)\alpha+90°$、$(n-1)\alpha+180°$ 时,仪器中心点 a 至各定点的实测距离;

D 为球罐平均外径;

D_i 为赤道线水平截圆第 i 点平均外径;

N 为测量点数。

2. 垂直截圆外径的测定

可通过测量垂直截圆周长，然后计算出垂直截圆外直径。垂直截圆周长可按下述方法进行测定。

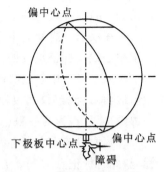

● 从上极板中心点放钢卷尺，通过下极板中心绕罐壁一周，将钢卷尺拉紧，使其紧贴罐壁，拉紧力不小于 80 N。通过尺带交点读数确定垂直截圆周长。外周长测定应不少于三次，每次起点可错开 500 mm，每次读数差值应在 ±3 mm 内，超过测量误差时应重测。外周长取各次的平均值。

图 7-18　测量垂直截圆周长

● 测量不同方向的周长时应错开 90°。

● 钢卷尺绕罐壁时必须避免扭曲。

● 若上、下极板中心点有障碍，则可选偏中心点测量，如图7-18所示。

7.2.4　球罐竣工验收

球罐安装竣工后，施工单位应将竣工图纸及其他技术资料移交给建设单位，建设单位应组织设计、运行管理、施工监理及有关部门按《球形储罐施工及验收规范》(GB50094—1998)的规定进行全面的检查验收。

球罐竣工验收内容为审查竣工图及各种技术资料文件，现场实物检查测试，以及填写竣工验收表格等。

球罐验收时，施工单位应提交下列技术资料(共 21 项)。

● 球罐竣工证书验收。

● 监检证书。

● 竣工图。

● 制造厂的球罐零部件产品质量合格证明书。

● 球壳板、支柱到货检验报告。

● 球罐基础检验记录。

● 产品焊接试板试验报告。

● 焊缝及焊工布置图。

● 焊接材料质量证明书及复验报告。

● 球罐焊后几何尺寸检查报告。

● 球罐支柱检查记录。

● 焊缝射线检测报告(附检测位置图)。

● 焊缝超声检测报告(附检测位置图)。

● 焊缝磁粉检测报告(附检测位置图)。

● 焊缝渗透检测报告(附检测位置图)。

● 焊缝返修记录。

● 焊后整体热处理报告、测温点布置图及自动记录温度曲线。

● 压力试验记录。

● 气密性试验记录。

● 基础沉降观测记录。

● 设计变更通知单。

第8章 城市燃气埋地钢管电防护法

腐蚀是一种自然现象,从热力学的观点看,金属腐蚀的本质就是金属由元素状态返回自然状态——原生矿物的过程。据不完全统计,每年因腐蚀造成的损失占国民经济总产值的$2\%\sim4\%$。在腐蚀作用下,世界上每年生产的钢铁有10%被腐蚀。

燃气管道腐蚀使管道的使用寿命缩短,降低了管道的输送能力,造成生产费用的增加和意外事故的发生。燃气管道输送的介质具有易燃、易爆、有毒等危险特性,一旦发生泄漏,其后果是严重的。因此,应在对埋地钢管防腐绝缘层的基础上,还应对埋地钢管实施电保护,确保燃气管道安全、稳定运行。

8.1 城市燃气埋地钢管的腐蚀

城市埋地燃气管道由于所处环境和输送介质的不同,故引起的腐蚀状况也不同。按腐蚀机理可分为化学腐蚀和电化学腐蚀,按腐蚀形态可分为全面腐蚀和局部腐蚀,按腐蚀部位可分为内壁腐蚀和外壁腐蚀。

8.1.1 燃气管道腐蚀的原因

腐蚀是金属在周围介质的化学、电化学作用下引起的一种反应。金属腐蚀按其机理可分为化学腐蚀和电化学腐蚀。

化学腐蚀是金属与环境介质直接发生化学作用而产生的,在腐蚀过程中没有电流生成。

电化学腐蚀是金属在介质中发生了电化学作用而引起的,在腐蚀过程中有电流产生。引起电化学腐蚀的介质能使电流通过。金属在电解质溶液、海水、潮湿的空气和土壤中都有可能发生电化学腐蚀。

腐蚀分布在整个金属表面上称为全面腐蚀。全面腐蚀可以是各处腐蚀程度相同的均匀腐蚀,也可以是腐蚀程度不同的非均匀腐蚀。

腐蚀主要集中在金属表面的某些区域称为局部腐蚀。局部腐蚀的形态有多种多样,常见的有孔蚀、缝隙腐蚀、晶间腐蚀、应力腐蚀开裂和氢损伤(氢鼓泡、氢诱发裂纹、硫化物应力开裂)等。金属发生局部腐蚀时,尽管金属的腐蚀量不如全面腐蚀大,但是金属的局部快速破坏,致使设备报废或管道破裂,因此,局部腐蚀比全面腐蚀的危害更大。

输送燃气的钢管按其腐蚀部位的不同,分为内壁腐蚀和外壁腐蚀。

内壁腐蚀是介质中的水在管道内壁生成一层亲水膜,并形成原电池而造成的电化学腐蚀,或者是其他有害介质直接与金属作用引起的化学腐蚀。天然气管道内壁同时存在着上述两种腐蚀过程,特别是在管道弯头、低洼积水处、气液交界面,电化学反应(腐蚀)异常强烈,造成管壁大面积腐蚀减薄或形成一系列腐蚀深坑及沟槽,这些就是管线易于爆裂和穿孔的部位。

因地下环境的复杂性,典型的管道外壁腐蚀类型有以下几类。

1. 土壤腐蚀

土壤腐蚀是指金属在土壤介质作用下引起的腐蚀,基本上属于电化学腐蚀。土壤是多相物质组成的复杂混合物,颗粒间充满空气、水和各种盐类,具有电解质的特征。因此,地下管道裸露的金属在土壤中构成了腐蚀电池。土壤腐蚀电池分为微腐蚀电池和宏腐蚀电池两类。

微腐蚀电池——因钢管表面状态的差异形成的腐蚀电池。由于制管时留下来的缺陷,如金属内可能夹杂有不均匀物质,如熔渣、焊缝及其热影响区,故钢管表面的氧化膜(锈、轧屑)等与本体金属之间存在着较大的性质差异。当这些组成不均匀的管道金属与金属接触时,就好像两块互相导电的不同金属放在电解质溶液中一样,在有差异的部位上存在电极电位差,构成腐蚀电池。

宏腐蚀电池——因土壤性质差异形成的腐蚀电池。管道经过物理性质和化学性质差异都很大的土壤时,某些条件效应在管道腐蚀中就具有决定性的意义。例如,土壤的含盐量和透气性(含氧量)对管道腐蚀的影响很大,它们对地下管道的钢—土壤的电位都有影响。当钢管从含盐量较低的土壤敷设至含盐量较高的土壤时,相当于导体与两种浓度不同的电解液相接触,形成了一个原电池,通常称它为"浓差电池"。同样,在透气性微弱(含氧量低)的土壤中,钢—土壤的电位比在透气性良好(含氧量高)土壤中要低些。这样,对于地下管道,与管顶部相接触的土壤可能较干,透气性好,而与管底部相接触的就可能较潮湿,透气性差,因而在管底部的钢—土壤电位低于管顶部的电位,管底部形成阳极区而发生腐蚀。

2. 杂散电流腐蚀

大地中的电流对管道所产生的腐蚀,通常称为杂散电流腐蚀,又名干扰腐蚀。这是一种外界因素引起的电化学腐蚀,它的作用类似电解。不同的是,金属被腐蚀的部分,不是由金属本身的电位来决定,而是由外部电流的极性和大小来决定。它所引起的腐蚀比一般土壤腐蚀严重得多。对于绝缘不良的管道,这样的杂散电流可能在防腐绝缘层破损的某一点流入管道,在另一防腐绝缘层破损点流出,返回杂散电流源,从而引起杂散电流腐蚀。

3. 微生物腐蚀(细菌腐蚀)

据有关报道,有 50%~80% 的地下管线的腐蚀都有微生物的参与。城市燃气埋地钢管在特殊地段有微生物腐蚀现象的发生。这些特殊地段存在以下条件:厌氧环境;硫酸盐的存在;水的存在;对腐蚀环境有利的 pH 值和温度(如 pH 值为 5~9,温度为 25℃~30℃);有机碳的存在;黏土质胶粒的存在。发生微生物腐蚀的显著特征是有刺鼻的硫化氢气味产生,且多产生于管道的最低处,腐蚀形态呈"凹"形坑穴。与腐蚀有关的微生物主要是细菌类,如硫化氢细菌、硫酸盐细菌、铁细菌和某些霉菌等。由细菌、霉菌构成的污垢的腐蚀具备微生物和氧浓度差电池双重腐蚀特征。

8.1.2　土壤的腐蚀特性

土壤颗粒间充满空气、水和各种可溶盐,使土壤具有电解质溶液的特征,可以导电。土壤的腐蚀性与土壤的结构、含水量、透气性、导电性和盐类、酸类的含量等因素有关。

干燥土壤对金属的腐蚀作用比潮湿土壤小。当土壤含水量达 11%~13% 时,土壤的腐蚀性最大;超过 20%~24% 时,土壤的腐蚀能力趋于下降;被水分饱和的土壤的腐蚀性最小。

当土壤含水量经常变化,水分和氧共同对金属起腐蚀作用时,这样的腐蚀最为严重。城市中由污水淤积的土壤,其结构和成分各不相同,而且杂质很多,这种土壤的腐蚀性很大。纯砂土对管道的腐蚀作用甚小。

研究结果证明,土壤的电阻率是土壤腐蚀性能的最重要特征,而电阻率又能迅速而较精确地测定。土壤的电阻率可用四极法测定。

四极法是用对称的 A、M、N、B 四个电极装置来测量电阻率,如图 8-1 所示。四个电极在地面上按一直线安装,其中,两个供电极 A、B 与电源及电流表相连,构成供电回路。两个测量极 M、N 与电位计相连。由电源供给的电流经 A、B 两极流入土壤,在测量极 M、N 之间建立电位差。该电位差值与经 A、B 两极的电流量,及 M、N 两极间的土壤电阻值成正比,故当四个电极之间的间距一定时,可根据测量仪表上指示的电位差和电流值,计算土壤电阻率。其关系如下。

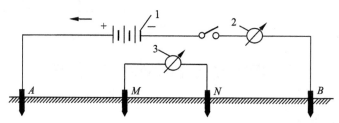

图 8-1 四极法测定土壤电阻率示意图
1—干电池;2—电流表;3—电位计

电极 A 在 M 点建立的电位为

$$V_M^A = \frac{I\rho}{2\pi \cdot \overline{AM}}$$

电极 B 在 M 点建立的电位为

$$V_M^B = \frac{I\rho}{2\pi \cdot \overline{BM}}$$

M 点的总电位为
$$V_M = V_M^A + V_M^B = \frac{I\rho}{2\pi}\left(\frac{1}{\overline{AM}} - \frac{1}{\overline{BM}}\right)$$

同样,N 点的电位为
$$V_n = \frac{I\rho}{2\pi}\left(\frac{1}{\overline{AN}} - \frac{1}{\overline{BN}}\right)$$

M、N 两点的电位差为

$$\Delta V_{MN} = V_M - V_N = \frac{I\rho}{2\pi}\left(\frac{1}{\overline{AM}} - \frac{1}{\overline{BM}} - \frac{1}{\overline{AN}} + \frac{1}{\overline{BN}}\right)$$

在四个电极对称布置的情况下,有
$$\overline{AM} = \overline{NB} = \frac{\overline{AB} - \overline{MN}}{2}, \quad \overline{AN} = \overline{MB} = \frac{\overline{AB} + \overline{MN}}{2}$$

故
$$\Delta V_{MN} = \frac{I\rho}{\pi}\left(\frac{4\overline{MN}}{\overline{AB}^2 - \overline{MN}^2}\right)$$

即
$$\rho = \frac{\pi}{\overline{MN}}\left[\left(\frac{\overline{AB}}{2}\right)^2 - \left(\frac{\overline{MN}}{2}\right)^2\right] \cdot \frac{\Delta V_{MN}}{I}$$

令
$$K = \frac{\pi}{\overline{MN}}\left[\left(\frac{\overline{AB}}{2}\right)^2 - \left(\frac{\overline{MN}}{2}\right)^2\right]$$

K 为仪器系数,其数值取决于四个电极的相对位置。故得计算公式为

$$\rho = K\frac{\Delta V_{MN}}{I}$$

式中:ρ 为土壤电阻率($\Omega \cdot m$);

ΔV_{MN} 为 M、N 两点间的电位差(V);

I 为电源供给的电流（A）。

选择四个电极的间距时，一般应使 M、N 两极的距离等于需要测定的深度，A、B 的距离为 M、N 的 $3 \sim 5$ 倍。

四极法土壤腐蚀等级划分参考表如表 8-1 所示。

表 8-1　四极法土壤腐蚀等级划分参考表

土壤腐蚀等级	低	中	较高	高	特高
土壤电阻率/($\Omega \cdot m$)	>100	100~20	20~10	10~5	<5

8.2　城市燃气埋地钢管的电保护法

8.2.1　阴极保护技术概述

1. 基本原理

如前所述，金属在电解质溶液中，由于表面存在电化学反应不均匀性，会形成无数的腐蚀原电池。为简化起见，可把它们看成是一个双电极原电池模型，如图 8-2 所示。原电池的阳极区产生腐蚀，不断输出电子，同时金属离子溶入电解液中。阴极区发生阴极反应，视电解液和环境条件的不同，在阴极表面上析出氢气或接受正离子的沉积，但金属本身并不会产生腐蚀。因此，如果给金属接为阴极，使金属表面全部处于阴极状态，就可抑制其表面的电子释放，从根本上防止了金属的腐蚀。

用金属导线将管道接在直流电源的负极，将辅助阳极接到电源的正极，如图 8-3(a)所示。

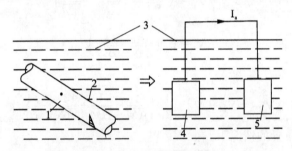

图 8-2　双电极原电池模型
1—阴极区；2—阳极区；3—电解质溶液；4—阴极；5—阳极

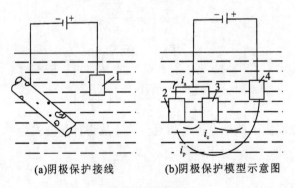

(a)阴极保护接线　　　　(b)阴极保护模型示意图
图 8-3　阴极保护
1—辅助阳极；2—微阴极；3—微阳极；4—辅助阳极

图 8-3(b)为阴极保护模型示意图。从图(b)中可以看出,管道实施阴极保护时,有外加电子流入管道表面,当外加的电子来不及与电解质溶液中的某些物质起作用时,就会在金属表面集聚起来,导致阴极表面金属电极电位向负方向移动,即产生阴极极化。这时,微阳极区金属释放电子的能力就受到阻碍。施加的电流越大,电子集聚就会越多,金属表面的电极电位就越负,微阳极区释放电子的能力就越弱。换句话说,就是腐蚀电池两极间的电位差变小,微阳极电流 i_a 越来越小,当金属表面阴极极化到一定值时,微阴、阳极达到等电位,腐蚀原电池的作用就被迫停止。此时,外加电流 I_p 等于阴极电流 i_c,即 $i_a = 0$,这就是阴极保护的基本原理。

2. 阴极保护的方法

(1)外加电流阴极保护法

利用外部直流电源取得阴极极化电流来防止金属遭受腐蚀的方法,称为外加电流阴极保护法。此时,被保护的金属接在直流电源的负极上,而电源的正极则接辅助阳极,如图 8-4 所示。通常对长输管线、穿越铁路的城市燃气管道采用此法保护。

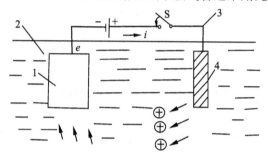

图 8-4 外加电流阴极保护原理示意图　　　图 8-5 腐蚀极化曲线示意图

1—被保护金属(阴极);2—电解质溶液;3—导线;4—辅助电极(阳极)

(2)牺牲阳极保护法

采用比保护金属电位更低的金属材料和被保护金属连接,以防止被保护金属的腐蚀,这种方法称为牺牲阳极保护法。与被保护金属连接的金属材料,由于它具有更低的电极电位,在输出电流过程中,不断溶解而遭受腐蚀,故称为牺牲阳极。

牺牲阳极保护系统可以看做是在发生腐蚀的金属表面上短路的双电极腐蚀电池中,加入一个电位更低的第三电极,它构成了一个三电极腐蚀系统。在知道了腐蚀表面阴、阳极组分的极化曲线,以及它们的面积比之后,就可以对给定系统绘出腐蚀极化曲线图,如图 8-5 所示。在这个系统中,金属腐蚀电池阴、阳极的起始电位为 V_c、V_a,自腐蚀电位为正,当加入电位更低的第三电极——牺牲阳极后(它的电极电位为 V_m)。由于 V_m 的电位比 V_a、V_c 低很多,故被保护金属表面上的腐蚀电池的两极都成为阴极,此时整个金属电位达到 V_n,这是因为第三电极——牺牲阳极与被保护金属之间存在着电位差,在系统中有电流流动(相当于外加电流)。该电流将整个被保护金属极化成阴极。因此,金属受到保护,腐蚀停止。

用做牺牲阳极的材料大多是镁、铝、锌及其合金,其成分和配比直接影响牺牲阳极电流的输出,关系到阴极保护效果的好坏。

(3)阴极保护方法的比较与选择

管道阴极保护方法的优缺点比较如表 8-2 所示。在实际工程中应根据工程规模大小、防腐层质量、土壤环境条件、电源的利用及经济性进行比较,择优选择。在城市燃气输配管网系统中,考虑到对城市其他地下管道的影响,一般采用牺牲阳极保护法。

表 8-2　管道阴极保护方法的优缺点比较

方　法	优　　点	缺　　点
外加电流阴极保护法	● 单站保护范围大,因此,管道越长相对投资比例越小 ● 驱动电压高,能够灵活控制阴极保护电流输量 ● 不受土壤电阻率限制,在恶劣的腐蚀条件下也能使用 ● 采用难溶性阳极材料,可作长期的阴极保护	● 一次性投资费用较高 ● 需要外部电源 ● 对邻近的地下金属构筑物干扰大 ● 维护管理较复杂
牺牲阳极保护法	● 保护电流的利用率较高,不会过保护 ● 适用于无电源地区和小规模分散的对象 ● 对邻近地下金属构筑物几乎无干扰 ● 施工技术简单,安装及维修费用小 ● 接地、防腐兼顾	● 驱动电位低,保护电流调节困难 ● 使用范围受土壤电阻率的限制,对于大口径裸管或防腐涂层质量不良的管道,由于费用高,一般不宜采用 ● 在杂散电流干扰强烈地区,将丧失保护作用 ● 投产调试工作较复杂

3. 阴极保护准则

关于埋地钢管阴极保护准则,美国腐蚀工程师协会(NACE)推荐使用的 RP-01-69 有较全面的规定,具体如下。

● 在通电情况下,测得构筑物相对饱和铜-硫酸铜参比电极间的负(阴极)电位至少为 0.85 V。

● 在通电情况下,产生的最小负电位值较自然电位负偏移至少 300 mV。

● 在中断保护电流情况下,测量极化衰减。当中断电流瞬间,立即形成一个电位值,以此值为测定极化衰减的基准读数,测得的阴极极化电位差至少为 100 mV。

● 所有电流均为从土壤电解质流向构筑物。

前三项在实践中常用,后一项因测定比较复杂,一般很少使用。当有硫酸盐还原菌存在和钢铁在不通气环境时,负电位应再增加 100 mV,也就是−0.95 V。

在应用上列判定指标时,应注意测量误差。因地下管道阴极保护电位不是直接在管道金属和土壤介质接触面上的某一点进行测定,而是将硫酸铜参比电极放在位于管道上方或在地面的遥远点上进行测量。管道金属和电解质溶液界面上测定的电位差,不同于管道金属与土壤间的电位差。这是由于电流流经管道、金属界面与硫酸铜参比电极之间的土壤产生附加电压降(IR 降)造成的。它会使测得的管—地电位数值变得更低,即地面测量虽已达到保护电位,但管道和土壤界面上并不是每一点都达到了保护电位。

4. 管道阴极保护附属装置

1) 绝缘法兰与绝缘接头

绝缘法兰是构成金属管道电绝缘连接的法兰接头的统称。它包括彼此对应的一对金属法兰、位于这对金属法兰间的绝缘密封零件、法兰紧固件以及紧固件与法兰间电绝缘件。

安装绝缘法兰的作用是将被保护管道和非保护管道从导电性上分开。因为,当保护电流流到不应受保护的管道上去以后,将增大阴极保护电源输出,致使保护长度缩短或引起干扰腐蚀。在杂散电流干扰严重的管段,绝缘法兰还被用来作为分割干扰区和非干扰区,降低杂散电流影响。在某些特殊环境下(如不同材质、新旧管道连接等),绝缘法兰还是一种有效的防腐蚀措施。

绝缘法兰两端应具有良好的电绝缘性,可在管道输送介质所要求的温度、压力下长期可靠地工作,并有足够的强度和密封性。绝缘法兰使用的绝缘垫片,在管输介质中应有足够的化学稳定性,其他绝缘零件也要求在大气中不易老化,同时应有一定的机械强度,以保证这些零件在安装、使用过程中不易破损。

视管道阴极保护工艺要求,绝缘法兰应安装在指定地点。在城市燃气管道中,一般按 1 km 左右间隔安装绝缘法兰。带有防爆火花间隙的绝缘法兰构造如图 8-6 所示。

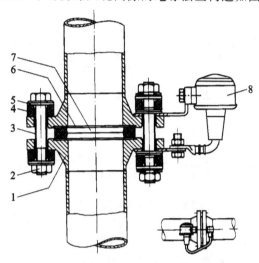

图 8-6　带有防爆火花间隙的绝缘法兰构造

1—绝缘法兰;2—六角螺母;3—绝缘套;4—绝缘盘;5—钢圆盘;

6—蓝石棉垫片;7—绝缘环;8—防爆火花放电器

绝缘接头有法兰型、整体型(埋地)等各种形式。整体型绝缘接头具有结构紧凑、直接埋地绝缘性能高等特性,克服了绝缘法兰密封性能不好、装配影响绝缘质量、不能埋地、外缘盘易积灰等缺点,是管道理想的绝缘连接装置。直接埋地的绝缘接头剖视图如图 8-7 所示。

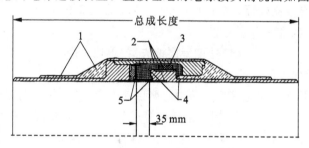

图 8-7　直接埋地的绝缘接头剖视图

1—外护浇注防腐层;2—环氧树脂;3—二次密封;

4—黏合层材料;5——次密封

2)阴极保护检测装置

(1)测试桩

测试桩为检查、测定管道阴极保护参数而沿管线设置的永久性检测装置。它是在管道上每隔一定距离焊接测试导线,并引出地面。按测试桩的功能可分为电流测试桩和电位测试桩,典型结构如图 8-8 所示。

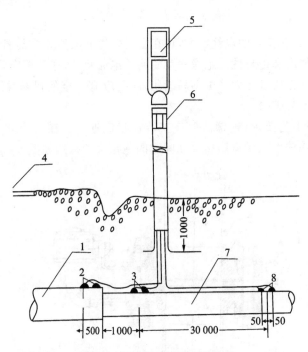

图 8-8　阴极保护测试桩结构图

1—套管;2—套管测试头;3—电位测试头;4—公路;5—标牌;

6—接线端子;7—管道(2、3、8 每端两处铝热连接);8—管线电流测试头

利用测试桩可以测出被保护管道相应各点的管—地电位,以及相应管段流过的平均保护电流。电位测试桩每隔 1～2 km 安装一个,电流测试桩每隔 5～8 km 安装一个。也可根据阴极保护的需要,安装在指定位置。

(2) 检查片

检查片是校验用薄片系统,用来定量检验阴极保护效果。检查片采用与被保护管道相同的钢材制成,埋设前需除锈、称重、编号,每两片一组。每组一片与被保护管道相连,另一片不与管道相连,作为自腐蚀比较片。检查片按 2～3 km 的距离成对地埋设在管道的一侧,经过一定时间后挖掘出来称量其腐蚀失重。

$$腐蚀速度＝腐蚀失重/单位时间$$

衡量阴极保护效果用保护度表示,即

$$保护度＝(未保护片腐蚀速度－保护片腐蚀速度)/未保护片腐蚀速度×100\%$$

经验证明,检查片的面积很小,用它来模拟管道腐蚀与实际情况有很大的局限性和误差。由检查片求出的保护度偏低,只能提供参考。当已确认阴极保护效果时,可不装检查片。

8.2.2　外加电流阴极保护施工技术

外加电流阴极保护站由电源设备和站外设施两部分组成。电源设备是外加电流阴极保护站的"心脏",它由提供保护电流的直流电源设备及其附属设施(如交、直流配电系统等)构成。站外设施包括通电点装置、阳极地床、架空阳极线杆(或埋地电缆)、检测装置、均压线、绝缘法兰和其他保证管道对地绝缘的设施。其典型系统如图 8-9 所示。

1. 直流电源

外加电流阴极保护站对直流电源有以下几个要求。

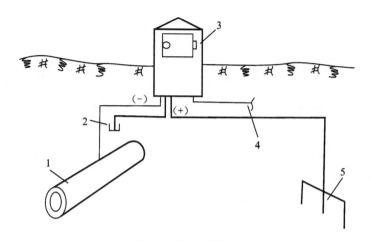

图 8-9　阴极保护站

1—管道;2—参比电极;3—整流器;4—交流电源电缆;5—阳极地床

- 安全可靠,长期稳定运行。
- 电压连续可调,输出阻抗与管道、阳极地床回路相匹配,电源容量合适并有适当富余。
- 在环境温度变化较大时能正常工作。
- 操作维护简单,价格合理。

阴极保护电源为交流电源,经整流器转变成直流电输出。

2. 阳极地床

阳极地床又称阳极接地装置。阳极地床的用途是通过它把保护电流送入土壤,再经土壤流进管道,使管道表面阴极极化。阳极地床在保护管道免遭土壤腐蚀的过程中,自身却遭受腐蚀破坏。它代替了管道承受腐蚀。

阳极地床发生腐蚀的原因是,电流在导体与电解液界面间的流动,产生了电极反应。阳极发生氧化反应,阴极发生还原反应。在氧化反应中,金属的化合价正价增大,金属产生腐蚀。如铁氧化反应生成 FeO 或 Fe_2O_3,它的化合价就从零价变为正二价或正三价。阳极发生腐蚀的程度与总电流量成正比,服从法拉第电解定律,也受电解质溶液的电离度、温度等因素的影响。对阳极地床的基本要求如下。

- 接地电阻应在经济合理的前提下,与所选用的电源设备相匹配。
- 阳极地床应具有足够的使用年限,深埋式阳极的使用年限不宜小于 20 年。
- 阳极地床的位置和结构应使被保护管道的电位分布均匀、合理,且对邻近地下金属构筑物干扰最小。
- 由阳极地床散流引起的对地电位梯度不应大于 5 V/m,设有护栏装置时不受此限制。

根据上面的基本要求,在阴极保护站站址选定的同时,应在预选站址处管道一侧(或两侧)选择阳极地床的安装位置。安装位置通常需满足以下条件。

- 地下水位较高或潮湿低洼地。
- 土层厚,无块石,便于施工。
- 土壤电阻率一般应在 50 Ω·m 以下;在特殊地区,土壤电阻率也应小于 100 Ω·m。
- 对邻近的地下金属构筑物干扰小,阳极地床与被保护管道之间不得有其他金属管道。
- 人和动物不易碰到的地方。
- 考虑阳极地床附近地域近期发展规划及管道发展规划,避免今后可能出现的搬迁。

● 地床位置与管道通电点距离适当。

实际上这些要求仅是一般原则,现场情况常常是很复杂的。一个比较理想的阳极位置常常是通过多个位置比较后择优确定。

常用阳极材料有碳钢、铸铁、高硅铸铁、石墨、磁性氧化铁等。常用阳极材料性能如表8-3所示。阳极地床的结构形式有立式、水平式、联合式及深井阳极等,根据不同环境条件选用。

表8-3 常用阳极材料性能表

性　　能	碳　钢	石　墨	高硅铸铁	磁性氧化铁
相对密度	7.8	0.45～1.68	7	5.1～5.4
电阻率/$(\Omega \cdot cm, 20℃)$	17×10^{-6}	700×10^{-6}	72×10^{-6}	3×10^{-6}
抗弯强度/(kg/cm^2)	—	80～130	14～17	与高硅铸铁相似
抗压强度/(kg/cm^2)	—	140～350	70	与高硅铸铁相似
消耗率/$(kg/(A \cdot a))$	9.1～10	0.4～1.3	0.1～1	0.02～0.15
允许电流密度/(A/m^2)	—	5～10	5～80	100～1000
利用率/(%)	50	66	50	

8.2.3 牺牲阳极法保护施工技术

1. 牺牲阳极材料的性能要求

牺牲阳极保护实质上是应用了不同金属之间电位差的工作原理。当钢管与电位更低的金属连接,并且两者处于同一电解液中(如土壤),则电位更低的金属作为阳极在腐蚀过程中释放出电流,钢管作为阴极,接受电流并阴极极化。因此,牺牲阳极材料需要满足以下要求。

● 阳极材料要有足够低的电位(电压差大),可供应充分的电子,使被保护体阴极极化。

● 阳极极化率小,活化诱导期短,在长期放电过程中能保持表面的活性,使电位及输出电流稳定。

● 单位重量消耗所提供的电量较多,单位面积输出的电流较大,且自腐蚀小,电流效率高。

● 阳极溶解均匀,腐蚀产物松软易落,不黏附于阳极表面,不形成高电阻硬壳。

● 价格低廉,材料来源充足,制造工艺简单,无公害,生产、施工方便。

2. 牺牲阳极种类及规格

(1)电化学性能

常用的牺牲阳极有锌及锌合金、镁和镁合金以及铝合金三大类,它们的电化学性能如表8-4所示。

表 8-4　牺牲阳极的电化学性能

性　　能		单　　位	锌及锌合金	镁及镁合金	铝锌铟系合金
相对密度		—	7.14	1.74～1.84	2.83
开路电位(SCE)		—V	1.05	1.55～1.60	1.08
对钢的有效电压		—V	0.20	0.65～0.75	0.25
理论发生电量		A·h/g	0.82	2.21	2.87
土壤中电流密度 0.03mA/cm²	电流效率	%	65	40	65
	实际发生电量	A·h/g	0.53	0.88	1.86
	消耗率	kg/(A·a)	17.25	10.0	4.86

(2) 镁合金牺牲阳极

镁是最常用的牺牲阳极材料,其特点是有高的开路电位,低的电化当量和好的阳极极化特性,缺点是电流效率低,自腐蚀大。土壤中多使用梯形截面的棒状阳极或带状阳极,典型配方如表 8-5 所示。

表 8-5　镁合金牺牲阳极的典型配方

阳极系列	化学成分/(%,质量分数)							
	Al	Zn	Mn	Mg	Si	Cu	Ni	Fe
纯镁	<0.01	<0.03	<0.01	>99.95	<0.01	<0.001	<0.001	<0.002
镁锰系合金	<0.01	—	0.5～1.3	余量	—	<0.02	<0.001	<0.03
镁铝锌锰系合金	5.3～6.7	2.5～3.5	0.15～0.60	余量	<0.1	<0.02	<0.003	<0.005

(3) 锌合金牺牲阳极

锌是阴极保护中应用最早的牺牲阳极材料。锌合金阳极在土壤中阳极性能好,电流效率高,缺点是激励电压小,适于在土壤电阻率较低的环境中使用。土壤中多使用梯形截面的棒状阳极或带状阳极,典型配方如表 8-6 所示。

表 8-6　锌合金牺牲阳极的典型配方

阳极系列	化学成分/(%,质量分数)						
	Al	Cd	Zn	Fe	Cu	Po	Si
ASTM II 型	<0.005	<0.003	余量	<0.0014			
锌铝镉硅系合金	0.3～0.6	0.05～0.12	余量	<0.005	<0.005	<0.006	0.125
锌铝镉系合金	0.1～0.5	0.025～0.15	余量	<0.005	<0.005	<0.006	
锌铝系合金	0.3～0.6	—	余量	<0.005	<0.005	<0.006	<0.125

(4) 铝合金牺牲阳极

铝具有足够的低电位,又有高的理论电流输出。但由于铝的自钝化性能,所以纯铝不能作为牺牲阳极材料。目前,已开发的铝合金系列阳极的典型配方如表 8-7 所示。

表 8-7　铝合金牺牲阳极系列的典型配方

阳 极 系 列	化学成分/(%,质量分数)					
	Zn	Hg	In	Cd	Si	Al
铝锌汞系合金	0.45	0.045	—	—	—	余量
铝锌铟硅系合金	3.0	—	0.015	—	0.1	余量
铝锌铟镉系合金	2.5~4.5	—	0.018~0.05	0.005~0.02	<0.13	余量
铝锌铟锰系合金	2.2~5.2	0.018~0.035	0.002~0.045	—	<0.13	余量

　　铝合金牺牲阳极电流效率和溶解性能随阳极成分、制造工艺的不同差异较大。在土壤中,常由于胶体 $Al(OH)_3$ 的聚集而使阳极过早报废。因此,铝合金牺牲阳极在土壤中的应用还有待探索。

　　3. 牺牲阳极的应用

　　(1) 阳极种类的选择

　　土壤中选择何种牺牲阳极材料主要根据土壤电阻率、土壤含盐类型、被保护管道防腐层状态及经济性能来确定。一般说来,高土壤电阻率选用镁阳极,低土壤电阻率选用锌阳极。表 8-8 列出了推荐使用范围。

表 8-8　土壤中牺牲阳极材料的推荐使用范围

土壤电阻率/(Ω·cm)	推荐采用的牺牲阳极
>100	不宜采用牺牲阳极
60~100	纯镁、镁锰系合金
15~60	镁铝锌锰系合金
<30(潮湿环境)	锌合金
<15	锌合金

　　(2) 牺牲阳极填包料

　　土壤中使用牺牲阳极时,为降低阳极接地电阻,增大发生电流,并达到阳极消耗均匀的目的,必须将牺牲阳极置于特定的低电阻率的化学介质环境中,此称为填包料。对填包料的基本要求是电阻率低、渗透性好、不易流失、保湿性好。在填包料中,牺牲阳极处于最佳工作环境,具有最好的输出特性和高的效率,而且阳极腐蚀产物疏松,降低了对电流的限制作用。填包料的厚度应在各个方向均保持 50~100 mm 为好。每种牺牲阳极都有与其性能相适应的一种或几种较好的填包料,其化学配方如表 8-9 所示。

表 8-9　牺牲阳极填包料的组成

阳 极 类 型	填包料成分/(%,质量分数)						应用环境 /(Ω·m)
	石膏粉	硫酸钠	硫酸镁	生石灰	氯化钠	膨润土	
镁阳极	50	—	—	—	—	50	≤20
	25	—	25	—	—	50	≤20
	75	5	—	—	—	20	>20
	15	15	20	—	—	50	>20
	15	—	35	—	—	50	>20

阳极类型	填包料成分/(%,质量分数)						应用环境 /(Ω·m)
	石膏粉	硫酸钠	硫酸镁	生石灰	氯化钠	膨润土	
锌阳极	25	25	—	—	—	50	潮湿土壤 饱水土壤
	50	5	—	—	—	45	
	75	5	—	—	—	20	
铝阳极	—	—	—	20	60	20	—
	—	—	—	30	40	30	

（3）牺牲阳极的布置

牺牲阳极的分布可采用单支或集中成组两种方式；阳极埋设分为立式埋设和水平式埋设；埋设方向有轴向和径向。阳极埋设位置一般距管道外壁 3～5 m 为宜，最小不宜小于 0.3 m。埋设深度以阳极顶部距地面以不小于 1 m 为宜，在寒冷地区，必须埋设在冰冻线以下。成组埋设时，阳极间距以 2～3 m 为宜。

在城市燃气管网使用牺牲阳极时，要注意阳极与被保护管道之间不应有其他金属管道存在，如电缆、水、气管道等。阳极组的间距，对于长输管线为每公里长 1～2 组为宜，对于城市燃气管道及站区管道以 200～300 m 一组为宜。

4. 牺牲阳极的施工

牺牲阳极的施工要注意以下几个方面。

（1）阳极表面准备

阳极表面应无氧化皮、无油污、无尘土，施工前应用钢丝刷或砂纸打磨。

（2）电缆焊接

阳极电缆和钢芯可采用铜焊或锡焊连接。焊接后未剥皮的电缆端应与钢芯用尼龙绳捆扎结实，阳极焊接端和底端两个面应采用环氧树脂绝缘，减轻阳极的端部效应。

（3）填包料的施工

填包料可在室内准备。填包料按重量调配好之后，根据用量干调、湿调均可。湿调的填包料在阳极装袋后应在当天埋入地下。不管填包料是干调还是湿调均要保证用量足够，并保证回填密实。阳极就位后，先回填部分细土，然后往阳极坑中浇一定量的水，最后再回填土。

（4）电缆的施工

阳极电缆可以直接和管道连接，也可通过测试桩中接线盒连接。电缆和管道采用铝热焊接方式连接。连接处应采用和管道防腐层相融的材料防腐绝缘。电缆长度要留有一定的余量，以适应回填松土的下沉。

8.2.4 牺牲阳极保护系统的竣工验收

牺牲阳极保护系统竣工后，应提供下列竣工资料。

- 竣工图，包括：平面布置图、阳极地床构造图、测试桩接线图、电缆连接和敷设图。
- 设备说明书。
- 产品合格证、检验证明。
- 隐蔽工程记录。
- 牺牲阳极保护系统各项特性参数的竣工验收测试数据记录。

8.2.5　牺牲阳极的测试与管理

　　1．输出电流的测量

　　由于阳极的输出电流很小，多为毫安级，所以对其测量方法要求较严。其仪器内阻越小越好，最好采用"零阻电流表"来测量，也可用标准电阻法来测量。要注意标准电阻的精确度，其阻值不宜选得太大（0.01Ω 较合适），以免造成回路电阻失真。对精度要求不高的管理测量中，用数字万用表来测其电流即可。注意，应选用万用表中电流挡中内阻最小的一挡。

　　2．阳极有效电位差的测量

　　电位差是牺牲阳极的专用参数。应把参比电极放置在尽量靠近管道和阳极的两个位置，测得闭路电位之差就视为阳极有效电位差。在实际中，往往因为参比电极无法靠近测试对象，所以测得的数值意义不大。

　　3．管道电位的测量

　　注意参比电极应尽量靠近管道。当评价保护效果时，参比电极应置于两组阳极的中间部位管道的上方。

　　由于牺牲阳极连接后无法测量管道的自然电位，这时应在测试桩处埋设一片与管道相同材质的辅助试片，供作测量自然电位用。

　　4．牺牲阳极的管理

　　一般说来，牺牲阳极的管理很简单，只要一年或半年测量一次保护电位便可。若可能，可在回路中串入一个可调电阻，以控制牺牲阳极初期较大的输出电流。这样，不但可以充分利用牺牲阳极电流，而且还可以延长阳极的使用寿命。这样的调试一年只需进行一次。

第9章　城市天然气转换工程的施工

天然气作为一种高效、清洁的优质燃料已被世界各国广泛采用,特别是其对环境保护所起的作用已越来越受到人们的重视。世界上许多发达国家从 20 世纪 50 年代起就开始了人工煤气向天然气转换的过程,加拿大、英国、法国、荷兰、澳大利亚、日本等国已完全用天然气取代了人工煤气。目前,我国城市燃气的气源主要包括人工煤气、天然气和液化石油气。近年来,我国大力发展天然气事业,全国城市燃气的气源结构发生了很大变化,天然气将逐步取代人工煤气和液化石油气,成为城市的主气源。

天然气与人工煤气、液化石油气是不可互换的可燃性气体。首先,天然气的热值比人工煤气高,比液化石油气低,华白数、燃烧势也不同,同一种燃具不可能同时适应两种燃烧性质相差甚远的气体。其次,天然气一般是干气,基本不含杂质,输送压力高;人工煤气中含有水分、煤焦油等杂质,输送压力较低;液化石油气以瓶装供应为主,部分地区也采用小区气化集中供应。这些特性的差异决定了原有城市燃气输配系统和燃气用具在转换为使用天然气时,需要经过适当的改造和调整。

天然气转换工程主要包括输配系统的转换和燃具转换两部分。转换工程中应全面分析现有输配系统中存在的问题,采用更新改造和加强巡查相结合的方法,消除事故隐患;最大限度地利用现有管网、设备、燃具,既考虑转换的安全性,又严格控制转换工程的投资;尽量减少转换工程对燃气用户的不利影响,确保安全转换、社会安定。

9.1　国内外天然气转换工程概况

20 世纪 50 年代以后,一些发达国家致力于开发天然气资源,即使本身缺乏资源的国家也大量进口天然气,并开始逐步进行人工煤气或液化石油气向天然气的转换过程。部分国家的天然气转换时间如表 9-1 所示。

法国天然气转换工程开始于 20 世纪 60 年代。在正式转换前三年,即开始研究和建立技术规范的工作,随后的一年半开始制订计划。

表 9-1　部分国家天然气转换时间表

国　　家	实现天然气转换时间	气　　源
美国	1945—1958 年	管道天然气为主
前苏联	1948—1960 年	管道天然气为主
英国	1964—1977 年	前期有 LNG[①],后期以管道天然气为主
法国	1962—1982 年	LNG 与管道天然气
原联邦德国	1960—1970 年	以管道天然气为主,少量 LNG
澳大利亚	1976—1986 年	管道天然气
日本	1969—1998 年	LNG 供应

注:① LNG(liquefied natural gas),指液化天然气。

法国煤气公司重新建立了燃气输配压力级制,增设或改造调压器,建立加臭站和加湿站。转换工作是分期进行的,将某一地区的管网分成若干小区,在充分调查该小区管网系统的基础上,确定需切断的管道,需增设的管道、调压器、阀门,以及要替换的不适合天然气的管道和调压装置。除了对天然气加湿外,对可能漏气的主干管和庭院管,分别采取改造和更换密封填料,对于进户管和户内管更应注意接口处检漏及填料更换,以保证安全用气。

在正式置换前,把湿式计量表全部换成干式计量表,对于原来的干式计量表则更换接口填料,必要时还要调换开关。

对燃具的转换,煤气公司事先统计好种类、数量,研究改造方案,并预订配件。在置换后八日内安装调整好用户的燃具,在该区转换工作全部结束后进行质量检查,保证转换工作的圆满成功。

日本大阪的天然气转换工程从 1975 年开始,平均每年以 25 万户的速度进行转换,1990年全部完成。其工作步骤如下:一是对原有输配管网作出全面调整,为保证转换阶段的使用性能,在管网的适当地点设置转换天然气的放散管和测压孔,并在转换时及时调整调压器出口压力。二是对原有人工煤气燃具作全面调整,并提出各种燃具改用天然气后的调整措施和办法。上述工作均由煤气公司工作人员负责完成。对承插式铸铁管道开始未采取措施,转换后发现接口泄漏,在采用加湿办法处理后,减少了接口漏气。

自 1987 年华北油田开始为北京输送天然气以来,北京的管道气供应既有天然气又有人工煤气。北京的天然气转换工程的实施分成区域调整和大规模转换两个阶段。区域调整阶段主要是调整天然气、煤气两个供应区域,并为下一阶段做好气源、管网以及置换方法的准备。1997 年以前进行的 18 次小规模的转换均在天然气与煤气供应区的交界处进行。大规模转换阶段从 1997年开始,无论是转换规模还是转换的密度都大幅度提高,是转换工程的实质性实施阶段。

北京的天然气转换工程主要包括制订转换方案、入户调查、入户刷胶、更换羊皮膜表、转换前用户整改、现场咨询、燃气用具改造等。整个转换工程由天然气公司和煤气公司组织实施,各设备生产厂家参与燃气设备的改造。管网置换前,先将用户灶具的左边火眼的喷嘴和火盖更换为天然气零件,同时拆掉热水器的煤气连接管,加装丝堵。管网置换当天为用户更换右火眼零件,并在两周内完成热水器的改造。

上海浦东天然气转换工程自 1999 年 4 月开始,到 2000 年 9 月底结束,共转换人工煤气用户 32 万户,转换工程内容包括管网改造及燃具改造两部分。管网改造主要包括承插式铸铁管改造成 PE 管、原输送人工煤气的高压管上凝水缸割除、调压器加装切断阀和过滤器、用户内管接头刷胶。燃具改造主要包括开关、喷嘴、燃烧器的调换。小区转换工程周期为 7 日,隔周转换,管网天然气置换日为星期六。除单位用户的特殊要求外,民用灶具、热水器转换从管网转换日开始,灶具的两个燃烧器同时完成改装,改装时间一般为 3~ 4 日。为不影响居民正常生活,备有天然气单眼灶供用户租借。

9.2　天然气转换中的技术问题

9.2.1　原有输配系统的优化利用

1. 压力级制的选择

合理确定城市天然气的压力级制,不仅可以降低工程费用,而且有利于日常的输配运行管理。各城市应根据现有输配系统的情况,合理选择压力级制。如果原有输配系统规模较小,而天然气到来后,城市燃气将有大规模的发展,则可重建压力级制;如果原有输配系统规模庞大,则可选择多种压力级制,即新区新级制,老区老级制,再逐步过渡到统一级制。中压到户已被实践证明是一种节省投资的输配模式,天然气到来后应逐步推广应用。

2. 铸铁管道的应用

铸铁管管材分为灰铸铁管和球墨铸铁管两种。铸铁管连接方式分为承插式和机械接口两种:承插式铸铁管的密封材料采用水泥麻丝、铅麻丝、橡胶圈和青铅;机械接口铸铁管的密封材料采用橡胶垫圈。

当采用水泥麻丝和铅麻丝为密封材料时,承插式铸铁管接口的第一道密封材料为麻丝,它遇湿会发生膨胀,达到密封的目的,但一旦输送净化脱水的天然气时,原来在潮湿燃气中已充分膨胀的填料,将会很快变干收缩,发生管道接口漏气。

可采取措施为:对天然气进行加湿处理或按天然气要求改造原有管道。国外把天然气加湿处理作为转换初期的过渡措施,然后逐步对铸铁管道实施改造。

对铸铁管(特别是承插式铸铁管)一般采用如下几种改造方式。

● 内衬 PVC 软管。

● PE 管穿管。

● 废除原管,新埋入钢管或 PE 管。

● 对接口外修及内修。

3. 地上与户内管道的利用

目前,城市燃气管道的地上与户内管大都为镀锌钢管,采用螺纹连接,填料以厚白漆或麻丝、白漆为主。含水量很小的天然气进入后,填料因水分减少而干燥龟裂,易产生漏气。目前,国内普遍采用螺纹处外涂特殊密封胶的方法来防止漏气,但采用该方法存在以下缺点:不能保证所有靠墙侧都能刷到;许多家庭装修后,燃气管道被密封起来,难以实施刷胶。针对上述问题,应研究其他对策,彻底解决漏气隐患。国外也有采用内涂树脂方法密封的。

4. 调压器的改造

原来输送湿燃气的管道内壁,由于施工时管道内不够清洁,使灰尘及铁锈黏附于管壁。而经转换后,由于天然气的干燥作用,这些铁锈和施工时带入的灰尘会逐渐干燥,随着天然气的流动使其在管道内飞扬,结果这些灰尘聚积于阀门、调压器、储配站设备及管道弯头等处,造成设备的损坏和管道阻塞。

天然气在管道内运行后,会使原附着于管内壁的杂质、煤焦油等干燥脱落,随天然气进入调压器,造成调压器关闭不严而使低压端压力升高。为防止此类事故发生,必须在每个调压器前安装过滤器和超压安全切断阀。若采用加湿方法则可防止管道内产生灰尘。

5. 低压湿式储气罐的优化利用

目前,许多城市都建有低压湿式储气罐,用于城市燃气的调峰。转换成天然气后,这些储气设施的优化利用主要解决两方面的问题:一是湿式储气罐的隔湿问题;二是如何利用天然气的压能问题。

由于低压湿式储气罐的密封水面积很大,天然气进入后将很快被增湿,在输送过程中可能会有冷凝水产生,影响天然气输配系统的正常运行。因此,应研究解决天然气进入湿式储气罐后如何保持干燥的问题。实践证明,采用塑料浮球隔湿具有一定的效果。

天然气来气压力一般较高,应充分利用天然气的压能。利用高压天然气来引射低压储气罐内的天然气,这样不仅可以节省电能,而且可使已增湿的天然气远离饱和状态,避免在输送过程中产生冷凝水。

9.2.2 燃气用具的调整

由于天然气与人工煤气、液化石油气在组分上的差异,其热值、华白数、燃烧势等燃烧特性都不相同,它们之间不具有互换性。因此,只能通过燃具的改造来适应天然气的要求。要使燃具达到应有的热负荷,需要更换原来的喷嘴,按天然气的要求确定喷嘴的孔径;要确保良好的燃烧工况,就应按天然气的要求设计火孔强度,调换燃烧器或火盖,改变一次空气吸入量,使火焰稳定燃烧。应根据各类用户的不同燃具,分别设计、制造替换用的喷嘴和燃烧器。

因为原有的燃气用具不能直接使用,所以必须对其结构进行适应新气种的调整,以保持其原有的性能,这就是燃气用具调整的基本概念。

1. 燃气用具调整的基本要素

在通常情况下,燃气用具调整的基本要素有以下几个方面。

● 热负荷的调整:喷嘴。

● 燃烧孔热负荷的调整:燃烧器。

● 一次空气吸入量的调整:调风板等。

下面分别介绍调整的方法及原理。

(1)热负荷的调整

燃气用具热负荷的调整是通过改变喷嘴大小来实现的。燃气用具热负荷的计算公式为

$$Q = \eta L_g p_{H_1}$$

式中:Q 为燃气用具热负荷(kW);

η 为燃气用具热效率;

L_g 为圆形喷嘴的流量(m^3/h);

p_{H_1} 为燃气低热值($kJ/(Nm^3)$)。

上式中圆形喷嘴(低压引射式)燃烧器流量的计算公式为

$$L_g = 0.0035\mu d^2 \sqrt{\frac{p_H}{\rho_s}}$$

式中:L_g 为圆形喷嘴的流量(m^3/h);

μ 为喷嘴流量系数,与喷嘴的结构形式、尺寸和燃气压力有关,用实验方法求得;一般 d =1~2.5mm 时,喷嘴的 μ=0.70~0.78;当 $d>2.5mm$ 时,喷嘴的 μ=0.78~0.80;

d 为圆形喷嘴直径(mm);

p_H 为燃气压力(Pa);

ρ_s 为燃气的相对密度($\rho_{空气}$=1)。

也可以用另外一种方法来计算燃气种类变化后的喷嘴内径。当燃气种类由 A 变为 B 时,为了保持燃气用具热负荷的原有数值,使用燃气 B 时,器具的喷嘴内径必须做相应的改变,其数值由下式计算,即

$$Q_A = Q_B$$

$$d_B = d_A \cdot \sqrt{\frac{\sqrt{p_{HA}} \cdot W_A}{\sqrt{p_{HB}} \cdot W_B}}$$

式中:Q 为燃气用具热负荷(kW);

d 为圆形喷嘴直径(mm);

p_H 为燃气压力(Pa);

p_{H_1} 为燃气低热值(kJ/(Nm³));

W 为华白数(kJ/(Nm³)),$W = p_{H_1} / \sqrt{\rho_s}$。

（2）燃烧孔热负荷的调整

燃气在良好的燃烧状态下,燃烧孔内的热负荷是一定的,它随燃烧速度的增加而增加。在燃气热量变更的情况下,若新燃气比旧燃气热值高,则燃烧速度下降。正是燃烧速度的降低造成了燃烧孔热负荷的下降。而燃气器具调整的最基本点之一就是使器具的总热负荷保持不变。为了使新燃气保持良好的燃烧状态,并保持总热负荷的不变,应采取以下措施之一来解决问题。

◉ 扩大燃烧器燃烧孔面积,增加燃烧孔数目,或加大单孔面积。

◉ 更换燃烧器。

有些燃烧器在设计时就考虑了这些因素,无须改动也可照常使用。

（3）一次空气吸入量的调整

燃气器具的燃烧方式多为大气式燃烧,就是以适量的空气作为一次空气通过通风板,被从喷嘴喷出燃气通过通风板引射到燃烧器上助燃。一次空气可使燃烧器保持良好的燃烧状态,其量的大小与燃气种类关系不大,而与热负荷几乎成正比。使用天然气后,由于其热值高,造成用气量下降,随着天然气流量的降低,引射的一次空气量也将下降,最终造成燃烧状态因一次空气的不足而恶化。解决这个问题有如下两种方法。

◉ 提高燃气喷出的线速度。可提高管道的系统压力或通过调压器增加压力,提高燃气在喷嘴的喷出速度,从而达到增加引射一次空气量的目的。

◉ 增大调风板的开度,或更换调风板。

2. 确定燃气用具的调整方法

确定具体的调整方法就是逐一落实每一种器具所需调整的详细部位,调节数值,更换部件的名称、型号,调整作业时的注意事项等,使燃气用具的调整有章可循。

制定调整方法的工作主要在实验室中进行。根据燃气用具调整的基本要素,对各种燃气用具逐一计算出调整数值,根据这些数值加工制作所需的部件,对样品灶进行调整,随后进行燃烧试验。当满足以下条件时,试验才算合格。

◉ 没有不完全燃烧现象。

◉ 没有脱火、离焰现象。

◉ 没有回火现象。

◉ 没有黄焰现象。

燃烧试验完毕,再进行点火试验和灶具严密性试验。完全合格后将调整该种燃气用具的操作顺序、方法、调整数值填写在专用卡上,必要时附上调整部位的草图。各种燃气器具调整方法专用卡的组合就是调整操作人员必备的"燃气用具调整手册"。

3. 工业、商业用户的燃气用具调整方法

由于工业、商业用户使用的燃气用具种类多、数量少,无法制订标准的燃气用具调整规范,因此,必须对每一台燃气用具制订出调整方法。调整这些庞大、复杂的燃气用具困难大、耗时长,在天然气转换的当日不一定能完成调整任务。解决的办法是事先制作一些安装方便、灵活的转换部件的组合体和两用部件,并提前安装在燃气用具上,达到缩短调整时间的目的。

常见的组合部件和两用部件如图 9-1、图 9-2、图 9-3 所示。

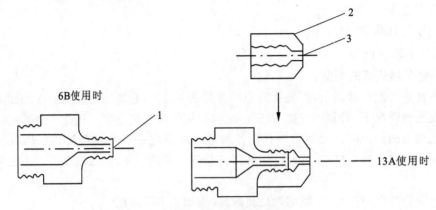

图 9-1　组合型燃气喷嘴

1,3—喷嘴内径;2—喷嘴帽

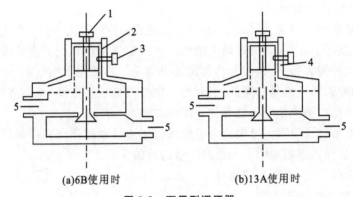

(a)6B使用时　　　　　(b)13A使用时

图 9-2　两用型调压器

1—微调螺栓;2—13A 固定口;3—调整螺栓;4—6B 固定口;5—燃气

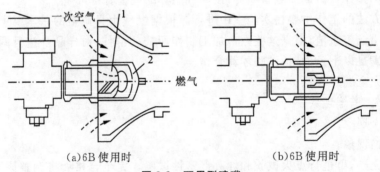

(a)6B 使用时　　　　　(b)6B 使用时

图 9-3　两用型喷嘴

1—13A 内径;2—6B 内径

安装完毕后,在用户暂不使用时,技术人员带上试验用燃气(即将要转换的天然气)到现场进行燃烧试验的技术测试。完成后,再将器具调回到使用原有燃气的状态上,这样就不影响用户的使用。

9.2.3 计量系统的调整和改造

由于天然气热值比人工煤气高,人工煤气计量表具用于天然气计量后,将一直在小量程范围内使用,准确性差。同时,由于天然气热值比液化石油气低,液化石油气计量表具用于天然气计量后,将一直在大量程范围内使用,可能超出量程而损坏计量表具。因此,在天然气转换的同时,应考虑原有燃气计量表具的调整和改造,使其处于合理的量程范围内,保证燃气计量准确,维护企业和用户的利益。羊皮膜表不能适应天然气的要求,必须全部更换为合成橡胶膜煤气表。

9.2.4 转换区域的划分

据已取得的经验,转换区域的划分与管网结构、地理环境、居民生活水平和习惯、安全教育、宣传等工作密切相关。转换区域划分的合理与否将直接影响到供气的安全性及经济性。因此,必须进行全面考虑,认真细致地制订区域划分方案。

小区是转换工程的基本实施单位。完成划分后,每一小区的管网都能与相邻小区完全隔开,从而保证完成转换的小区能可靠地供应天然气,而未转换的小区能安全可靠地供应人工煤气、空混气或 LPG 管道供气。

若每周转换 1~2 个小区,则转换小区宜按 3 000~6 000 户划分。

设置切断阀一是为使每个转换小区低压管网与外围小区的连通管切断,以便转换后两个小区互不影响。二是将原燃气中压支管—干管切断,将中压支管与天然气中压管连接。切断阀一般设在气流方向的上游,安装在管径较小的管道上,以节约投资。转换小区设有连通管,连通管包括中压和低压管。中压连通管是将中—低压调压站与天然气干管连通,低压连通管则保证小区在转换前后有充足的气源。

9.2.5 放散方案

根据国内外转换工程的实践,放散有直接放散和燃烧放散两种方式。在城市人口稠密区,一般采用燃烧放散,在市区外围采用直接放散。中压放散点考虑设置在调压器前。

9.2.6 防止漏气

管道输送干天然气后,管网可能在某些地方存在薄弱处。一般管道输送干天然气后 6 个月内最易发生漏气。应定期进行线路查巡,检漏周期以两星期为宜,并研究地下管道接口泄漏的修理及管道的更新技术。

9.3 制订天然气管道置换方案

9.3.1 管线的置换

管线的置换影响到供气的连续性。如何实现管线置换前后的平稳过渡是保证供气安全的基本要求。置换分为直接置换和间接置换两种方式。

◉ 间接置换是用惰性气体(常用氮气)先将管内空气置换,然后再输入天然气,在管道中将天然气与空气之间保持一段氮气隔离段。优点是安全可靠;缺点是费用高昂、顺序繁多,氮气用量大时很难供应。

● 直接置换是用天然气输入新建管道内,直接置换管内空气。这种方式操作方便、迅速,在新建管道与原有燃气管道连通后,即可利用燃气的工作压力直接排放管内空气,当置换到管内燃气含量达到合格标准(取样合格)后,即可正式投产使用。

在用燃气直接置换管道内空气的过程中,燃气与空气的混合气体随着燃气输入量的增加,其浓度可达到爆炸极限,此时,在常温及常压下遇到火种就会爆炸,所以这种方法不够安全。因此,在施工中应采取相应的安全措施。

应保持置换天然气的流速不大于5m/s,以防有混合气体的管段中碰撞发生的火花引起爆炸,置换直至管内燃气中含氧量小于2%时为止。通常要测定置换时的燃气压力,燃气压力过低会增加换气时间,但如压力过高则燃气在管道内流速增加,管壁产生静电,同时,残留在管内的碎石、铁渣等硬块会随着高速气流在管道内滚动、碰撞,产生火花。因此,应控制混合气体流速,防止静电、火花产生。

9.3.2 天然气置换液化气混空气

1. 间接置换

间接置换一般采用惰性气体(氮气),氮气置换完成后再用天然气置换。此种方案较安全,但消耗氮气量较大,实际实施困难大。

2. 直接置换

直接置换一般采用低压置换和控制流速的方法,被置换的液化气混空气可点燃火炬放气,检测含氧量小于2%即为合格。这主要是考虑天然气和液化气混空气在某一阶段达到爆炸极限(天然气爆炸极限的含量为5%~15%)而发生危险。另一种方法是采用缓慢补压的方式,即在液化气混空气输配系统运行到0.1MPa时停气,然后检测混气机出口处压力,每下降0.01MPa,即在管网中补充天然气,压力升至0.1MPa时停止补气,直到检测管网中含氧量小于2%时为止。

第一种方法需分区域置换,置换速度较慢,浪费了管网中的液化气;第二种方法较经济,速度较快,但方案的可行性需充分论证,确认安全后方可实施。

9.3.3 天然气置换焦炉煤气

天然气置换焦炉煤气的方法有两种,即直接置换和稀释置换。

1. 直接置换

直接置换就是用天然气直接替换焦炉煤气。方法、步骤为:首先隔断焦炉煤气的供气途径,再通入天然气;在通入天然气时,一定要控制好天然气进口处的压力,进口压力不大于焦炉煤气管网的运行压力;在管网末端打开放散阀进行放散,等排净焦炉煤气后关闭放散阀;对设备进行调试,以适应天然气的运行和使用。

这种方法的优点是方便,直接,操作简单,置换速度快;缺点是浪费煤气。

2. 稀释置换

稀释置换就是先隔断焦炉煤气的气源,通入天然气,在进口处控制好天然气进口压力和流速,慢慢稀释焦炉煤气,等运行一段时间后,管网内基本置换成了天然气,再进行调试,并更换设备和灶具,适应天然气的运行和使用。因为更换气体的华白数为±10%时,燃具能够正常使用。刚开始置换时,灶具继续使用焦炉煤气灶具,燃烧管网内的焦炉煤气,即使混入少量的天然气,也不妨碍灶具的使用,到焦炉煤气灶具不能正常使用时,立即换成天然气灶具,保证灶具正常使用。这就要求用户随时掌握燃气的使用情况,及时更换灶具,保证灶具的正常使用。

这种方法的优点是不浪费煤气;缺点是技术要求高,操作麻烦,工作量大,不安全,置换速度慢。

通过以上两种方法的比较,建议采用直接置换法。这种方法简单、置换速度快。

9.4　转换工程的组织和实施

天然气转换工程主要包括资料收集、区域划分、用户宣传、输配系统的新建和改造、燃气用气设备的改造、燃气计量器具的调整等工作。

9.4.1　天然气转换工程工作流程

天然气转换工程是一个复杂的系统工程,由于各地的具体情况不同,转换工程的具体实施过程会存在差异,但基本的工作程序是一致的(见图 9-4、图 9-5)。

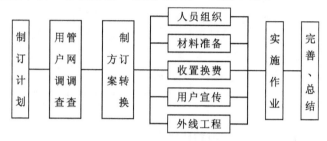

图 9-4　天然气转换工程工作流程图

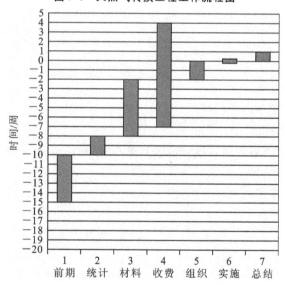

图 9-5　天然气转换工程工作进度图

9.4.2　天然气转换工程的组织与实施

1. 制订转换计划

根据气源平衡和资金状况,制订年度转换计划,同时根据输配系统和用户分布情况确定转换区域。按照转换年度计划的要求,收集规划转换工程区域内管网和用户资料。根据年度转换计划和收集的资料,制订年度转换分期计划,编制各项工作的完成详细时间表。

2. 用户调查

为保证转换工作的顺利进行和用户的安全用气,必须进行细致的调查研究。用户资料主要包括以下内容。

- 家庭用户燃气用具的生产厂家、型号、数量。
- 工业用户和商业用户燃气设备的生产厂家、型号、工艺要求、数量。
- 燃气表的类型。
- 管道丝扣连接的密封填料类型。
- 表前阀门的类型。
- 户内管道设施的腐蚀、损害情况。
- 是否有违章用气现象。

3. 管网调查

管网情况的收集整理是整个转换工程的基础,只有通过对管网现状的认真分析,才能科学合理地制订转换方案,才能保证转换工作的顺利实施。管网资料主要包括以下内容。

- 各类管道的分布、口径、长度、材质、连接方式、密封填料年限、腐蚀情况等。
- 各类阀门的工作状况。

4. 制订转换方案

在转换工程计划的指导下,在用户调查和管网调查的基础上,编制施工组织、管网和燃气用具的转换方案。

转换施工组织方案主要包括以下内容。

- 本期置换概况。
- 置换作业进度安排。
- 置换工作中的人员分工。
- 安全注意事项。
- 置换区域方案图。

管网转换方案主要包括以下内容。

- 新建调压站、切断阀和连通管。
- 原有调压器、管网及其附属设施(如阀门、凝水缸、计量表等)的改造。
- 转换当天,户外管网的天然气置换实施方案。

燃气用具转换方案主要包括以下内容。

- 户内管道置换为天然气。
- 各类燃气用具(包括工业、商业用户燃气设备)的改造内容和操作程序。

5. 材料准备

- 组织好灶具、热水器生产厂家,做好各品牌燃气用具置换、改造用零配件的准备。
- 组织施工单位对居民用户使用的羊皮膜煤气表更换为合成橡胶膜煤气表。
- 完成商业、工业用气设备型号、生产厂家等的调查工作,并做好置换零配件的准备。

6. 用户宣传

燃气转换工程是涉及千家万户的浩大工程,需要得到转换区域内各类用户的理解和支持;天然气转换工程的安全、顺利实施,离不开用户的密切配合,因此必须做好宣传工作。宣传工作主要通过电视、广播、报刊、网络等新闻媒体和向用户发放宣传资料、现场咨询等手段,主要包括以下内容。

- 为什么要转换。
- 转换的工作程序。
- 用户需要配合的工作。
- 转换中的注意事项。
- 转换工程的收费标准。
- 咨询及维修电话。
- 转换具体时间。

7. 实施作业

按照管网转换方案,在转换前,完成所有新建项目和原有输配系统的改造和调整任务,使其能够满足输送天然气的要求。在转换当天,将转换小区与其他小区之间的管道切断,按照压力级制不同,由高到低逐步完成天然气对原有管道燃气的置换。

按照燃气用具转换方案,由相关单位或部门在规定时间内完成所有燃气用具的改造任务。

8. 完善工作

天然气转换工程完成后,要加强输配系统的安全检查,尤其是阀门、凝水缸、管道接口等部位的检查,发现漏气及时抢修,消除事故隐患。

对灶具、热水器置换、改造,要进行 10% 的抽检。对于改造不合格的燃气用具,必须进行整改。对商业、工业用户进行回访。

9.5 安全注意事项

在天然气的置换工程中,安全问题始终是排在第一位的。任何一项工作的开展都必须以人身和财产的安全为前提来进行。

安全注意事项主要包括以下内容。

- 在置换之前,对每个用户应在入户调查时对安全情况进行检查,把事故隐患在置换前消除;违章用户应及时发放隐患通知书。
- 如果发现阀门和管道的漏气点,要及时维修和更换。
- 如果煤气表膜为羊皮膜,应及时更换为合成橡胶膜表。
- 燃气灶下垂管的接头高度应低于灶台板的高度,软管连接的长度为 0.8~1.0m。如用户的灶具软管高于灶台平面,必须在置换之前为用户改管,并达到规定要求。
- 燃气灶使用黑胶皮管连接的,要换成金属铠装软管。
- 直排式燃气热水器应改造成烟道式燃气热水器。
- 燃气热水器的供气管软管长度不得超过 400mm,软管过长的部分必须换成金属管。
- 在置换之前,每个用户的户内管道的丝扣连接处必须刷密封胶。严格执行刷胶工作制度,刷密封胶之前,必须对刷胶部位进行油泥清除;密封胶应刷匀,靠近墙壁一侧不可漏刷。
- 更换灶具火眼零件后,须贴上"停止使用"的标志胶带,并有有效措施杜绝通气。燃气热水器改装前,必须加丝堵。
- 置换当天未及时更换零件的灶具,其火眼须贴上"停止使用"的黄色标志胶带。
- 作业人员必须为每个用户试压和点火,合格后才可允许用户使用。
- 对置换过程中出现的无人户,必须张贴无人户通知单,以便用户能够及时与置换维修单位取得联系。

　● 外线置换合格后,方可进行户内放散。

　● 在入户操作时,必须开窗通风,人工煤气置换放散不得放入室内,必须用胶管通向室外。LPG 应采用燃烧方式放散。

　● 放散时,应按时用嗅敏仪进行检查,达到标准时方可停止,并将丝堵上好,再进行刷漏试验。

　● 应备有抢修车和灭火器。

9.6　天然气转换户内工程实例

9.6.1　天然气置换人工煤气的组织工作

1. 置换工作的技术培训

置换工作是一个系统工程,一次置换就涉及千家万户。为了顺利完成置换工作,必须对全体人员进行培训。

通过培训,使参与置换工作的全体成员明确天然气清洁、无毒,对城市居民来说,天然气较之人工煤气有较大的优越性。这些内容须在置换工作中广泛宣传,征得广大居民对置换工作的大力支持和密切配合。

置换管理人员培训内容有以下重点。

　● 置换工作的组织程序。

　● 置换工作的组织机构设置及相互关系。

　● 置换材料的管理办法,不同类型灶具的更换配件明细,配件的质量标准。

　● 置换作业质量,安全要求,考核办法。

　● 置换资料记录统计的要求。

各专业的管理人员要明确自己的工作范围和职责。在"置换办"、"现场指挥部"的指导下,做好各自的工作。

置换现场作业人员培训内容有以下重点。

　● 了解置换作业的程序及组织情况。

　● 掌握置换现场的作业程序。

　● 掌握不同类型灶具的特征,正确辨认各类灶具品牌、型号。

　● 掌握更换灶具配件的方法。

　● 明了置换作业的质量要求。

　● 切实执行置换作业的安全操作规程。

置换的培训工作要贯穿于置换工作的全过程。置换前要做好全员培训;在置换作业的基础上要做好深度培训;对在置换作业中发现的较为重要的问题进行专题培训。通过反复培训,不断提高置换工作人员的管理素质、技术素质,使置换作业的质量不断提高,使用户安全使用天然气更有保障。

2. 置换作业的前期准备

天然气置换人工煤气工程分为前期准备、现场作业实施和善后工作处理三个阶段。

置换作业的前期准备,应做好如下几项准备工作。

（1）基础资料

◉ 置换区域1:2000地形图应标明燃气管网的位置及走向,置换范围内居民楼的位置。

◉ 置换区域内各单位居民楼的楼号及居住户数。

◉ "天然气用户置换须知"每户一册,印制置换入户调查作业"入户通知"。

◉ 利用1:2000地形图,绘制"置换作业方案图"。根据各作业组的人员技术状况,对置换任务进行分解,并标注在"置换作业方案图"上。

（2）整理、统计入户调查资料

入户调查既是置换现场作业的准备,又是置换作业的开始。入户调查是整个置换作业的关键环节。在调查中要做到不丢楼、不丢户,要多次到现场,以降低无人户率。入户调查资料要做到灶具型号清楚,户数齐全,统计汇总无误。

（3）调配工作量

根据上级下达的置换作业任务单,调配各作业组置换工作量。

（4）准备更换灶具配件及工具

◉ 为置换作业人员配齐更换灶具配件所必需的工具。

◉ 及时增补更换特殊灶具配件所需的工具。

◉ 材料部门要对新型灶具做现场换件试验。

◉ 现场作业人员对自己所领取的灶具配件做好质量检查和灶件组合及螺纹处缠密封胶带等准备工作。

（5）置换工作准备会

◉ 确定各作业组的置换工作量。

◉ 检查各职能组、各作业组的准备工作情况。

◉ 指明本次置换工作的特点、难点,并提出解决方案。

◉ 提醒相关人员注意置换作业中经常出现或可能出现的问题。

◉ 布置普遍检查和对特殊部位检查的内容和要求。

（6）置换作业班前会

根据本作业组置换区域的特点,在置换作业班前会上对置换作业人员提出具体要求,使作业人员明确任务,明确质量要求,在确保用户安全的前提下,高效率地完成置换作业任务。

3. 户内置换现场作业组织机构

户内分指挥部是本责任区内指挥工作的现场指挥,解决置换作业组出现的技术、安全质量问题,并及时向总指挥部汇报。

户内分指挥部下设六个职能工作组及若干个现场置换作业组。

（1）质量检查组

质量检查组的职责是全面检查各作业组的文明服务,灶具更换配件质量,安全操作,置换"无人户通知"张贴情况等,对作业组的置换工作作出评估,并上报指挥部。

（2）材料组

材料组的职责是按计划备齐置换零配件,及时发放至作业组;做好现场急需材料的供应;在置换作业前对灶具更换配件进行试装。

（3）现场咨询、资料统计组

现场咨询、资料统计组的职责是负责置换现场设点咨询;现场指挥部工作记录和统计;汇总现场作业情况,并上报总指挥部。

（4）抢修、通信组

抢修、通信组的职责是负责置换现场用户燃气设施的抢修；置换现场灭火器材的设置与回收；指挥部通信设施的安装，各作业组通信器材的发放和回收。

（5）后勤组

后勤组的职责是在置换现场集中作业期间，协助各作业组安排好作业人员的生活、医疗救护等工作；做到各种车辆车况良好，保证置换现场用车。

（6）留守组

留守组的职责是在现场集中作业期间，负责处理各组的日常工作；各作业组留守人员做好本作业组的报修工作。

（7）置换作业组

置换作业组的职责是登记置换区域内民用燃气灶具、燃气热水器的品牌、型号；更换灶具配件；对燃气热水器、燃气管道加堵；对置换区域内的民用燃气灶具置换、调试、点火；做到任务到人，责任到人。

在置换总指挥部的协调和户内分指挥部的具体指挥下，各职能组和作业组要充分发挥独立工作能力，顺利完成置换现场作业任务。

4. 天然气置换人工煤气户内工程实施程序

依据城市建设总体规划，制订天然气置换人工煤气的阶段性计划，分期分片实施。某一区域的燃气置换工程由外线置换工程及户内置换工程组成。现以某小区为例，介绍户内置换的程序。

燃气公司设置换办公室，全面组织指挥置换工作。各管理所也设置相应的临时机构"置换办"。管理所、"置换办"的任务是组织本所职工完成置换区域内的户内工程（只负责居民灶具改造）的置换任务。

● 公司"置换办"初步了解该地区的基本情况，包括居民楼的分布及户数，燃气公共建筑的分布及数量，大概了解该地区的主要灶具型号。召集地区各单位联系人会议，征得各单位对置换工作的支持和配合。收取置换工程费用。

小区置换范围内有大学、研究院、电视台等 40 多个单位，共有居民楼 163 栋，居民 11 000余户；燃气建筑 30 余座，燃气热水器 6 000 余台。

● 公司置换办对置换任务进行分解，划定各管理所置换工作范围，并布置任务。

● 管理所接到任务后，管理所置换办工作人员对置换地区进行较为详细的调查：掌握该区域内各单位居民楼的数量；居民户数；进入该单位的路径；区域内道路情况；选定置换作业集合地点和现场材料供应点。经过详细地调查，划定置换作业组的工作范围，向各作业组下达置换作业任务，并绘制置换作业方案图。

● 入户调查。入户前 1～2 日张贴入户调查"通知"，以便届时居民家中留人。入户调查时，要将用户的灶具、热水器的品牌、型号登记清楚，并记录用户燃气设施的安全隐患。同时，向居民发放"天然气用户置换须知"小册子，以便向居民做好天然气置换人工煤气的宣传工作。

● 汇总调查资料，上报公司置换办公室。公司置换办公室依据各管理所上报的入户调查统计资料集中汇总，然后向材料部门提供置换材料、配件的数量，作为材料部门的订货依据。公司置换办公室应在置换实施前一个月向材料部门提供置换材料、配件的有关数据。

● 材料准备。材料部门按照公司置换办公室提供的材料、配件数量，于置换作业前一个星期将材料、配件发放至各管理所。发放材料、配件数量应稍大于计划数量，一般应加大 15%

左右。

管理所材料组应及时向各置换作业组按计划发放置换材料、配件，以便各作业组做好置换作业前的充分准备。

◉ 公司"置换办"向各管理所下达置换作业任务单。管理所"置换办"根据公司"置换办"下达的置换任务，进一步调整各作业组的置换工作量，使各作业组的置换工作量基本达到均衡。在此基础上，各管理所编写各自的置换作业方案。

◉ 公司"置换办"于置换前一个星期，在置换区域内设点咨询，解答置换区域内居民提出的问题，进一步了解该区域内有关置换的基本情况。

◉ 召开公司置换工作会议，详细了解各管理所置换作业的准备情况：材料部门置换配件领发，灶具配件试装情况；后勤保障、通信联络等置换作业的全面准备情况。下达置换作业命令，确定置换作业现场指挥部位置，置换作业现场咨询点设置地点，作业时间等。要求现场作业要统一行动，服从指挥，保质、保量、保安全，按时完成置换作业任务。

◉ 指挥现场提前试验无线电通信联络效果，以保障各作业组与指挥部通信联络通畅。

◉ 更换灶具左火眼配件。置换现场作业分两次进行，即换左火眼配件和右火眼配件。现场作业前 1～2 日，到置换现场张贴置换作业"通知"，通知中要写明更换左、右火眼配件的时间，现场咨询点的位置。

更换灶具左火眼配件时，对烤箱灶要同时更换烤箱火眼配件，并对燃气热水器的燃气管道加堵。

第一次现场置换作业的目的是更换灶具部分配件，让用户暂时停止使用灶具左火眼（烤箱火眼）、燃气热水器。

◉ 更换灶具右火眼，燃气置换，调试灶具并点火。

◉ 置换作业完毕的善后工作。置换现场设值班点对置换作业后遗留的问题进行处理，内容有：对非聚四氟乙烯胶带密封的燃气管道螺纹部位刷密封胶；整改用户燃气设施违章情况，更换燃气表（羊皮膜表），灶具硬管连接改为软管连接；置换当天的燃气表累计数；对置换作业中存在的"长期无人户"处理等工作项目，其中，刷密封胶及灶具硬管连接改为软管连接应在置换作业前全部完成。

9.6.2 户内置换作业实施细则

1. 入户调查

入户调查对于置换工作来说是至关重要的。入户调查的登记、统计资料是置换作业最基础的原始资料，它是整个置换工作的依据，置换工作的一切后续工作都是以入户调查统计资料为依据的。因此，入户调查作业的准确程度，以及入户率的高低，对置换作业都有直接影响。

置换入户调查，作业人员所做的具体工作有以下几个内容。

◉ 向用户发放"天然气用户置换须知"宣传手册。

◉ 登记用户燃气灶具、燃气热水器品牌，记录燃气设施安装、使用是否有违章情况。

◉ 在"无人户"门上张贴"无人通知"。通知中注明作业人员联系电话，便于用户联系。

最后，入户调查资料由作业组统计员会同微机操作人员一起录入微机，对该地区入户调查统计资料整理完毕后报公司置换办公室。

对入户调查作业总的要求是：① 如实登记调查地区的地址、楼、门牌号；② 各种灶具、燃气热水器等品牌、型号记录无误；③ 入户率应在 95％ 以上；④ 用户燃气设施安装、使用严重违章情况要记录下来,并及时向维修部门反馈。

在入户调查作业时,当发现有的地区楼号、门牌号与图纸标注不符时,应以现场情况为准,如实登记用户的地址。

用户的燃气灶具,燃气热水器的品牌、型号要规范登记清楚,统计无误。为了顺利地完成灶具的换件任务,在入户调查时,清楚地分辨各种燃气灶具的类别是很重要的。

在入户调查时,需要登记用户安装使用的燃气热水器的品牌及型号,为制订更换热水器配件的计划提供参考数据。不同牌号的燃气热水器换配件费用不同,负责更换热水器配件的单位需到置换现场设点咨询,收取换件费用。

在入户调查中发现个别用户私自拆、改燃气管道或燃气设施,严重违反"燃气设施安装使用规范",可能造成事故。对这种情况要记录清楚,并通知有关部门及时反馈到管理单位做出处理。

减少无人户,提高入户率,使无人户率降到5%以下。有的作业人员为了减少无人户率,对无人户的燃气灶具品牌、型号采用推断的方法,这种方法一般是不可取的。但在特殊情况下也可以推断,如用户燃气灶具是由单位统一配装的较为高档的灶具(如烤箱灶),用户一般不会更换灶具。在这种情况下对用户灶具类型的推断基本上符合实际情况。为了入户调查资料的真实、可靠,调查作业人员要如实反映调查情况。不能因为调查资料的失实而影响置换作业的正常实施。

2. 更换灶具左火眼配件及相关工作

更换灶具左火眼配件是置换现场作业的重要环节之一。

(1)更换灶具左火眼配件当天的工作内容

● 更换灶具左火眼配件,在左火眼灶头火盖上加封"暂停使用,注意安全"封条。

● 对烤箱灶,更换烤箱燃气配件,并加封"暂停使用,注意安全"封条。

● 对燃气热水器的燃气管道加封堵。

● 向用户发放灶具右火眼更换的配件,对燃气热水器加堵时拆卸下的接头等,请用户妥善保管。

(2)燃气热水器

对用户的燃气热水器应暂停使用。为了用户的安全,对热水器的燃气管道必须加堵,待置换完毕,热水器改造完成后再使用。由于燃气热水器暂停使用会给用户带来一定的不便,燃气公司应采取措施加速燃气热水器的改造,让置换用户尽快恢复燃气热水器的使用。

在对燃气热水器的燃气管道加堵过程中,有个别用户的燃气热水器的燃气管道无法加堵。对此,作业人员应作出妥善处理,首先向用户讲清楚天然气置换人工煤气后,若燃气热水器未加改造而使用,则危险性很大,很容易发生火灾事故的道理,请用户特别注意,并要求用户及其家人在未改造燃气热水器前不要使用热水器。为了提醒用户注意,在燃气热水器上张贴"暂停使用,注意安全"的封条。

对不让作业人员在燃气热水器的燃气管道上加堵的,作业人员要让用户出具书面证明。

(3)收尾

在更换左火眼作业全部完成后,请用户在"灶具故障、材料发放"表上签字。

● 作业人员更换灶具火眼配件前,应对用户灶具点火装置进行检查(主要为电点火装置),发现电点火装置有问题时,在灶具故障表上记录。

● 更换灶具左火眼配件时,灶具右火眼需要更换的配件同时发给用户。

● 用户燃气热水器加堵时拆卸下来的配件交由用户自行保管。

对以上内容,请用户过目、认可并签字。至此,更换灶具左火眼的工作全部完成。

更换灶具左火眼时还应注意以下几个问题。

● 对入户调查时的无人户,在更换左火眼时,家中有人的用户要及时检查其灶具型号,并予以更换灶具配件。对异型灶(由灶具厂家负责更换配件的灶具及淘汰的灶型)要及时报置换办现场指挥部。

● 及时总结更换灶具左火眼配件时发现的问题,找出解决问题的办法。无论如何也不能把问题留到燃气置换的当天,否则将直接影响用户的使用。

● 对更换左火眼配件时出现的新灶具,材料部门要准备必要的材料、配件。

3. 更换灶具右火眼配件及相关工作

为用户更换灶具右火眼配件的工作完成后,用户即将告别人工煤气,使用上清洁、干净的天然气。

更换灶具右火眼的当天,作业人员将完成以下工作。

● 更换灶具右火眼配件。

● 外管线置换作业完毕后,户内作业人员对室内燃气管道进行置换。

● 室内管道置换完毕后,对用户的灶具逐台调试、点火。

● 向用户发放安全使用天然气的"通知书"。

● 对置换当天的无人户,在其房门上必须张贴"您家的煤气已置换成天然气,请勿使用灶具、热水器,以免发生危险"告示。

对用户的燃气热水器的改造,将安排在置换后的第二天逐一进行。应在最短的时间内将置换区域的原使用人工煤气的燃气热水器全部改造完毕,做到改造一台,检测一台,通气一台,尽快恢复用户对燃气热水器的使用。

对室内燃气管道的置换放散问题,在一般情况下,室外管道的置换放散应将楼前管道的人工煤气全部放散干净,也就是说,室外管网置换作业完毕后,全部室外管网就变成为天然气管网了。室内燃气管道的放散由户内置换作业人员完成。

置换作业人员接到现场指挥部"外线置换作业完毕,可以开始室内置换作业"的指令后,到楼房顶层的燃气立管末端进行放散。具体操作时,可将顶层用户的灶具右火眼点燃,把主立管内的人工煤气烧掉。这台灶具的右火眼暂时不更换为天然气配件,因为如果使用更换天然气配件后的灶具进行点火放散,燃气开始点燃时为人工煤气,容易脱火,甚至有的灶具根本无法点燃。而使用未更换天然气配件的灶具点火放散,虽也有脱火现象,但使用灶具开关控制一下,灶具燃烧情况还好。当燃烧器的火焰变红、火焰拉长时,说明立管内人工煤气已被天然气大部分或全部取代。从放散作业操作实际情况来看,对于多层住宅楼(6层),一般情况下需要 3~5 min,立管内的人工煤气就可以被烧掉(或放散干净);对于高层建筑,一般需要 7~10 min。

当室内燃气立管放散完成以后,要逐户为用户调试灶具,使其燃烧正常。调试包括以下两个方面的内容。

● 灶具燃烧器的燃烧正常是指燃烧的火焰呈蓝色锥体,燃烧时没有离焰、脱火、黄火现象。

● 灶具电点火装置的调试。在置换作业中,对灶具的电点火装置不做大的改动,点火部分只更换引火导管及引火喷嘴。通过调整喷嘴方向和引火针位置,使点火正常。如果电点火装置发火(压电陶瓷)电压不足而无法点燃引火时,应向用户讲清道理,请用户更换灶具总成,或采取其他方法点燃灶具。

4. 置换作业的善后工作

一个小区置换作业完成后,总有一些善后工作需要处理。因此,置换后应设值班人员处理置换后遗留的问题。

值班人员工作内容有以下两个方面。

● 及时处理置换后的报修问题。在天然气置换人工煤气当天,因操作人员疏漏,或因燃气管道内残存一部分混合气,用户的灶具可能会出现燃烧状况不正常的现象。接到用户报修电话应及时前往,予以处理。

● 对置换时的无人户,当用户返回后要求更换灶具配件的,为了让用户及时使用天然气,值班人员也应立即予以解决。

对置换后值班维修有以下几个方面的要求。

● 根据置换当天无人户的多少和置换区域内灶具类型的分布等情况,准备一定数量的灶具配件。

● 值班维修人员要坚守岗位,及时处理报修。

● 做好值班报修记录,并详细记录报修结果、材料配件消耗数量等。

● 值班结束后,将汇总报修情况、更换配件户数报管理所"置换办";维修材料,配件消耗情况报材料室。

置换工作完成后,仍有一些"长期无人户",这些用户的换件工作将由当地燃气维修站随时解决。

至此,一个小区的置换工作全部完成。

9.6.3　置换作业质量要求与用气安全

1. 置换作业质量要求

为了提高置换作业的质量,要求对待置换作业的各个环节都要认真、细致。

(1) 严格检查置换配件质量

在置换工程前期准备时,每个作业人员都要严格检查领取的配件是否符合质量要求,避免不合格的配件更换到灶具上。在检查配件的质量时,常发现有的燃烧器喷嘴未贯通、喷嘴螺纹乱丝、丝堵有砂眼等质量不合格的配件。经过认真检查,在换件作业时才能做到心中有底。

(2) 细心操作,保证换件的每道工序都不出质量问题

那些看起来不需要什么技术的活,漫不经心往往就会出问题。比如,燃烧器的喷嘴用聚四氟乙烯胶带缠多了,上喷嘴时拧起来费劲,弄不好还会将燃气总成撑裂;聚四氟乙烯胶带缠松了还可能堵塞喷嘴。

(3) 细心调试灶具,使用户满意

更换完灶具的配件后,还要调试灶具,使用户灶具的电点火部分工作如故,灶具燃烧正常。对置换的用户来说,他们能直观觉察到的就是电点火是否好用和灶具火焰是否正常这两个方面。因此,作业人员应在确保无漏气的情况下,在室内燃气立管燃气置换充分后,为用户调试好灶具。

(4) 按规定要求更换灶具配件

转换燃气种类以后,对用户原有灶具进行部分地改造。改造后的灶具不仅能满足以后的基本需要,而且要尽可能使灶具的技术性能保持原有水准。

总之,置换作业的质量,不仅是用户安全用气的保障,也是达到用户满意的前提。

2. 杜绝漏气,保障用户用气安全

高质量的置换作业为用户安全使用天然气提供了可靠的保障条件和环境。

用户安全使用燃气是燃气公司用户管理的重点工作内容之一。燃气置换工程不仅为用户送去优质的天然气,而且是对燃气用户进行了一次既普遍,又细致的安全检查。从安全角度说,燃气置换作业的安全操作,实际上也是安检的工作内容之一。

(1)有计划地整改用户违章使用燃气

在置换的入户调查中,对用户违章使用燃气已有记录,燃气用户管理部门——当地维修站应有计划地对违章用户进行整改,消除用户使用燃气不安全的因素,保障用户的用气安全。

(2)置换户内作业要严把检漏关

杜绝燃气设施、燃气管道的漏气现象,是确保用户安全用气的先决条件。因此,要求置换作业人员对置换的每个工作环节都必须精心操作,细致检查。在灶具换件及燃气热水器的燃气管道上加堵的作业中,以下几个工作环节要特别予以注意。

● 灶具喷嘴与总成连接部位的检查。在燃气置换中,一般都要更换灶具燃烧器喷嘴。对更换的灶具燃烧器喷嘴螺纹部分应缠聚四氟乙烯胶带或涂密封胶,拧紧喷嘴后要检漏。虽然喷嘴根部不在承压状态下工作,但在燃气气流喷出时,如果喷嘴根部有漏气现象,就容易引起燃烧器回火。

● 灶具燃气总成与燃气管连接部位的检查。在更换灶具配件时,无论是更换喷嘴,还是更换灶具燃气总成,都可能导致灶具总成与燃气管连接部位的漏气。因此,更换灶具配件时,对此部位必须严格检漏。

● 对灶具软接胶管及胶管两端连接部位检查。在更换灶具配件时,需要移动灶位或者翻转灶具,这些动作都可能导致灶具与胶管连接处及胶管与燃气管连接处的松动,或使软管受损造成漏气。因此,在置换作业中,对灶具软胶管两端以及软管本身也要重点检查。特别对那些使用燃气多年而未更换过软胶管的用户,为了保证用户安全,要督促他们更换胶管(燃气软胶管使用 3 年以上就应更换)。

● 燃气热水器的燃气管道加堵的检查。在更换灶具左火眼配件时,同时要在用户的燃气热水器的燃气管道上加堵。在燃气管道加堵时,热水器的燃气管道截止阀门(或球阀)处于关闭状态。在这种情况下,作业人员往往忽视对丝堵的检漏。由于燃气设施使用时间长,再加上维修保养不及时,燃气截止阀门串气现象时有发生。因此,在拆卸热水器燃气管时,不仅应关断热水器的燃气截门,而且在拆卸部位必须加堵,并进行检漏。

第 10 章　施工组织设计和工程概预算

　　施工组织设计和工程概预算是工程设计文件的重要组成部分,是评审设计文件质量的主要内容,是考核工程经济合理性的重要依据。

　　施工组织设计是工程概预算的基础和主要依据,施工组织设计要求选定的施工方案在技术上是最优的、最先进的,但同时也必须在经济上合理。正确合理的工程概预算,对提高施工组织设计的质量,优化设计方案起着积极的促进作用。

10.1　施工组织设计

10.1.1　施工组织设计概述

　　1. 施工组织设计的概念

　　施工组织设计是指导拟建工程项目进行施工准备和正常施工的基本技术经济文件,它对拟建工程在人力和物力、时间和空间、技术和组织等方面所做的全面合理的安排,尽可能保持施工生产的连续性、均衡性和协调性,以实现生产活动的最佳经济效果。

　　施工过程的连续性是指在施工过程的各阶段、各工序之间,在时间上具有紧密衔接的特性。保持施工过程的连续性,可以缩短施工周期、保证施工质量和减少流动资金占用。施工过程的均衡性是指工程项目的施工单位及其各施工环节,具有在相等的时段内产生相等或稳定递增的特性,即施工各环节不出现前松后紧、时松时紧的现象,也即施工过程应当是均衡的。施工过程的协调性是指在施工过程的各阶段、各环节、各工序之间,在施工机具、劳动力的配备及工作面积的占用上保持适当比例关系的特性。

　　2. 施工组织设计的任务和作用

　　施工组织设计的基本任务是根据业主对工程项目的各项要求,选择经济、合理、有效的施工方案;确定合理、可行的施工进度;拟订有效的技术组织措施;采用最佳的劳动组织,确定施工中劳动力、材料、机械设备等需要量;合理布置施工现场的空间,以确保全面高效地完成最终工程。

　　施工组织设计的作用主要表现在以下几个方面。

　　● 施工组织设计是对拟建工程全过程合理安排,实行科学管理的重要手段和措施。通过施工组织设计的编制,可以从工程实际出发,制订出合理的施工方案、技术经济和组织措施;制订最优进度计划;提供最优的临时设施;以及材料和机具在施工场地上的布置方案,保证施工顺利进行。

　　● 施工组织设计统筹安排和协调施工中的各种关系。它把拟建工程的设计与施工、技术与经济、施工企业的全部施工安排与具体工程之间的施工组织更紧密地结合起来;它把各分包单位、各专业工种之间的关系,各施工阶段和施工过程之间的关系更好地协调起来。

　　● 通过编制施工组织设计,可以事先预计到施工过程中可能产生的各种情况,从而做好准备工作和拟定采取的相应防范措施,减少施工的盲目性,使管理者和生产者做到心中有数,为实现建设目标提供技术保证。

3. 施工组织设计的分类

施工组织设计是一个总的概念。根据工程项目的类别、工程规模、编制阶段、编制对象和范围的不同,在编制的深度和广度上也有所不同。

1) 按编制阶段的不同分类

对设计阶段,有

$$设计阶段\begin{cases}初步设计阶段 \to 施工组织总设计 \\ 施工图设计阶段 \to 单位工程施工组织设计\end{cases}$$

对施工阶段,有

$$施工阶段\begin{cases}投标阶段 \to 综合指导性施工组织设计 \\ 中标后施工阶段 \to 实施性施工组织设计\end{cases}$$

2) 按编制对象范围不同分类

施工组织设计按编制对象范围的不同可分为施工组织总设计、单位工程施工组织设计、分部分项工程施工组织设计。

(1) 施工组织总设计

施工组织总设计是以一个建设项目为编制对象,规划其施工全过程各项活动的技术、经济的全局性、控制性文件。它是整个建设项目施工的战略部署,涉及范围较广,内容比较概括。它一般是在初步设计或扩大初步设计批准后,由总承包单位的总工程师负责,会同建设、设计和分包单位的工程师共同编制的。它也是施工单位编制年度施工计划和单位工程施工组织设计的依据。

(2) 单位工程施工组织设计

单位工程施工组织设计是以单位工程为编制对象,用来指导其施工全过程各项活动的技术、经济的局部性、指导性文件。它是拟建工程施工的战术安排,是施工单位年度施工计划和施工组织总设计的具体化,内容更详细。它是在施工图设计完成后,由工程项目主管工程师负责编制的,可作为编制季度、月度计划和分部分项工程施工组织设计的依据。

(3) 分部分项工程施工组织设计

分部分项工程施工组织设计是以分部分项工程为编制对象,用来指导其施工活动的技术、经济文件。它结合施工单位的月、旬作业计划,把单位工程施工组织设计进一步具体化,是专业工程的具体施工设计。一般在单位工程施工组织设计确定了施工方案后,由施工队技术队长负责编制。

3) 按使用期限分类

施工组织设计按使用期限不同可分为长期施工组织总设计、年度施工组织设计和季度施工组织设计。

4) 燃气工程的施工组织设计分类

燃气工程的施工组织设计,根据任务情况基本上可分为施工组织总设计、施工组织设计、施工方案及专项技术措施几种。其主要内容和适用范围详见表 10-1。

4. 施工组织设计的内容

施工组织设计的任务和作用决定施工组织设计的内容。一般情况下,施工组织设计的内容包括以下几个方面。

表 10-1　施工组织设计的适用范围和主要内容

分类	施工组织总设计	施工组织设计	施工方案	专项技术措施
适用范围	制气厂，储配站和 LPG 灌瓶厂等大、中型项目，有两个以上单位同时施工	小型安装项目，如球罐安装，湿式气柜施工，高、中压燃气管道施工等	结构简单的单位工程或经常施工的项目，如顶管、河底穿越、小区燃气用户安装	新工艺，新材料，地上及地下特殊处理，有特殊要求的分项工程
编制与审批	以公司为主编制，上级主管部门组织协调，报上级领导单位审批	公司或工程处组织编制，报上级主管领导审批	施工队负责编制，报公司或工程处审批、备案	工程负责人编制，施工队审批，报工程处备案
主要内容	·工程总进度计划和单位工程进度计划 ·主要专业工程的施工方法 ·分年度的构件、半成品、主要材料、施工机械、劳动计划 ·附属企业项目及产品方案 ·交通、防洪、排水措施 ·水、电、热等动力供应方法 ·施工总平面图 ·各专业工种的分工与配合 ·各种暂设工程数量 ·技术安全、冬雨季施工措施	·工程概况 ·主要分项工程综合进度计划 ·施工部署和配合协作关系 ·主要施工方法和技术措施 ·主要材料、半成品、设备、施工机具计划 ·各工种劳动力计划 ·施工平面布置图 ·施工准备工作 ·技术安全、冬雨季施工措施	·工程特点 ·施工进度计划 ·主要施工方法和技术措施 ·施工平面布置图 ·材料、机具需用计划·各工种劳动力计划	·工程特点 ·施工方法，技术措施及操作要求 ·工序搭接及工种协作配合 ·工期要求 ·特殊材料和机具需要量计划

（1）施工项目的工程概况

施工项目的工程概况主要介绍工程的性质和特点，施工地区的气象、地形、地界和水文情况；说明施工力量、施工条件、劳动力、材料、机具等情况。

（2）施工部署或施工方案

施工方案包括的内容主要有：施工方法的确定；施工机具、设备的选择；施工顺序的安排；科学的施工组织；合理的施工进度；现场的平面布置及各种技术措施。制订方案必须从实际出发，切实可行：要满足合同要求的工期；要确保工程质量和施工安全；要在合同价控制下，尽量降低施工成本，使方案更加经济合理，增加施工生产的盈利。

（3）施工进度计划

根据建设单位对工期的要求，确定施工工期和开工与竣工日期；确定各项具体的施工顺序；采用计划的方法，使工期、成本、资源等方面，通过计算和调整，达到工程既定的目标。

（4）各种资源需要量计划和施工准备工作计划

施工进度计划编制完成后，就可以编制各种主要资源需要量计划和施工准备工作计划。资源需要量计划包括：综合劳动力和主要工种劳动力需要量计划；主要材料、构件及半成品需要量计划及施工机具需要量计划等。

（5）施工现场平面布置图

通过施工平面图，形象地在空间上全面安排施工方案及进度。把投入工程的各种材料、构件、机械、生产和生活活动场地合理地布置在施工现场，使整个现场有组织、有计划地文明施工。

（6）质量、安全、节约和环保等技术组织保证措施（略）

（7）主要技术经济指标

工程主要技术经济指标是对已确定的施工方案及施工布置的技术经济效益进行全面的评价，用以衡量组织施工的水平。它包括施工周期、劳动生产率、工程质量评定、降低成本指标、安全生产指标、材料节约及工程机械的使用费率等。

（8）施工组织执行的管理（略）

由于施工组织设计的编制对象不同，以上各方面内容所包括的范围也不同，结合施工项目的实际情况，可以有所变化。

10.1.2　施工组织设计的编制

1. 施工组织设计的准备工作

在编制工程项目施工组织设计之前，要做好充分的准备工作，为编制项目施工组织设计提供可靠的第一手材料。

（1）合同文件的研究

项目合同文件是承包项目的施工依据，也是编制施工组织设计的基本依据。对合同文件的内容要认真研究，重点弄清以下几个方面内容。

- 工程地点和工程名称。
- 承包范围。
- 设计图纸供应。
- 物资供应分工。
- 合同指定的技术规范和质量标准。

（2）施工现场环境调查

在研究了合同文件后，就要对施工现场环境进行深入的实际调查，作出切合客观实际的施工方案。调查的主要内容有以下几个方面。

- 核对设计文件，了解建筑物的位置、重点施工工程的工程量等。
- 收集施工地区的自然条件资料，如地形、地质及水文资料。
- 了解施工区域内的既有房屋、通信电力设备、给排水管道及其他建筑物情况，以便安排拆迁、改建。
- 调查施工区域的技术经济条件。

2. 施工组织设计编制的原则

施工组织设计的编制要集思广益，充分发挥各职能部门作用，充分体现企业的技术素质和管理素质。一般应遵循以下原则。

- 认真执行基本建设程序。
- 保证重点，统筹安排。
- 遵循施工工艺和技术规律，坚持合理施工工序和施工顺序。
- 采用流水施工方法和网络计划技术安排进度计划。

● 科学安排冬、雨季施工项目，保证全年生产的连续性和均衡性。

● 充分利用现有机械设备，提高机械化和建筑工业化程度。

● 采用先进施工技术和科学管理方法。

● 减少临时工程，合理储备物资，减少运输量，科学布置施工平面图。

3. 施工组织设计编制的依据

（1）施工组织总设计的编制依据

● 经批准的初步设计或扩大初步设计的工程设计图纸。

● 国家计划或合同规定的进度要求。

● 有关定额及有关技术经济指标，自然与经济调查资料。

● 施工中可配备的劳力、机械装备及有关施工条件。

（2）单位工程施工组织设计的编制依据

● 施工图纸。

● 施工企业生产计划。

● 施工组织总设计。

● 工程预算、定额资料和技术经济指标。

● 施工现场条件。

4. 施工组织设计的编制程序及步骤

（1）计算工程量

通常可以利用工程预算中的工程量。工程量计算准确，才能保证劳动力和资源需要量计算得正确，才能做到分层分段流水作业的合理组织。故工程量必须根据图纸和较为准确的定额资料进行计算。如工程采用分层分段流水作业方法施工时，工程量也应相应的分层分段计算。许多工程量在确定了施工方法以后可能还需修改，这种修改可在施工方法确定后一次进行。

（2）确定施工方案

如果施工组织总设计已有原则规定，则该项工作的任务就是进一步具体化，否则应全面加以考虑。需要特别加以研究的是，主要分部分项工程的施工方法和施工机械的选择。因为它对整个单位工程的施工进度、质量具有决定性的作用。具体施工顺序的安排和流水段的划分也是需要考虑的重点。与此同时，还要很好地研究、确定保证质量与安全和缩短技术性中断的各种技术组织措施。这些都是单位工程施工中的关键，对施工能否做到好、快、省及安全有重大的影响。

（3）组织流水作业，排出施工进度

根据流水作业的基本原理，按照工期要求、工作面的情况、工程结构对分层分段的影响以及其他因素，组织流水作业，决定劳动力和机械的具体需要量以及各工序的作业时间，编制网格计划，并按工作日排出施工进度。

（4）计算各种资源的需要量和确定供应计划

依据劳动定额和工程量及进度可以决定劳动量（以工日为单位）和每日的工人需要量。依据有关定额和工程量及进度，就可以确定材料和加工预制品的主要种类、数量及其供应计划。

（5）平衡劳动力、材料物资的需要量，修正进度计划

根据对劳动力和材料物资的计算就可绘制出相应的曲线，检查其平衡状况。如果发现有过大的高峰或低谷，即应将进度计划作适当的调整与修改，使其尽可能趋于平衡，以便使劳动力的利用和物资的供应更为合理。

（6）设计施工平面图

设计施工平面图使生产要素在空间上的位置合理、互不干扰，加快施工进度。

燃气工程施工组织设计的编制流程如图 10-1 所示。

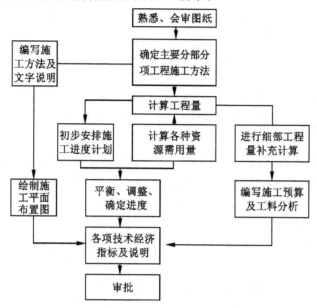

图 10-1　编制施工组织设计流程

10.1.3　施工组织设计的检查和调整

1．施工组织设计的检查

（1）主要指标完成情况的检查

把各项指标的完成情况同计划规定的指标相对比。检查的主要内容应该包括工程进度、工程质量、材料消耗、机械使用和成本费用等。

（2）施工总平面图合理性的检查

施工现场平面必须按规定敷设管网和修筑运输道路，建造临时设施，合理地存放机具，堆放材料；施工现场要符合文明施工的要求；施工现场的局部断电、断水、断路等，必须事先得到有关部门批准。

2．施工组织设计的调整

根据施工组织设计执行情况的检查，对发现的问题及其产生的原因，要拟订改进措施或方案：对施工组织设计的有关部分或指标逐项进行调整；对施工总平面图进行修改，使施工组织设计在新的基础上实现新的平衡。

施工组织设计的贯彻、检查和调整是一项经常性的工作，必须随着施工的进展情况，加强反馈和及时地进行，要贯穿拟建工程项目施工的整个过程。

10.2　工程概预算

建设工程概预算是在不同设计阶段，对建设工程项目内容，按国家规定的定额、指标和各项费用取费标准，预先计算出的从筹建至竣工验收全部过程所需投资额的文件。

10.2.1 建设工程概预算分类与作用

1. 投资估算

投资估算是在编制项目建议书、可行性研究与计划任务书阶段，根据投资估算指标、材料预算价格及有关文件的规定，确定的投资总额的文件。它是国家或主管部门审批建设项目立项和总投资额的依据。

2. 设计概算

设计概算是在初步设计阶段，设计单位根据初步设计图纸、概算指标或概算定额、材料预算价格、各项费用定额或取费标准等有关规定，预先计算建设项目的全部建设费用的文件。

设计概算的作用主要是：国家编制基本建设计划的依据；确定和控制建设项目总投资额的依据；实行工程投资包干和招标的依据；建设银行办理工程拨款、贷款和结算，以及实行财政监督的依据；考核设计方案是否经济合理的依据等。

3. 修正概算

修正概算是对初步设计进行修正后的修订文件，其作用大体与设计概算相同。

4. 施工图预算

施工图预算是在单位工程开工前、施工图经过会审后，根据施工图图纸、预算定额和各项费用取费标准，预先计算出的单位工程全部建设费用的文件。

5. 施工预算

施工预算是指在施工阶段，在施工图预算的控制下，施工单位根据施工图纸、施工组织设计、施工定额等，对单位工程或分部、分项工程，计算出工程施工中所需人工、材料、机械台班消耗数量及相应费用的文件。

施工预算是施工企业对单位工程实行计划管理，编制作业计划，安排施工任务，实行班组经济核算，用工考核、限额领料的依据，并依此加强经营管理，提高经济效益，降低工程成本。

6. 工程结算

工程结算是指一项工程（可以是一个单项工程、单位工程，也可是分部工程或分项工程）完工，并经建设单位及质检部门验收合格后，施工企业根据工程合同的规定或标书文件的条款，在施工进度、施工图预算基础上，按实际完成的工程量向建设单位办理结算价款的文件。工程结算可以补偿施工过程中的资金消耗，促进成本控制和考核经济效益。

工程结算一般分为定期结算、阶段结算和竣工结算。

7. 竣工决算

竣工决算是指单项工程或建设项目在施工完成，并经质检部门验收合格交付使用后，由建设单位编制的用于该工程上的全部（从筹建到使用）建设费用的文件。该文件由文字说明和决算报表组成。

竣工决算是国家或有关主管部门核定建设项目总造价、考核投资效果的依据，也是核定新增固定资产等的依据。

对所有建设项目，设计要编设计概算，施工要编施工图预算，竣工要编竣工决算，简称"三算"制度。

10.2.2　建设工程项目的划分与概预算文件的组成

1. 建设工程项目的划分

(1) 建设项目

每项基本建设工程就是一项建设项目。建设项目一般是指有计划任务书和总体设计,经济上实行统一核算,行政上具有独立组织形式的建设单位。例如,一所学校、一所医院、一座工厂、一条铁路、一座矿山等都称为一个建设项目;一个建设项目可由一项或几项单项工程组成。

(2) 单项工程

单项工程是指在一个建设项目中具有独立的设计文件,竣工后可以独立发挥生产能力或效益的工程。例如,新建一所学校,这个建设项目一般由教学楼、办公楼、宿舍楼、实验楼、图书馆、食堂、运动场等若干单项工程组成。单项工程仍是一个复杂的综合体,为了便于估价,需要进一步划分为若干单位工程。

(3) 单位工程

单位工程是指具有单独设计的施工图纸、单独编制的施工图预算、独立组织施工,但建成后一般不能独立发挥生产能力或效能的工程。一项单项工程可划分为若干项单位工程,如图书馆这样一个单项工程可分为一般土建工程、设备与工艺管道安装工程、建筑给水排水工程、建筑供热、供燃气和通风空调工程、建筑电气工程等单位工程。

(4) 分部工程

一个单位工程可划分为若干项分部工程。例如,燃气工程按材料、器具、设备等的不同化分为管道安装、阀门安装、低压器具仪表组成与安装、民用燃气管道附件、器具安装等分部工程。

在每一个分部工程中,因材料、器具和设备等的类型、规格和材质等的不同,又进一步划分为分项工程。

(5) 分项工程

分项工程是用适当的计量单位表示的单位施工安装产品,将每项分部工程按工程的不同规格、不同材料和不同施工方法等因素划分。它是编制建设预算最基本的计算单位。例如,将管道焊接安装工程划分为 DN219×6 埋地焊接钢管安装,DN273×7 埋地焊接钢管安装等。

2. 建设工程概预算文件的组成

建设工程概预算文件按建设工程项目划分,有如下几种概预算书。

(1) 单位工程概(预)算书

单位工程概预算书是确定每一单位工程所需建设费用的文件,即计算一般土建工程、管道工程、特殊构筑物工程、电气照明工程、燃气设备及安装工程、电气设备及安装工程等单位工程的概(预)算造价的文件。

(2) 其他工程和费用概(预)算书

其他工程和费用概(预)算书是指列入建设项目总概算或单项工程综合概预算中,与整个建设工程有关,应在该建设投资中支付的,又在建筑工程、设备及其安装工程之外的其他工程和费用的文件。

(3) 单项工程综合概(预)算书

各单位工程概(预)算书汇编而成的文件即为单项工程综合概(预)算书。它是确定一个独立建筑物或构筑物建设费用的文件。只有一个单项工程的建设项目,对与该工程项目有关的其他工程和费用的概（预）算书来说，这种单项工程综合概（预）算书，也就是一个建设项目的总概（预）算书。

（4）建设项目总概算书

建设项目总概算书由一个建设项目中各单项工程综合概（预）算书、其他工程及费用汇编而成。它是从筹建到竣工验收交付使用过程中全部建设费用的文件。总概算的全部建设费用可分为两大部分。

第一部分为工程费用，包括：

● 主要生产的单项工程综合概算；

● 辅助生产的单项工程综合概算；

● 公用设施的单项工程综合概算；

● 服务性单项工程综合概算；

● 生活福利单项工程综合概算；

● 厂外单项工程综合概算。

第二部分为其他工程费用概算。

在第一、二部分费用合计后，还要列出"预备费"和"回收金额"。

材料预算价格表和单位估价表是编制建设预算的基础资料。材料预算价格表是确定某种施工安装工程材料预算价格的一种计算表。单位估价表是确定施工安装工程中每一分项工程和每一结构构件的单价的一种计算表。为了简化建设预算的编制，目前大多数地区编制了地区材料预算价格表和地区单位估价表。

10.2.3　建设工程费用组成

1. 建筑安装工程费

建筑安装工程费分为土建工程费和安装工程费。

土建工程费包括以下工程所需费用：各种建筑物和构筑物土建工程；设备基础、支柱、工作台等土建工程；炉窑砌筑工程和金属结构工程；为了施工，对原有建筑物和障碍物的拆除，工程和水文地质勘探，场地平整，完工后场地的清理、绿化等工程；矿井开凿，矿山开拓工程；油、气钻井工程；铁路、公路、桥梁等工程；水库、堤坝、灌渠等水利、电站工程；防空等地下特殊工程等。

安装工程费包括以下工程所需费用：建筑给水排水、供暖、供燃气、通风空调、电气、仪表等工程；生产、动力、起重、运输、试验、医疗等设备的装置、装配，及其附属物（如工作台、支架等）的装设和管线的敷设等工程；上述内容的绝缘、保温、刷油工程；为测定安装工作质量，对各单个设备进行的各种试车工作。

2. 设备及工器具购置费

设备购置费是指为生产、生活、办公所购置设备的全部费用，包括设备原价和包装费、运输费、采购费、保管费等。

工器具购置费是指达到固定资产标准的，为生产、生活、经营管理等需要的各种工、器、用具的费用，包括工器具原价和运输费、采购费、保管费等。新建工程项目中不够固定资产标准的工器具购置费列入工程的其他费用中。

3. 公共设施有偿使用费

公共设施有偿使用费是指占用国有设施、资源的有偿使用费和国家、省、市有关部门批准的收费,这些收费项目有占道费、占用绿地费、排污费、土地使用税、地下水资源费等。

4. 城市建设配套费

随着城市建设规模的扩大,城市基础设施也应随之发展。为此,建设工程应支付城市建设配套费,包括自来水配套费、商业网点费、人防工程费等。

5. 其他费用

按有关规定,在工程建设中应支付的其他费用有以下 11 项。

- 土地、青苗等补偿费和安置补助费。
- 建设单位管理费。
- 试验研究费。
- 生产职工培训费。
- 勘察设计费。
- 办公和生产家具购置费。
- 联合试运转费。
- 供电补贴费。
- 施工机构迁移费。
- 引进技术和进口设备项目的其他费用。
- 贷款利息、投资方向调节税。

6. 预备费

预备费是指在初步设计和概算中难以预料的工程的费用,也称不可预见费。它主要包括如下费用:在批准的初步设计和概算范围内,进行技术设计、施工图设计和施工过程中所增加的工程和费用;工程建设期间设备、材料的价差;由于一般自然灾害所造成的损失和预防自然灾害所采取措施的费用;工程建设期间国家政策性调差;上级主管部门组织竣工验收时,验收委员会为鉴定工程质量所发生的费用。

10.2.4 燃气工程概算及其编制

1. 编制依据

燃气工程概算包括在建筑设备工程概算中。它的编制依据如下。

(1)设计资料

设计资料包括设计图样、说明书、材料表、设备一览表等。由设计资料可以了解分部、分项工程内容,进行工程量计算,并了解所需材料、设备的类型、规格、数量等。

(2)概算定额或概算指标

由国家或地方编制、颁发的统一安装工程概算定额,或各省、市、自治区现行的安装工程概算定额(或概算指标)是编制设计概算的依据。

(3)设备、材料价格

设备分定型设备和非标设备。定型设备按国家或地方有关部门规定的现行产品价格计算;非标设备按合同价计算。材料按各地区主管部门制订的《建筑安装工程材料预算价格》计算。

(4)间接费定额和其他有关文件

建筑安装工程间接费定额和其他有关文件是记取间接费和其他有关费用的依据。

(5)其他有关资料

《安装工程概预算手册》、《安装工程概预算系列手册》等也是编制设计概算的依据。

2. 编制方法

设计概算分为建设项目总概算、单项工程综合概算和单位工程概算。其编制方法有以下三种。

(1) 用概算定额编制概算的步骤

- 熟悉设计文件。
- 按定额分列工程项目。
- 计算工程量。
- 套用概算定额。
- 记取各项费用与确定工程概算造价。
- 技术经济计算。

技术经济计算主要是计算单位工程造价,即

$$单位造价＝工程概算造价 / 10\,000\,m^3\,燃气$$

- 编制概算书。

(2) 用概算指标编制概算

在设计不完整或无法计算工程量时,可采用概算指标编制概算。用概算指标编制的概算与用概算定额编制的概算相比,其概算造价的准确性差,但编制要简单。

(3) 用类似工程预(决)算编制概算

在拟建工程与已建工程的结构特征、规模、性质、功能等方面基本类似时,可根据类似工程预(决)算编制拟建工程概算。

用类似工程预(决)算编制概算,往往因拟建工程与已建工程在建设地点、时间、地区上的不同,会有诸如人工费、材料费、机械台班费以及间接费、计划利润和税金等项费用的差异。因此,须经过调整,求出差异系数后编制概算。差异系数的计算方法有:地区价差系数法、时间价差系数法和综合系数等。

3. 燃气工程概算的编制

1) 编制步骤和方法

编制步骤和方法包括:收集编制依据中的资料;熟悉燃气工程初步设计图纸、说明书、设备清单和材料表等设计资料;概算定额、概算指标和各项费用文件;根据初步设计平面图、系统图计算工程量;选套概算定额、编制概算表;编制燃气工程概算说明书和概算书。

2) 工程量计算内容

燃气工程概算中工程量计算的内容一般包括:管道安装,以延长米为单位计算;附件、阀门安装,以个为单位计算;燃气表与燃气加热设备、民用灶器安装,以台为单位计算;钢套管制作安装,以个为单位计算;燃气烧嘴安装,以个为单位计算。

3) 燃气工程概算书的编制步骤

(1) 编制燃气单位工程概算书

燃气单位工程概算按初步设计图纸、材料表计算的工程量,选套概算定额,按分项工程逐项填入概算表,计算各分项工程造价,并求出该单位工程定额直接费用和定额人工费。

(2) 编制燃气单位工程造价汇总表

根据计算的燃气单位工程定额直接费和定额人工费,按安装工程费用计算程序分别计算出工程直接费、间接费、计划利润、其他费用、劳动保险基金、三项费用(上级管理费、工程造价管理费、劳动定额测定费)、税金、单位工程费用(造价),并填入造价汇总表。

10.3 施工图预(概)算

燃气工程造价的预算有两种,一种是在初步设计阶段由设计单位编制的,作为对工程项目投资额的控制,称为设计概算。另一种是在施工设计图完成后,由施工单位负责编制,主要作为确定工程造价用的,称为施工图预(概)算。施工图预(概)算是施工单位企业管理、经济核算、降低成本的依据,也是拨付工程价款、工程结算的重要依据文件。

施工图预(概)算是施工单位在开工前,根据施工图计算确定的工程量,结合施工组织设计、现行制度和安装定额、价格及取费标准编制而成,经过建设单位的审定及当地建设银行的确认方能生效。制度、定额、价格、取费标准都是由国家制定的法令性文件。

10.3.1 工程造价的费用组成

在不同地区和不同时期,组成工程造价的费用名称和费用分类方法各不相同。通常,工程造价(概算)由直接费、间接费(施工管理费)和其他费用组成。

1. 直接费

直接费是指直接用于工程上的各项费用的总和。预(概)算定额内的人工费、材料费和施工机械台班费都属直接费。此外,中小机械、大型机械调转费、冬雨季施工费、远郊材料运输增加费、施工因素增加费和材料二次搬运费等统称为其他直接费,其他直接费也执行定额标准。

2. 间接费

间接费是指为组织和管理施工所消耗的人力、物力以货币形式表现的费用。间接费不属于某一分部或分项工程,而与施工机构和产品有关。根据费用发生的范围,又可分为企业管理费和施工项目管理费。

(1) 工作人员工资

工作人员工资是指施工企业的政治、行政、技术、试验、警卫、消防、炊事和勤务人员的基本工资、辅助工资和各种津贴费。

(2) 工作人员工资附加费

工作人员工资附加费是指根据政府有关部门规定的标准,按职工工资总额计提的职工福利基金和工会经费。

(3) 办公费

办公费是指行政管理办公用的文具纸张、微型计算机、软盘、印刷、邮电通信、书报、会议、水电和取暖等一切办公费用。

(4) 差旅交通费

差旅交通费是指职工因公出差的差旅费、住勤补助费、误餐补助费、上下班交通费、工地转移费、交通工具油料费、养路费等。

(5) 固定资产使用费

固定资产使用费是指企业单位使用的属于固定资产的房屋、设备、仪器等计提的折旧费和大修、维修、租赁等费用。

(6) 工具、用具使用费

工具、用具使用费是指生产和行政部门使用的不属于固定资产的工具、器具、家具、交通工具和检验、试验、测绘、消防用具等的购置、维修等费用。

（7）劳动保护费

劳动保护费是指按国家有关部门规定的标准发放的劳动保护用品购置费、修理费、保健费、防暑降温费、技术安全设施费、浴用及饮水燃料费等。

（8）职工教育经费

职工教育经费是指按财政部规定标准计取的在职工作人员的教育经费。

（9）党务宣传费

党务宣传费是指党务机关按财政部门规定提取的经费。

（10）税金

税金是指按规定应缴纳的房产税、土地使用税、车船使用税和印花税等。

（11）其他费用

其他费用是指上述项目以外的其他必要费用支出，如定额编制经费、工程投标费、财产保险费、业务招待费、上交主管单位的管理费、绿化费、执行社会义务等费用。

间接费的内容不是固定不变的，它是政府部门结合某时期的当地情况具体制定的。间接费的取费基数也不相同。例如，对室内燃气系统安装工程一般以施工图预算中的人工费为基数，室外燃气管道工程属于市政工程，一般以直接费为基数。

3. 其他费用

其他费用（独立费）是指为进行工程施工需要而发生的既不包括在工程直接费用内，也不包括在间接费用范围内的需单独计算的其他工程费用。

（1）临时设施费

临时设施费是指施工所必需的生产和生活用临时设施费用。如临时性房屋、道路、水电管线等均属临时设施，这些临时设施的搭设、维修和拆除，以及按规定缴纳的临时用地费，临时建设工程费等各项费用均属临时设施费。临时设施费由施工企业包干使用，按专用基金核算管理。

（2）劳动保险基金

劳动保险基金是指施工企业由职工福利基金支出以外的，按劳保条例及有关规定的离退休人员的费用。退职人员退职金、职工死亡丧葬费、抚恤费和六个月以上的病假人员工资，以及按照上述职工工资总额提取的工资附加费等属于劳动保险基金范围的支出。此外，按照规定向有关部门缴纳的劳动保险统筹基金、退休养老基金和待业保险基金等均属劳动保险基金。

（3）计划利润

计划利润是指实行施工企业经营管理自主权后，实行企业独立经济核算，自负盈亏，财政自理，组织正常经营生产和企业发展所需要的费用，主要用于发展生产和职工集体福利事业，以及企业简单扩大再生产的投资等。

（4）技术装备费

技术装备费是指施工企业为提高施工机具装备水平而购置的施工机械设备所支出的费用。

（5）流动资金贷款利息

流动资金贷款利息是指对流动资金实行信贷的施工企业向建设单位收取贷款利息，费率标准按主管部门规定计取。

（6）税金

税金是指按国家规定应计入工程造价的营业税，城市建设维护税及教育费附加等。

间接费和其他费用的内容，以及取费标准由所在地政府部门制定。不同地区或同一地区的不同时期其内容和取费标准也不相同，不同性质企业按不同规定标准取费，计取时要参照工程所在地区的标准执行。如表 10-2 所示为某市城乡建设委员会颁布的《建设工程间接费及其他费用定额》中关于燃气工程造价的费用组成。该市企业执行此规定时,必须使用该市颁布的《市政工程概算定额》来计算概(预)算书中的直接费。

表 10-2　某市燃气工程造价的费用组成

费 用 项 目	费率(%)	
	市政燃气管道(外径小于 800 mm)工程	室内燃气系统安装
1. 直接费		
① 人工费		
② 材料费	按《市政工程概算定额》	按《市政工程概算定额》
③ 机械费		
④ 小计	①+②+③	①+②+③
⑤ 其他直接费	按定额	按定额
⑥ 合计	④+⑤	④+⑤
2. 间接费		
⑦ 企业管理费	⑥×3.0%	①×32%
⑧ 施工项目管理费	⑥×4.5%	①×48%
3. 其他费用		
⑨ 临时设施费	⑥×2.5%	①×14%
⑩ 流动资金贷款利息	⑥×1.29%	(⑥+⑦+⑧)×1.2%
⑪ 劳动保险基金	⑥×2.15%	①×18%
⑫ 计划利润	⑥×4.49%	①×28%
⑬ 技术装备费	⑥×3.37%	①×22%
⑭ 税金	⑥×3.82%	(⑥+⑦+⑧+⑩+⑫)×3.37%
工程造价	⑥+⑦+⑧+⑨+⑩+⑪+⑫+⑬+⑭	

工程费用做如上划分是十分必要的。因为直接费用构成工程实体的生产性支出,直接费用与工程量的大小成比例增加。间接费用中的大多数费用属于非生产性支出,其增长与工程数量不成比例增加。因此,将直接费用和间接费用分别列出,有利于在保证工程质量的前提下尽可能地减少间接费用的支出,降低工程预算成本,扩大积累,增加利润和税金。

10.3.2　燃气工程施工图预(概)算的编制依据

编制燃气工程施工图预(概)算的依据如下。

- ⦿ 施工图纸和说明书。
- ⦿ 预算定额。
- ⦿ 地区单位估价表。
- ⦿ 材料预算价格。
- ⦿ 各种费用取费标准。
- ⦿ 施工组织设计。
- ⦿ 有关手册资料。
- ⦿ 合同或协议。

10.3.3 编制方法

1. 编制程序

编制施工图预(概)算的一般程序如图 10-2 所示。

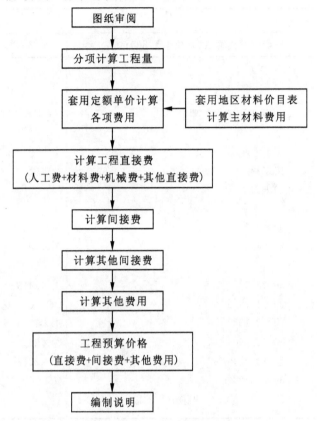

图 10-2 编制施工图预(概)算的程序图

编制前,要详细审阅设计图纸(包括安装说明书和通用标准图)及其他施工技术资料(施工组织设计或施工方案,各种操作技术标准等)。对国家预(概)算定额的内容和使用方法应充分了解,在此基础上计算分项工程量。分项工程量的计算要符合预(概)算定额所确定的规则,要检查施工设计图与实际是否相符。要参照施工组织设计或施工方案所确定的施工方法进行计算。分项工程量的项目齐全,数据准确是编制预(概)算的关键。

在计算间接费和其他费用时,要注意地区性与时间性,采用适时、适地的定额版本。

2. 工程量计算

施工图预(概)算是按单位工程进行编制的。当燃气工程按单位工程划分时,项目繁多而复杂。下面仅就室外燃气管道工程和用户工程的工程量计算作些简要说明。

1) 室外燃气管道工程

编制室外燃气管道的预(概)算使用《市政工程概算定额》。该定额将室外燃气管道工程划分为 7 项分部工程。

● 土方工程按不同管径和槽深分成若干项目(分项工程)。

● 基底处理按砂石级配、灰土和混凝土等不同处理方法分成不同项目。

● 施工排水按不同管径和不同水头分项。

● 管道铺设按不同管材、不同防腐等级和不同管径分项。

● 过街沟工程分成盖板安装、砖墙砌筑和钢筋绑扎分项。

● 阀门、阀门井及凝水器制作安装。阀门和阀门井分为单管单阀井、三通单阀井、三通双阀井和双管双阀井四种类型,每一类按不同管径分项;凝水器制作安装分为高压、中压和低压三类,每一类按管径分项。

● 顶管工程按钢管、混凝土加固管作套管的管径和槽深分项。

对上述 7 项分部工程的每一项均分别制订了相应的工程量计算规则,例如:

● 计算管道沟槽的土方、管道铺设、降水及其他直接费的工程量时,其长度均按设计桩号的长度以延长米计算,不扣除阀门及其他附件所占长度;

● 同一管径的沟槽按 50 m 为一计算段;

● 对管道铺设,当管道纵向坡度大于 5‰时,按实际长度计算;

● 顶管穿越障碍物、铁路等,其顶管长度不足 20 m 时按 20 m 计算。

2) 用户安装工程

编制用户安装工程的预(概)算采用《市政工程概算定额》。该定额将用户安装工程划分为下列分部工程。

● 燃气引入管根据不同引入方式,按管径大小分项,以个为单位进行计算。

● 燃气管道安装根据管材种类和连接方式,按管径大小分项,以延长米计算,不扣除阀门和管件所占长度。

● 对阀门(包括点火棒)来说,根据阀门类别和型号、公称直径大小分项,以个为单位进行计算。

● 燃具根据不同型号,按规格分项,以个为单位计算。

● 燃气表根据不同型号,按规格分项,以台(块)为单位计算。

● 炉灶砌筑按标准图砌筑。炒菜灶按图号分项,以 m 为单位;蒸锅灶按锅直径分项,以台为单位;烤炉以座为单位分别进行计算。

在计算各项分部工程的分项工程量时,要严格按照定额的分部分项依据进行划分。例如,对管道敷设,首先要分清是什么管材,然后要分清是架空敷设还是埋地敷设,若是埋地则需分清管道绝缘类型,最后按分项(规格)采用概算单价。在采用该项定额单价时,要明确其工程内容,例如,在 DN200 加强绝缘钢管敷设的工程内容中,包括"检漏管安装",则施工图概算书中不应再出现"检漏管安装"项费用。

总之,进行工程量计算时,工程分部、分项的划分要合理,应以定额为依据进行划分,不能有重复项和漏项。定额项目选用要准确。若定额中确实有缺项,需编制补充定额,报主管部门批准后方可正式采用。

施工图预(概)算书的一般形式如表 10-3 所示。

表 10-3　施工图预(概)算书

定额编号	工程项目	单位	工程数量	单价/元			预算价值/元			
				人工费	材料费	机械费	人工费	材料费	机械费	合计

10.4 综合概(预)算及总概算

10.4.1 综合概(预)算的编制

1. 意义和作用

综合概(预)算是确定单项工程所需建设费用的综合文件。它包括单项工程的全部建设费用,是根据单项工程的各个单位工程概(预)算及其他工程和费用概算(当不编总概算,只编综合概(预)算时才列此项费用)汇总编制的。

综合概算是编制基本建设计划的依据,是选择经济合理设计方案的依据,是实行投资包干和签订施工合同的依据,是办理基本建设拨款或贷款的依据,是建设单位申请材料和设备订货的依据,也是编制总概算的基础文件。

综合预算是实行工程招标、投标和办理工程价款结算的依据。如果按综合概算包干时,综合概算也是办理工程价款结算的依据。

2. 综合概(预)算的内容

综合概(预)算包括综合概(预)算表及其所附的单位工程概(预)算表。如果不编总概算,在对外单独提出时,还要附上编制说明。

对各个单位工程概(预)算进行汇总时,一般将工程或费用名称归纳为以下三项。

(1) 建筑工程

建筑工程是指一般土建工程、给排水工程、采暖通风工程、管道工程和电气照明工程等。

(2) 设备及其安装工程

设备及其安装工程是指机械设备及其安装工程、电气设备及其安装工程。

(3) 其他工程和费用

其他工程和费用是指包括工具、器具及生产用具购置费在内的其他工程和费用。

每个单项工程的综合概(预)算表究竟包括哪些单位工程和费用,应根据工程的设计规模、设计要求及建设条件等各方面的因素综合确定。

3. 综合概(预)算表

综合概(预)算表是国家主管部门规定的统一表格,如表10-4所示。除按规定准确、详细填写"工程或费用名称"和"概算价值"两大项目外,还必须计算"技术经济指标",为设计方案进行技术经济分析提供可靠数据,为以后的设计和编制概算积累技术经济资料。

"工程或费用名称"和概(预)算价值必须按费用构成分别填入相应栏内,其作用是:

● 各栏汇总后,便于编制总概算;

● 可以计算各项费用占总投资的百分比,分析投资效果;

● 为了满足计划、统计和财务各方面的需要。

计算"技术经济指标"所选用的计量单位,应能反映该单项工程的特点并具有代表性,如建筑面积以 m^2 为单位、储配站以 m^3 为单位,液化石油气灌瓶厂以 t 为单位等。

10.4.2 其他工程和费用概算的编制

其他工程和费用概算是确定属于整个建设工程所必需的,而又独立于单项工程以外的建设费用的文件。这些费用当编总概算时列入总概算内;如果不编总概算时,则直接列入该单项工程综合概(预)算内。

在基本建设开始施工前要进行场地建设准备工作。如征用土地,拆迁建设场地上的居民旧有建筑物,要成立专门机构办理筹建事宜,工程竣工后要进行清理。这些建设费用都是为整个建设工程服务的,一般不计入单项工程费用中,因此称为其他工程和费用。

其他工程和费用概算是分别不同的费用项目,是根据工程需要情况和有关数据,按当地行政主管部门规定的费用指标等资料进行编制的。

燃气工程建设项目经常可能支付的各项其他工程费如下所述。

(1)建设单位管理费

建设单位管理费是指建设单位管理机构为进行建设项目的筹建、建设、联合试运转和交工验收前的生产准备工作所发生的管理费用。费用内容有:工作人员工资、工资附加费、差旅交通费、办公费、工具和用具使用费、固定资产使用费、劳动保护费、零星固定资产购置费、招募生产工人费、技术图书资料费、合同公证费、工程质量监督检测费、完工清理费、建设单位的临时设施费和其他管理费用性质的开支。

(2)征用土地及迁移补偿费

◉ 征用土地费是指建设单位根据工程需要,经有关单位批准基本建设用地的数量,在征用时支付的费用。包括厂房、铁路、公路、生活区及活动场所等用地。

◉ 迁移补偿费是指建设场地原有房屋、青苗、树木和居民等拆除和迁移所支付的费用。

(3)勘察设计费

勘察设计费是指委托专业设计单位进行勘察设计或自行勘察设计的勘察设计费,以及为本建设项目进行可行性研究支付的费用。

(4)科学研究试验费

科学研究试验费是指为本建设项目设计或施工过程中提供或验证设计基础资料进行必要的研究试验所需的费用。

(5)供电补贴费

供电补贴费是指按照国家规定建设项目应交付的供电工程补贴费、施工临时用电补贴费。

(6)施工机构迁移费

施工机构迁移费是指施工机构根据建设任务的需要,成建制地(公司或公司所属工程处、工区)由原驻地迁移到另一地区所发生的一次性搬迁费用。费用内容有:职工及随同家属的差旅费、迁移期间的工资、施工机械、设备、工具,用具和周转性材料的搬运费。

(7)工具、器具和生产家具购置费

工具、器具和生产家具购置费是指新建项目或扩建项目初步设计规定所必须购置,但又不够固定资产标准的设备、仪器、工具、模具、器具、生产家具的费用。

(8)办公和生活用家具购置费

办公和生活用家具购置费是指为保证新建项目正常生产和管理所必须购置的办公和生活用家具的费用,包括办公室、会议室、食堂、单身宿舍和设计规定必须建设的托儿所、卫生所、招待所、中小学校、理发室、浴室、阅览室等的家具、用具的购置费。

(9)生产职工培训费

生产职工培训费是指新建企业或新增生产工艺过程的扩建企业自行培训或委托其他单位

培训技术人员、工人和管理人员所支出的费用,生产单位为参加施工、设备安装、调试以熟悉工艺流程、机器性能等需要提前进厂人员所支出的费用。费用内容有培训人员工资、工资附加费、差旅交通费、实习费、劳动保护费等。

（10）联合试车费

联合试车费是指新建企业或新增加生产工艺过程的扩建企业,在交工验收时,按照设计规定的工程质量标准,进行车间的负荷或无负荷联合试运转所发生的费用。

（11）国外设计与技术资料费

国外设计与技术资料费是指从国外进口技术或成套设备项目的设计和购置基本建设使用的技术资料费用。

（12）出国联络费

出国联络费是指为本工程项目派出的人员到国外进行设计联络和设备材料检验所需的旅费、生活费和服装费。

（13）外国技术人员生活、接待费

外国技术人员生活、接待费是指应聘来华的外国工程技术人员的工资、生活补贴、旅费、医药费等生活费和接待费。

（14）进口设备、材料检验费

进口设备、材料检验费是指进口设备、材料检验所需的人工费、材料费和机械使用费。

（15）国外培训人员费

国外培训人员费是指委托国外相关机构代为培训技术人员、工人、管理人员和实习生的费用。费用内容有差旅费、生活费、国内工资和服装费等。

（16）专利和技术保密费

专利和技术保密费是指按照合同规定支付的专利技术和技术保密费。

（17）进口成套设备项目延期付款利息

进口成套设备项目延期付款利息是指采取延期付款办法进口成套设备所支付给外商的延期利息。

（18）建筑安装工程保险费

建筑安装工程保险费是指从国外引进成套设备建设项目在工程建成投产前,建设单位向保险公司投保建筑工程险或安装工程险所缴付的保险费。

（19）预备费

预备费是指在初步设计和概算中难以预料的工程费用。其中包括实行按施工图预算加系数包干的预算包干费用。

10.4.3 总概算的编制

总概算是确定一个建设项目从筹建到竣工验收的全部建设费用的总文件,是根据各个单项工程综合概算以及其他工程和费用概算汇总编制而成的。

总概算是编制基本建设计划的依据,是考核设计经济合理性的依据;它和建设期内的贷款利息构成固定资产价值,因而也是考核基本建设项目投资效益的主要依据。

1. 总概算的内容

总概算文件中一般应包括编制说明、总概算表及其所附的综合概算表、单位工程概算表,以及其他工程和费用概算表。

1）编制说明

（1）工程概况

工程概况这个栏目主要说明了工程建设地址、名称、产品、规模及厂外工程的主要情况等。

（2）编制依据

编制依据这个栏目主要说明了上级机关的指示和规定、设计文件、概算定额、概算指标、材料预算价格、设备预算价格及费用指标等各项编制依据。

（3）编制范围

编制范围这个栏目主要说明了包括了哪些工程和费用和没有包括哪些工程和费用（由外单位设计的工程项目）。

（4）编制方法

编制方法这个栏目主要说明了编制概算时，采用概算定额还是采用概算指标。

（5）投资分析

投资分析这个栏目主要说明了各项工程和费用占总投资的比例，以及各个费用构成占总投资的比例，并且和设计任务书的控制费用相对比，分析其投资效果。

（6）主要设备和材料数量

设备和材料数量这个栏目主要说明了主要机械设备、电气设备及建筑安装主要材料（钢材、木材、水泥等）的数量。

2）总概算表的内容

为了考核建设项目的投资效果，总概算表中的项目，按工程性质划分为两大部分。

第一部分为工程项目费用，主要包括以下内容。

（1）主要生产工程项目

主要生产工程项目是根据建设项目性质和设计要求来确定的。例如制气厂的主要生产项目是制气和净化车间。

（2）辅助生产工程项目

辅助生产工程项目是为了维持正常生产新建的辅助生产项目，如机修车间、配电间、化验室等。

（3）公用设施工程项目

公用设施工程项目属于整个建设项目的给水排水、供电、供气、电信和总体运输工程。

（4）服务性工程

服务性工程包括厂部办公室、消防车库、汽车库等。

（5）生活福利工程

生活福利工程包括宿舍、住宅、食堂、幼儿园、子弟学校等。

（6）厂外工程

厂外工程包括厂外铁路专用线、供电线路、供水排水管道等。

第二部分为其他工程和费用项目（内容同前述）。

在第一、二部分项目的费用合计后，列出"预备费"项目，在总概算表的末尾列出"回收金额"项目。

总概算表中项目的多少取决于建设项目的用途、性质、规模及所在地区。总概算表的内容和综合概（预）算表相同。

2. 总概算的编制方法

在设计单位内部编制总概算有两种分工形式。一种是由各专业设计室设计人员提供设计文件,由概算专业人员编制整个总概算;另一种是由各专业设计人员编制单位工程概算或单项工程综合概算,然后由概算专业人员汇总编制总概算和做投资分析。设计人员对设计熟悉,在设计基础上再编概算较为方便。

总概算是根据建设项目内各个单项工程综合概算及其他工程和费用概算等基础文件,采用国家主管部门统一规定的表格进行编制的。表10-5是某燃气储配站的总概算表,该表把燃气储配站看成一个建设项目,把一期工程(工程项目见表10-4)和二期工程看作单项工程。表中其他费用按有关主管部门规定计取,或按实际调查情况列出。

表 10-4　综合概算表

建设项目：

工程名称:燃气储配站工程　　　　　　　　　　　　　　　　概算价值 567.73 万元

序号	工程或费用名称	概算价值/万元						技术经济指标			占投资额（%）
		建筑工程费	安装工程费	设备购置费	工具器具生产用具购置费	其他费用	合计	单位	数量	指标	
1	2	3	4	5	6	7	8	9	10	11	12
1C	总工程图	57.38	10.17	18.96			86.51				15.24
2A	储气罐一座	40.00	1.94	349.94			391.88	万 m³	5.00	78.38	69.03
3A	加压机车间	6.65	3.80	35.00			45.45	m²	302	220	8.0
4B	锅炉房	4.92	1.01	6.80			12.73	m²	204.00	240.00	2.24
5B	油泵房	3.77	0.28				4.05	m²	110.00	340.00	0.71
6B	消防泵房	1.01	0.02				1.03	m³	30.00	340.00	0.18
7B	变配电室	4.67	2.22	19.19			26.08	m²	194.00	240.00	4.59
	合　计	118.4	19.14	429.89			567.73				100

表 10-5　某燃气储配站总概算表

建设项目：

工程名称:储配站工程　　　　　　　　　　　总概算价值 1360.17 万元

　　　　　　　　　　　　　　　　　　　　技术经济指标 136.02 万元/万标 m³

序号	工程或费用名称	概算价值/万元						技术经济指标			占投资额（%）
		建筑工程费	安装工程费	设备购置费	工具器具及生产用具购置费	其他费用	合计	单位	数量	指标	
1	2	3	4	5	6	7	8	9	10	11	12
一	工程项目费用										
1	一期工程	118.40	19.44	429.89			567.73	万标 m³	5	113.55	41.74
2	二期工程	68.59	1.73	356.81			427.13	万标 m³	5	85.43	31.40
	小计						994.86				73.14
二	其他费用										
1	建设单位管理费					11.74	11.74				0.86
2	征地费					245.00	245.00				18.01

序号	工程或费用名称	概算价值/万元						技术经济指标			占投资额（%）
		建筑工程费	安装工程费	设备购置费	工具器具及生产用具购置费	其他费用	合计	单位	数量	指标	
1	2	3	4	5	6	7	8	9	10	11	12
3	勘察设计费					16.50	16.50				1.21
4	工器具和备品备件				11.80		11.80				0.86
5	办公和生活家具				0.82		0.82				0.06
6	职工培训					3.00	3.00				0.22
7	联合试车					7.87	7.87				0.58
	小计				12.62	284.11	296.73				21.80
	一、二项合计	186.99	21.17	786.70	12.62	284.11	1291.59				95
	预备金5%					68.58	68.58				5
	合计	186.99	21.17	786.70	12.62	352.69	1360.17	万标 m³	10	136.02	100

第 11 章　工程建设施工监理

在工程建设领域内,存在着众多的建设管理的理论、学派、模式和体制。最常见的建设管理体制有三种基本形式,即业主建设项目管理制、工程建设招标投标承发包制,以及介于业主和承包商之间,因对工程建设咨询而产生的建设监理制。这三种建设管理制度与国际工程承包的 FIDIC 合同条件等,就构成了当今工程建设管理模式的基本惯例。

为加快与国际接轨的步伐,1989 年下半年,建设部颁发了《建设监理试行规定》,这是我国工程监理的第一个法规文件。1992 年 6 月,建设部发布了《监理工程师资格考试和注册试行办法》。实践证明,建设监理制是推动我国经济建设、工程建设、对外贸易及涉外工程建设管理等方面的基本动力之一。因此,建设监理制在我国建设领域内全面推广有着下述几点重大意义。

⊙ 建立和健全建设监理制度是适应我国社会主义市场经济发展的需要。

⊙ 实行建设监理制度是提高工程建设管理水平的需要,也是促进工程建设行业管理现代化的重要途径。

⊙ 推行建设监理制度是加强国际工程建设合作的需要。

11.1　工程建设项目管理

11.1.1　项目与项目管理

1. 项目的含义

"项目"一词是人们日常生活中广为应用的一个词语,如生产项目、技术项目、财务项目、建设项目等。狭义的"项目"概念是泛指各类事物的条款;广义的"项目"概念则是指在社会生产、交换、分配和消费的全过程中,人们从事一切物质的、非物质的各类活动。对任何一个项目,从系统概念来理解,都可以认为是一种具有特定组织结构的、一定功能或效用的、且存在于某种环境之中的物质实体、非物质实体及其由它们所产生的行为或效果的总称,故项目就是一种系统。由于给项目赋予了系统的概念,项目就具有系统的某些特征,如具有一个或多个目标,具有一定的功能或效用,具有一定的组成要素和组织结构,存在于一定的环境之中等。

2. 项目管理

自有人类社会以来,就存在着管理。从汉语词汇构成来看,"管理"可以划分为"管"和"理"两个基本方面。"管"是指保证、负责、限制等行为特征;"理"是指条理、规则、准则等行为依据。"管理"则是以某种条理、规则、准则等为行为依据,进行具有某种行为特征的活动的总称。管理作为一种实际活动具有某些共同特征:包括应有一个或多个目标;要消耗一定资源,即物质的或非物质的资源;要建立一定的组织,即组织机构及组织制度。

项目管理是指人们从事一切事物的管理活动的总称。项目管理是针对事物运动的全过程而言的,故项目管理也可以认为是一种过程管理;或者从项目的系统概念来理解,项目管理也是系统管理。项目管理具有整体性和过程性的管理特点。整体性管理是为了追求项目整体效益或效用最大化为特征的管理;过程管理是对项目全寿命期或项目周期内所推行的一种动态管理模式。

11.1.2　工程建设项目的特点及划分

1. 工程建设项目的特点

工程建设项目是由单个工程实体或多个工程实体组成具有确定联系、确定功能的项目群体。因此,工程建设项目既具有项目的共同特点,又具有自身的显著特点。工程建设项目的共同特点主要有下述几个方面。

◉ 工程建设项目的决策是一种序列决策问题,即随着工程建设的进度,对不同建设阶段所面临的不同建设问题,需要作出不同的决策,组成了工程建设项目的决策序列。

◉ 工程建设项目实施是一项显著的投资经济活动,投资的目的性强,投资风险不确定,且具有一次性特点。

◉ 工程建设周期和项目周期长,不确定因素的影响占很大层面,对工程费用、资源消耗和效益分析的波动性大。要实现对工程建设项目投资目标控制、建设进度控制和工程质量控制具有一定的难度和复杂性。

2. 建设项目的划分

工程建设项目简称为建设项目,它可以划分为单项工程、单位工程、分部工程和分项工程。

11.1.3　工程建设程序及基本建设程序阶段

1. 工程建设程序

工程建设程序是指工程建设项目从立项、论证、决策、设计、施工到竣工验收交付使用为止,在建设全过程中完成各项工作应遵循的先后次序。

我国的工程建设程序又称为基本建设程序,是建设过程及其经济活动规律的反映,是工程价值形成过程。我国建设行政主管部门颁布了一系列有关的工程建设程序的法规及建设程序的执行制度,同时把是否执行基本建设程序作为建设执法监督的重要内容。

基本建设程序如图 11-1 所示。

2. 基本建设程序的阶段

(1) 投资决策阶段

根据国民经济发展计划及市场调查情况,提出建设项目设想,开展项目投资论证(项目前评估),对项目建设作出决策。

(2) 设计阶段

当建设项目设计任务书和选址报告批准后,即可进行工程地质和水文地质勘察,落实外部建设条件,进行初步设计及编制工程总概算、技术设计及编制工程修正概算、施工图设计及编制工程预算等工程设计工作。

(3) 施工阶段

实施施工准备及组织施工等工作,竣工后的工程应进行竣工验收。

(4) 交付使用阶段

工程竣工验收合格后,组织交付使用,并按国家建筑法规的规定,对工程实行保修,开展项目后评估等工作。

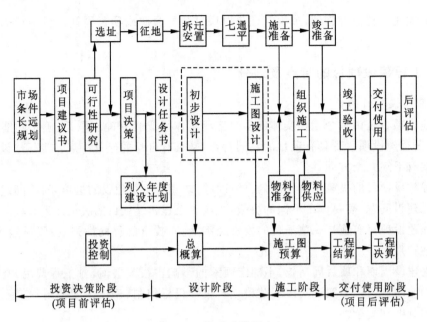

图 11-1　基本建设程序

11.1.4　工程建设项目管理的内涵

工程建设项目管理包含有业主的项目管理、总包方的项目管理、设计及施工单位的项目管理。因参与工程建设项目管理的主体不同,各方从事工程建设项目管理的目的、任务、方式和依据等也不尽相同。表 11-1 列出了业主、总包方、设计单位和施工单位参与工程建设项目管理的目的、任务、方式和依据。

表 11-1　各类主体对建设项目管理的目的、任务、方式和依据

主　　体	管理目的	管理任务	管理方式	管理依据
业主	追求投资效益的最大化	项目投资决策、控制与协调	项目法人负责制	合　同　与法规
总承包方	实现总承包利益和承包效果最大化	项目建设全过程组织、控制、协调	总承包负责制	总包合同与分包合同、技术标准、规程
设计单位	追求设计效益与效果最大化	总体设计与专业工种设计组织与管理	总工程师负责制与专业工种负责制	设计合同、设计任务书、设计标准与规范
施工单位	追求企业生产经营效益最大化	施工全过程的组织、控制、调度与协调	项目经理负责制	施工合同、设计文件、施工标准、规范

11.1.5　工程建设项目管理的基本原则

业主、总承包方、设计单位和施工单位开展工程建设项目管理的目的、任务、方式和依据虽

有不同,但在建设全过程的项目管理或建设阶段上的项目管理,都必须遵循工程建设项目管理的基本原则。下面以业主的建设项目管理为例,说明工程建设项目管理的基本原则。

1. 目标控制原则

工程建设项目管理的目标控制原则是:首先根据建设意图确立建设项目的总目标,然后逐层分解落实建设项目的总目标,直到分解出若干能考核建设项目总目标实现程度的具体的技术经济指标为止。自此构成建设项目的目标体系。

在建设项目实施过程中,通过对建设项目各级分目标(指标)实现程度做出必要的目标跟踪、目标控制、目标协调,以保证建设项目的总目标的最终实现。由于对建设项目控制是随建设过程分阶段逐步进行的,故目标控制原则又称为目标动态控制原则。

图 11-2 为业主建设项目的管理目标系统。

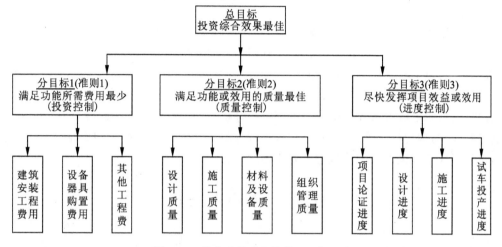

图 11-2 业主建设项目的管理目标系统

根据业主的建设项目管理目标系统,可以分别建立设计单位、施工单位、监理单位和供货单位等相应的目标系统,其中应包括费用目标、进度目标、质量目标及功能与效用目标,以及描述各类目标的相关指标。

2. 分解管理原则

所谓分解管理原则,是指将一个复杂建设项目按其组成结构或建设程序的工作事件,采用"化整为零"的工作方式,将整体工程建设项目分解成若干项单项工程、单位工程、分部工程和分项工程。

图 11-3 为按建设过程划分的工程建设项目管理的系统结构。

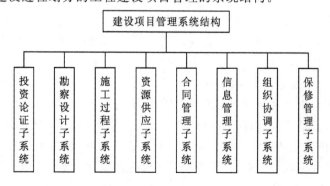

图 11-3 按建设过程划分的工程建设项目管理的系统结构

3. 统筹协调管理原则

建设项目在不同建设阶段、不同的合同条件及参与建设各方的不同行为状态下，有可能使建设项目的目标产生冲突、建设各方的行为产生冲突、建设项目结构产生冲突及建设项目与建设环境产生冲突等。因此，统筹协调管理原则是在建设过程中采用不同的协调手段，合理解决所产生的目标冲突、结构冲突、行为冲突和与建设环境冲突的矛盾，以利保持建设过程的有机统一，维护建设项目管理行为的平衡状态，确保建设项目目标最终得以实现。

4. 优化管理原则

优化管理原则是在目标管理原则、分解管理原则和统筹协调管理原则的基础上，研究以最少建设资源投入（包括劳力、资金、材料、设备、工期等），获得最大产出效果（包括安全性、可靠性、经济性、有效性和先进性），以确保建设项目的整体最优化，而不是局部最优化的一种建设项目管理原则。

5. 定性与定量分析相结合的原则

现代工程建设项目管理存在着众多复杂的管理问题，既有定性管理问题，如合同管理、人事管理和组织协调等，又有定量管理问题，如投资效益分析、技术方案评价、资源的最佳配置及利用。当代信息技术和计算机技术的发展，在现代工程建设项目管理中已广泛地采用了数量经济分析法、技术经济方法和最优化技术等定量分析方法。所谓定性与定量分析相结合，是指传统管理方法与现代科学管理方法相结合，是领导科学决策与专家技术知识相结合的具体的体现，也是现代工程建设项目管理的重要原则之一。

11.2 建设监理

11.2.1 建设监理概念

1. 监理

所谓"监理"是"协调约束机制"一词的主要含义。其中"监"可理解为对某种预定的行为从旁观察或进行检查，目的是督促其不得逾越预定的界限，即发挥约束作用。"理"即对相互交错的行为和相互矛盾的权益进行调理，使其协作，即发挥协调作用。所以"监理"一词可以解释为：一个机构和执行者，依据一项准则，对某一行为的有关主体进行监督、检查和评价，并采取组织、协调、疏导等方式，促使行为主体相互密切协作，按行为准则办事，顺利实现群体或个体的价值，更好地达到预期目的。

2. 建设监理

所谓"建设监理"，就是依据建设行政法规和技术标准，综合运用法律、经济、行政和技术手段，对工程建设参与者的行为和他们的责、权、利，进行必要的协调和约束，保障工程建设井然有序而顺畅地进行，达到好、快、省和取得最大投资效益的目的。

建设监理的基本框架是两个层次、一个体系。两个层次是指政府建设监理和社会建设监理，一个体系是指在组织上和法规上形成一个体系。

政府建设监理，就是政府建设行政管理部门及其监理机构，对其所辖区域内的工程项目和所属的社会监理单位实施的宏观的监督管理。社会建设监理，就是由社会上的社会建设监理单位，受业主的委托和授权，对其工程建设项目所实施的监理。两个层次的监理实现了工程建设监督管理的专业化、社会化。

11.2.2 建设监理层次

工程建设涉及人民的切身利益、集体利益和国家利益,需要有不同层次的部门和专业团体来制约、监督、规划和协调。作为政府,要制定相应的法律、标准、规划条例来达到约束和规范市场的目的,作为项目具体实施的单位、个人,为了达到自己的要求、愿望,就需要聘请专业化的工程技术管理人员来为自己服务。由于有不同层次的要求,就产生了相应的工程项目的监理组织,即政府监理和社会监理。两者是工程建设的有机整体,是不可分割的两个组成部分。

1. 政府建设监理

政府建设监理是指政府建设主管部门对建设单位的建设行为实施的强制性监理和对社会监理单位实行监督管理。

目前,我国政府建设监理的内容有工程质量监督、施工安全监督、建设市场和工程招投标、工程监理、基本建设管理、设计管理、施工管理等。

政府建设监理具有强制性、执法性、全面性、宏观性等性质。

政府建设监理的内容是相互联系的两个方面。一是制定有关的监理法规,如工程监理单位资质管理法规,监理工程师考试与注册法规,工程监理委托合同条件、市场监督机构的组织和管理法规,工程设计招投标法规,工程施工招投标法规,工程合同管理法规等;以及各类工程设计技术规范,如各类工程施工技术规范,工程防火与消防设计规范,施工安全技术规范,工程建设技术经济定额,工程概(预)算编制法规等。二是依法进行监督,即依法对建设市场进行监理和依法对社会监理单位进行监督管理。

2. 社会建设监理

1) 社会建设监理的基本概念和性质

社会监理是指由独立的、专业化的社会监理单位受业主(或投资者)的委托,对项目建设全过程实施的一种专业化管理。其内容主要根据委托者的需要确定,可以包括项目建设前期的可行性研究及项目评估,实施阶段的招标、勘测设计、施工等。社会监理是社会监理单位的监理工程师,通过对项目建设的组织协调、监督、控制和服务等一系列措施来实现的。

社会建设监理单位是指依法成立的、独立的、智力密集型的、从事工程建设监理业务的经济实体,在我国建设监理有关规定中称为"工程建设监理公司"和"工程建设监理事务所"。它们是依法成立的法人,具有自己的名称、组织机构、场所以及必要的财产和经费。

社会建设监理单位属于企业单位,但是在性质上与一般的企业单位又有很大区别。它具有服务性、科学性、公正性、独立性等特点。

2) 社会建设监理的任务及主要的工作内容

社会监理单位的一般任务是:采用组织、技术、经济、合同等措施,确保建设项目的总目标——工期目标、质量目标和投资目标的最合理实现。

合同管理是进行工期、质量、投资控制的依据,信息管理是进行工期、质量、投资控制的基础,同时,监理工程师通过建立合理的组织形式,运用高超的管理技术来协调、处理好各个方面的关系,使参与建设的各方都能集中精力搞好工程建设,确保三个目标的最好实现。

另外,风险管理也是监理工程师的一项重要任务。

社会建设监理的主要工作内容如下。

(1) 建设前期阶段

● 对建设项目的可行性进行研究。

● 参与设计任务书的编制。

（2）设计阶段

● 提出设计要求,组织评选设计方案。

● 协助选择勘察、设计单位,商谈签订(署)勘察设计合同并组织实施。

● 审查设计和概(预)算。

（3）施工招标阶段

● 准备、参与发送招标文件,协助评审投标书,提出决标意见。

● 协助建设单位与承建单位签订工程承包合同。

（4）施工阶段

● 协助建设单位和承建单位编写开工报告。

● 确认承建单位选择的分包单位。

● 审查承建单位提出的施工组织设计、施工技术方案和施工进度计划,提出改进意见。

● 审查承建单位提出的材料、构件和设备的质量,检查安全防护措施。

● 督促检查承建单位严格执行工程承包合同和工程技术标准。

● 调解建设单位与承建单位之间的争议。

● 检查工程所用材料、构件和设备的质量安全防护措施。

● 检查工程进度和施工质量,验收分部分项工程,签署工程付款凭证。

● 督促整理合同文件和技术档案资料。

● 组织设计单位和施工单位进行工程竣工初步验收,提出竣工验收报告。

● 审查工程结算。

（5）保修阶段

社会建设监理负责检查工程状况,鉴定质量问题责任,并督促保修。

3）社会建设监理单位与业主、承包商、设计单位之间的关系

在我国,业主就是由投资方代表组成的全面负责项目筹资、项目建设、生产经营、归还贷款和债务本息并承担投资风险的管理班子。工程项目由原有企业投资的,原有企业的领导班子就是业主;由多方合资的,其成立的董事会就是业主;由政府单独投资的,其设立的管理委员会就是业主。

（1）社会建设监理单位与业主的关系

在实行业主负责制的前提下,社会建设监理单位与业主之间的关系是平等主体间的关系,在工程项目建设上是委托和被委托、授权和被授权的关系。业主委托社会建设监理单位的内容和授予的权力,是通过双方平等协商,并以监理委托合同的形式予以确立的。

不同的业主对社会建设监理单位授予的权力也是不一样的。有的业主除自己拥有掌握工程建设规模、设计标准和使用功能有关的决定权以外,把其余的权力都授予监理单位。

社会建设监理单位对业主而言,一般的权力有:工程建设任何问题向业主的建议权;组织协调上的主持权;材料与施工质量的确认权和否决权;施工进度与工期上的确认权和否决权;工程合同内工程款支付与工程结算的确认权和否决权等。特别是工程款支付和工程结算确认权与否决权必须拥有,否则就不能发挥监理应有的作用。

（2）社会建设监理单位与设计、施工单位的关系

在工程项目建设上,社会建设监理单位与工程设计、施工单位之间也是平等主体之间的关系,但相互间没有单独的合同。社会建设监理单位之所以能够对工程设计、施工单位进行协

调、约束，一是因为社会建设监理单位具有贯彻执行建设监理法规、建设管理法规与标准以及国家建设计划的职责；二是因为社会建设监理单位具有业主所授予的必要的权力，而且也写明业主授予监理单位的权限，并得到工程设计、施工单位的确认。可以说，社会建设监理单位与工程设计、施工单位之间的关系是监理与被监理的关系。具体地说，在设计阶段实行监理，社会建设监理单位与设计单位是监理与被监理的关系；在施工阶段实行监理，社会建设监理单位与施工单位之间是监理与被监理的关系，与设计单位是工作关系。

3. 建设监理委托合同管理

1）建设监理委托合同的签订

业主（或建设单位）可以通过直接或竞争性招标选择监理单位。直接选择是由业主（或建设单位）将工程项目建设监理任务委托给某监理单位，并与该监理单位签订建设监理委托合同。竞争性招标选择是由业主（或建设单位）通过招标来物色监理单位，并与中标的监理单位签订监理委托合同。竞争性招标选择监理单位的程序如图 11-4 所示。

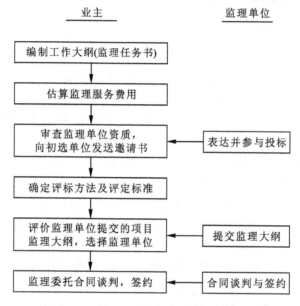

图 11-4　竞争性招标选择监理单位的程序

（1）编制工作大纲

工作大纲又称为监理任务书，是业主（或建设单位）向监理单位详细说明监理任务及工作范围的文件，也是业主（或建设单位）提交给监理单位编制监理大纲的依据。工作大纲的主要内容如下。

● 工程概况，包括项目名称、建设单位、建设条件、建筑面积、结构形式，以及监理服务费估算办法等。

● 建设监理目标，包括工程项目总投资、建设进度、工程质量等目标，以及工程项目建设前期监理、设计监理、施工监理或保修服务监理等分目标。

● 工程项目建设监理业务范围及其主要工作要求说明。业主（或建设单位）应在工作大纲中详细列出委托监理的业务范围的项目清单，以及对清单所列项目说明其监理要求。

● 要求专业监理人员配备及各类人员的工作时限。

● 要求建设监理硬件及软件的提供方式。

● 对建设监理资料及监理报告提交的要求。

◉ 有关其他辅助服务项目及要求。

（2）建设监理服务费用的估算

对建设监理服务所需费用，应根据委托监理业务的范围、深度和工作性质、工程规模、难易程度及工作条件等，可参考国家物价局和建设部对国内工程项目建设监理的收费标准，按所监理工程概（预）算金额的一定百分比计取；或者参照监理工作年度平均人数计算，每人每年计取服务费；若不能按上述办法计费的建设监理项目，可由业主（或建设单位）与监理单位商定其他计费办法。

（3）审查监理单位的资质

业主应根据工程项目特点、监理任务及所掌握的监理单位情况，对监理单位的资质进行审查，选出几家监理单位（一般 3～5 家）作为邀请投标对象。如果被邀请的监理单位愿意参与投标，业主发给其邀请书及工作大纲，供各参与投标的监理单位参考。参与投标的监理单位编好监理大纲，由监理单位负责人审查、签字，加盖公章，按业主邀请书中规定的时间和地点，送交业主，以备评定、选择监理单位。

工程项目建设监理大纲又称项目监理建议书，分为监理技术大纲和监理财务大纲。

监理技术大纲又称为监理技术建议书。监理技术大纲的主要内容如下。

◉ 概述：监理单位简介；本大纲结构及主要内容；被监理项目的工程特点及背景的理解等。

◉ 监理单位的概况：监理单位的能力；监理单位的主要业绩简介等。

◉ 监理项目的总体构思：项目背景；市场优势；建设条件；内外影响因素；监理工作范围；监理业务要求；建设单位配合条件等。

◉ 项目监理技术路线和工作计划：监理计划；监理技术方案；技术标准；工作准则；质量保证体系；监理资料和监理报告提交清单及提交时间等。

◉ 工程项目监理组织及人员配备：项目监理组织机构；项目监理组织负责人；专业人员结构及专业技术人员的数量；项目监理组织与业主配合协作方式；各监理专业工种的工作计划等。

◉ 业主提供配合支持的事项：业主无偿提供项目监理文件及资料清单；业主无偿提供的执行监理任务的设备及设施清单；业主协助配合监理单位办理有关申报手续清单等。

◉ 附件：业主邀请书及工作大纲；监理单位从事类似项目监理实例；各种监理人员的简历；监理单位能力的声明文件及有关宣传资料等。

监理财务大纲又称为项目监理财务建议书。项目监理财务大纲的主要内容如下。

◉ 编制说明：编制依据；计算标准及计算方法等。

◉ 服务费用计算：监理人员工资；可报销费用；不可预见费及服务总费用额计算方法；各类费用（包括人员酬金、可报销费用等）明细表等。

◉ 服务费用支付说明：费用支付计划及支付金额；结算方式等。

◉ 附件：经注册会计师事务所审计的监理单位的资产负债表和损益表等。

（4）评标方法及标准

对评标，可由业主组织专家组，采用综合评价方法，如打分法或其他评价方法，科学、公正、合理地评选最佳监理单位。

业主根据工程特点、委托监理任务和对监理单位的特殊要求，建立选择监理单位的评定指标体系及其评定标准。一般来说，评定指标体系应包括：监理单位的资历及经验；完成工作大纲要求的技术路线和方法；监理人员的资格及工作业绩；监理服务费用金额及其组成等。各类评价指标的各子项目及其标准评分值如表 11-2 所示。

表 11-2　评价指标体系及其标准评分

序　号	评 价 指 标	最高标准评分值（总分 100）
1	监理单位资历和经历	总分 20
	类似项目监理经验	6
	类似地域监理经验	6
	监理单位的工作业绩	8
2	监理技术路线和方法	总分 40
	对监理目标的理解	5
	监理技术方法	8
	监理技术组织	8
	监理质量保证体系	8
	对业主提供的配合要求	3
	监理工作计划	5
	监理规划表述	3
3	监理人员资格及工作业绩	总分 30
	项目组长	10
	技术专家	5
	经济专家	5
	信息专家	5
	法律专家	5
	其他专家	5
4	监理服务费用金额及其组成项目	总分 10

（5）选择监理单位

业主应组织专家组，按事先确定的评价指标体系及其标准评分值，对各投标监理单位提供的工程项目建设监理大纲进行评分。评分过程及选择监理单位程序如下所述。

先将各投标监理单位提交的项目监理大纲和制订的评价标准等文件资料提交专家组，并由各专家评分。然后召开专家组评议会议，审查各评定专家的评定结论，选择监理单位。评议会议的议程如下。

● 报告受理各监理单位项目监理大纲的记录，审查不合格的项目监理大纲。

● 对专家评价结论讨论或修改（有必要的话）。

● 对各专家评分进行统计分析，讨论并取得一致意见；对各监理大纲按获得的总分，由高分到低分进行排序。

● 对排列第一名的监理大纲应指出不足之处，提出改进意见，并在监理委托合同谈判之前或之中予以澄清和解决。对排列第二名的监理大纲也应指出不足之处，提出改进意见，以便作为谈判的备选单位。

● 监理委托合同审查。

● 确认合同谈判的监理单位、邀请单位(如银行、主管部门等)、谈判日期和地点。

● 通知被选择的监理单位和邀请单位参加监理委托合同谈判。

(6) 监理委托合同谈判与签约

在规定时间、规定地点,业主邀请被选择的监理单位或其他邀请单位,共同参与合同谈判。合同谈判的基本程序如下。

● 介绍谈判小组各方成员,宣布谈判内容和程序。

● 递交授权书。监理单位代表应递交委任其参与谈判和签约的授权书,以便使签署的合同具有法律效力。

● 复查。讨论监理任务书的范围、目标、要求等。若双方对监理任务书的理解有分歧,应当磋商达成一致意见。

● 协调工作计划及人员配备。双方对监理工作计划及人员配备应协调统一。若业主对参与项目监理人员资格提出异议,监理单位应对人员配备作必要的调整。

● 对业主提出的人员、设备和设施应拟定清单,提供计划,以及对承担有关费用达成协议。

● 对监理单位的监理财务大纲审查。只有经过全面协商,达成一致意见后,才能进行合同财务条款的审查。

● 合同批准和签字。合同得到签约各方批准后,可正式签订合同。在合同批准期间,双方应商定服务开始时间和工程开工安排的有关事项,确定开工时间。

2) 建设监理委托合同管理

建设监理委托合同一经签订就具有法律效力。合同双方为维护自身的合法权利,保证合同的顺利实施,都必须加强对合同的管理工作。

(1) 建设监理委托合同管理的任务

业主和监理单位对建设监理委托合同管理的基本任务如下。

● 监理单位通过对建设监理委托合同的管理,可以对参与监理的人员在合同关系上给予帮助,并通过对合同解释给予工作上的指导,以及对信函和纪要进行合同法律审查。

● 签约双方通过对建设监理委托合同的管理,可以对合同实施进行有效的控制,以确保双方正确履行合同,增强双方合同实施的协作配合。

● 通过双方加强对建设监理委托合同的管理,可以减少或防止合同争执,并避免因合同争执造成的损失。

● 通过对建设监理委托合同的管理,可以向签约双方通报合同执行情况,便于双方制订合同实施的行动方案或对策。

(2) 建设监理委托合同管理的主要内容

业主和监理单位对建设监理委托合同管理的主要工作内容如下。

● 监理单位应建设合同实施的保证体系。监理单位合同实施的保证体系包括建立有效的项目监理组织机构;配备得力的项目监理负责人及其配套的专业监理人员;落实合同责任制,建立和健全以责任制为中心的合同管理工作程序和工作制度;对合同目标采用动态跟踪的目标管理模式等。

● 建立合同实施的监督机制。签约双方都必须实行对合同实施的监督工作,包括对监理单位的合同保证体系质量的审查;业主协助监理单位对合同保证体系的建设;对合同实施的要求、规定标准、监理方式和监理程序的严格检查;对监理单位与业主往来的各种函件、报告及批复、签证及记录材料的审查;双方应对监理工作计划执行情况定期检查;对合同实施中出现的新情况、新问题应尽快协商,制订必要的对策、措施加以解决;对合同更改进行事务性处理。

◉ 合同争执的解决。如果合同双方在执行合同过程中产生了争执,应本着互利互惠的原则妥善地协商解决。若协商失败,任何一方可以向合同管理仲裁机构提出仲裁申请,经仲裁机构调解,作出仲裁决定;任何一方对仲裁决定持有异议,都可以向人民法院提出诉讼,由人民法院依法作出判决。

◉ 索赔与反索赔报告。提出索赔与反索赔报告,是合同双方进行合同管理的日常事务工作。

（3）建设监理委托合同变更管理

合同变更是建设监理委托合同管理的重要特征。合同变更的原因是多方面的。概括起来,主要有下列几个方面的原因。

◉ 业主提出新的要求或补充要求。

◉ 合同执行环境的变化超出了原有合同的委托要求,经双方协商达成合同更改。

◉ 国家经济及政策对新建项目提出新的要求,业主要求对合同应做相应变更。

合同变更对签约双方都会产生一定的影响,主要有以下两个方面。

◉ 因合同变更会引起双方责任的变化,在合同变更中应给予确认。

◉ 因合同变更会引起双方利益的变化,特别是当监理任务的变化会引起监理服务费用的变化,在合同变更中应对新增服务费计算的方法、金额、支付方式、支付时间等均应作出规定。

合同变更应由合同双方经过会谈,对变更问题达成一致意见,签署会议纪要、备忘录、修正案等变更协议。变更协议与合同文本具有同等的法律约束力,其法律效力优于合同文本。

对于合同规定范围内的变更,不需经过双方会谈,可由业主直接下达变更指令。

4. 工程项目实施监理的程序

社会建设监理单位在与业主签订建设监理委托合同后,即可参照以下程序组织监理活动。

（1）确定项目总监理工程师,成立项目监理组织

在总监理工程师的具体领导下,组建项目的监理班子,并根据签订的建设监理委托合同,制订监理规划和具体的实施计划,开展监理工作。

（2）收集有关资料

这些资料包括:反映工程项目特征的有关资料;反映当地工程建设政策、法规的有关资料;反映工程所在地区技术经济状况等建设条件的资料;类似工程项目建设情况的有关资料。

（3）制订工程项目的监理规划

工程项目的监理规划是开展项目监理活动的纲领性文件,它起着指导制订监理实施细则的作用。

（4）制订各专业监理工作计划或实施细则

在监理规划的指导下,指导投资控制、质量控制、进度控制的工作,还需结合工程项目实际情况,制订相应的实施性计划或细则。

（5）规范化地开展监理工作

开展监理工作要根据制订的监理工作计划和运行制度来进行。作为科学的工程项目管理制度,监理工作的规范化体现在以下几个方面。

◉ 工作的时序性。监理工作的各项工作都是按一定的逻辑顺序先后开展的,从而使监理工作能有效地达到目标,不致造成工作状态的无序和混乱。

● 职责分工的严密性。建设监理工作是由不同专业、不同层次的专家群体共同完成的。他们之间严密的职责分工,是协调进行监理工作的前提和实现监理目标的重要保证。

● 工作目标的确定性。在职责分工的基础上,每一项监理工作的具体目标都应是确定的,完成的时间也应有规定,故能通过报表资料对监理工作及其效果进行检查和考核。

(6) 监理工作的总结

监理工作总结应包括两部分内容。

第一部分是向业主提交的监理工作总结。其内容主要包括:建设监理委托合同履行情况概述;监理任务或监理目标完成情况的评价;由业主提供的监理活动使用的办公用房、车辆、试验设施等的清单,表明监理工作终结的说明等。

第二部分是向社会建设监理单位提交的监理工作总结。其内容主要包括:监理工作的经验,可以是采用某种监理技术、方法的经验,也可以是采用某种经济措施、组织措施的经验,以及签订建设监理委托合同方面的经验,如何处理好与业主、承包单位关系的经验等。

5. 工程项目建设监理的工作内容及责任

通过上述讨论,可以将工程项目建设全过程的监理工作内容、责任关系及监理工程师的工作职责汇总在表 11-3 中,供读者参考。

表 11-3　工程项目建设监理的工作内容及职责

序　号	工作内容	责任关系				监理工程师的工作职责
		业主	监理工程师	施工设计	主管部门	
一	投资前期监理	审查 ○ ←	编制 ○			编制监理规划、监理大纲
1	协助业主项目立项	决定 ○ ←	建议 ○ →		审批 ○	调查研究,按业主意图进行项目规划,编制项目立项报告,业主审查后报送主管部门审批
2	可行性研究	决定 ○ ←	建议 ○ →		审批 ○	可行性研究,论证项目投资效果,编写可行性研究报告,业主同意后报主管部门审批
3	建设选址评价	决定 ○ ←	建议 ○ →		审批 ○	建设选址条件评价,最优选址,业主同意报主管部门审批
4	编写设计大纲和设计任务书	决定 ○ ←	建议 ○ →		审批 ○	协助业主编制设计大纲和设计任务书,报主管部门审批
5	协助业主办理建设许可手续	决定 ○ ←	报告书 ○ →		审批 ○	协助业主办理项目建设的有关许可证书,即用地许可证,建设规划许可证、建筑许可证、施工许可证等
6	方案竞选或设计招标,选择设计单位	决定 ○ ←	审查 ○ ←	选择 ○		开展设计方案竞选或设计招标,编写"设计竞选规则"、"设计招标文件",选择设计单位,签订设计合同

序 号	工作内容	责任关系				监理工程师的工作职责
		业主	监理工程师	施工设计	主管部门	
7	建设场地准备	决定 ○ ←	建议 ○			办理土地使用手续、拆迁安置、"三通一平"、工程勘察等
二	设计阶段监理	审查 ○ ←	编制 ○			编制设计监理规划和监理大纲
1	设计任务书交底	报告 ○ ←	○ 编制	协商 → ○		设计任务书交底,设计进度及设计合同管理、配合协作等事宜磋商
2	初步设计磋商	报告 ○ ←	组织 ○	协商 → ○		对初步设计深度、广度、技术难度、成果要求等技术磋商
3	初步设计审查	决定 ○ ←	审查 ○ ←	提交 ○ →	审批 ○	初步设计总体方案、专业设计方案技术先进性审查,设计概算控制,业主审查后报有关主管部门审批
4	技术设计磋商	报告 ○ ←	组织 ○	协商 → ○		技术设计深度、广度、技术难度、辅助项目研究、特殊项目试验、成果要求等技术磋商
5	技术设计审查	决定 ○ ←	审查 ○ ←	提交 ○ →	审批 ○	技术设计审查、修正概算控制,业主同意后报有关主管部门审批
6	施工图设计磋商	报告 ○ ←	组织 ○	协商 → ○		施工图设计要求、图样类型、数量;标准图提供;设计进度;审查标准等磋商
7	施工图设计审查	决定 ○ ←	审查 ○ ←	提交 ○		施工图设计审查、设计图样质量、工程预算控制、技术难度等
8	协助业主订购材料、设备及运输	审查 ○ ←	提交 ○			编制材料、设备订购清单,提出质量要求、供货时间、单价及预算等,报业主审查,协助业主签订供货合同、运输合同等
9	协助业主组织施工招标及签约	决定 ○ ←	审查 ○ ←	投标 ○		编制招标文件、组织评标,协助业主选择施工单位,签订施工合同
三	施工阶段监理	准备 ○ ←	协助 ○		审批 → ○	编制施工监理规划及监理大纲,协助业主作好施工准备,撰写开工报告,报主管部门审批

序号	工作内容	责任关系				监理工程师的工作职责
		业主	监理工程师	施工设计	主管部门	
1	协助施工单位办理开工手续	协助 ○	协助 ○	实施 ○	联系 ○	与建设主管部门和水、电、气、市容等部门取得联系
2	协助施工单位健全现场组织	报告 ○	审查 ○	实施 ○		协助施工单位健全现场管理组织,审查人员进场资质,审查分包单位资质,检查各项现场管理制度落实情况,并督促执行
3	设计交底,图纸会审	○ 决定	○ 组织	参与 ○	参与 ○	组织设计交底、图纸会审、协商重大施工技术方案措施,整理及签署会审记录
4	协助并检查施工准备工作质量	决定 ○	审查 ○	实施 ○		审查施工组织设计、施工技术方案、施工工艺路线,控制施工进度、质量及成本能否保证建设总目标的实现
5	检查材料、机械设备,协助施工单位协调各方行动	认可 ○	协助 ○ 检查	实施 ○		检查采购材料样本、功能是否符合设计要求,施工机械设备技术性能是否满足施工要求,协助协调供货方的行动计划,以满足施工进度要求
6	施工过程管理跟踪检查监理	决定 ○	检查 ○ 认可	实施 ○		检查施工操作者是否执行了相应标准、规程,工程管理制度是否落实,工程责任制度和安全制度是否完善,施工质量、成本、进度是否在控制幅度内,对检查分项工程签证
7	检查确认施工进程中投入的材料、机械设备类别,已完工程内容	认可 ○	检查 ○ 认可	实施 ○		检查认可施工进程中使用的材料、机械设备类别、性能、数量、单价,审查已完工程内容,签署工程分期结算报告及消耗
8	协助政府监理职能部门对施工现场检查	参与 ○	协助 ○	实施 ○	检查 ○	协助政府监理部门对施工环境、重要工程部位、施工安全、典型的施工进程的检查及参与重大事故处理
9	调解业主与承包商的合同纠纷	参与 ○	调解 ○	提出 ○		协调业主与承包商关系,调解合同纠纷,协助解决工程索赔等问题
10	协助施工单位处理合同纠纷及协作关系		协助 ○	实施 ○	合作 ○	协助施工单位处理总包与分包的合同纠纷,协调施工单位与部门等施工环境关系

序号	工作内容	责任关系				监理工程师的工作职责
		业主	监理工程师	施工设计	主管部门	
11	施工进程协调、工程报告及施工指令	报告○ 签证	确认○← 指令	实施○		处理施工过程中的协调,工程报告的签证,发出对不适当施工行为的纠正指令,向业主发出应确认的信函等
12	参与事故调查及处理	报告○←	确认○ 指令	实施○→	报告○	协助施工单位处理质量及安全事故,对事故处理报告审查,参与事故调查与分析
13	对施工现场防火、防灾及保险检查	报告○←	检查○	实施○→ 申请	报告○	检查施工现场防火、防灾设置、检查工程保险手续、协助施工单位建立防火、防灾及保险措施
14	中期付款	支付○← 审核	审定○ 签署	请求○		审查工程进度和实物工程量、价款,对分期付款审核签证
15	施工过程的日常管理	确认○←	协助○ 备案	实施○		检查每日工程进度、工程质量、出勤情况,施工决定执行情况等
四	工程进行中的设计监理	报告○← 同意	审查○←	提出○		监理工程师与施工、设计单位密切配合,有效地处理施工过程中出现的设计问题
1	替换材料确定	协商○← 同意	审查○→ 同意	提出○ 认定		对使用材料样本、型号、质量是否符合设计及预算价格要求,经提议方发出替换通知,审查合格后才能同意使用
2	设计单位提出有关设计变更	报告○← 同意	审查○←	设计○ 提出		审查设计单位提出的设计变更,复核预算的增减,处理工程费用变更及签证
3	业主提出设计变更及工程追加项目指令	提出○← 同意	○→ 协商	○ 指示		协助业主确认设计变更及工程追加,办理追加工程设计手续,并与设计、施工各方分别签订有关补充协议,确认工程费用
4	建筑色彩确定	同意○←	选择○→ 协商	指示○		与设计、施工单位协商建筑色彩,审查设计色彩、色彩样本和材料样本,作出最终选择,征得业主同意

序号	工作内容	责任关系				监理工程师的工作职责
		业主	监理工程师	施工设计	主管部门	
5	机器、器具的确认	同意 ○ 协商	选定 ○	指令 ○		通过对机器、器具的性能、规格、标准等的审核,确认使用类型
6	施工过程中设计图纸执行监督	报告 ○	检查 ○	指令 ○ 实施		跟踪检查、校核施工过程中对施工图纸执行情况,发现与设计图样要求不符,责成返工纠正,并向业主定期报告有关情况
五	竣工验收、交工及保修监理	报告 ○ 协助	实施 ○	设计施工 ○ 参与	邀请 ○	制订验收程序、组织验收班子,作好验收准备,协助业主搞好验收、竣工等工作手续,完成保修期监理
1	协助施工单位作好验收准备		协助 ○ 审查	实施 ○		督促施工单位作好验收准备,进行工程预验收,审查交工资料,审查工程结算
2	协助业主作好验收准备	同意 ○ 汇报	协助 ○	参与 ○	邀请 ○	制订验收计划、程序、日期、方式,参与人员邀请,向业主汇报监理结果,提出验收申请
3	竣工验收的检查实施	报告 ○ 备案	实施 ○ 备案	参与 ○ 备案	审查 ○	协助业主组织竣工验收,向业主证明施工是否符合设计与合同要求,是否全部完成工程任务,组织对工程抽检及评定
4	协助业主办理有关竣工验收手续	核实 ○	协助 ○ 备案	手续 ○ 备案	审查 ○	工程竣工验收后,协助业主向有关部门办理各种检查手续,如质量、消防、安全、规划等手续
5	协助业主办理工程交工手续	核实 ○	协助 ○	交接 ○	审查 ○	签证工程结算书,监理费及工程费的最终结算、支付,办理工程交接手续,监理工作完成
6	工程决算及保修监理	提出 ○	实施 ○ 检查	配合 ○		若业主要求,监理工程师要协助作好工程决算、保修期监理,双方应签订补充协议,并注明服务费用金额

11.3 工程施工招标阶段监理

11.3.1 工程施工招标的基本程序

　　监理单位受业主委托参加工程项目的施工招标工作。作为具体参与的监理工程师必须熟悉施工招标的业务工作。工程施工阶段的招标程序一般可分为准备阶段、招标阶段和评标、决标、签订合同阶段,其程序如图 11-5 所示。

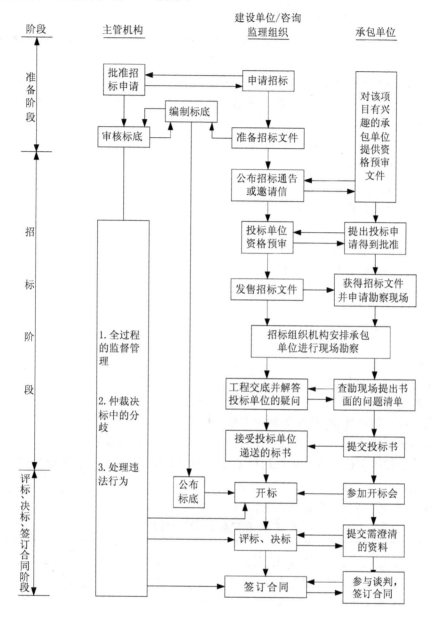

图 11-5 工程施工阶段招标程序图

1. 准备阶段

工程施工招标准备工作具体内容有如下几个方面。

(1) 申请招标

工程施工的招标,要由建设单位先向主管部门提出招标申请。主管部门审查具备施工招标条件。经批准后,方可进行下一步工作。一般情况下,建设项目须具备的施工招标条件如下。

● 建设项目已经主管部门批准,并列入年度固定资产投资计划。

● 工程项目已有经主管部门批准的设计图纸和概(预)算文件。

● 工程项目施工前期的准备工作,含征地、拆迁、用水、用电、道路、通信等现场条件已经就绪,并已取得工程项目许可证。

● 工程项目所需的资金和应由招标方负责采购的主要材料、设备的订货已基本落实。

(2)准备招标文件

招标文件是投标单位编制标书的主要依据,主要包括以下内容。

● 工程综合说明。包括工程名称、工程地址、工程招标项目的内容、发包范围、技术要求、质量标准、现场条件等。

● 必要的施工图纸、设计资料及设计说明。

● 工程量清单。

● 计划开工和竣工日期。

● 工程特殊要求及对投标企业的相应要求。

● 合同主要条款。

● 供料方式和主要材料价格。

● 组织现场勘察和进行招标文件交底的时间、地点。

● 招标截止日期。

● 投标须知。

● 开标的时间、地点。

● 投标保函。

● 招标书。

(3)编制标底

招标工程项目的标底,就是在招标前由建设单位根据设计图纸和国家有关规定(定额、取费标准),计算出工程造价,并经当地主管部门或审计部门审定后确定的发包造价。

标底编制由招标单位负责。如果招标单位无力量编制,则可委托监理单位编制。标底要在发布招标通告或邀请函之后,报建设主管部门审核。

标底与概(预)算并不完全相同,其关系如表 11-4 所示。

表 11-4　标底与概(预)算的关系

	标　　底	概　预　算
差异	● 某些费用,如设备购置费、征地、拆迁、场地处理、勘测设计、职工培训建设单位管理费等,不一定包括在标底内 ● 适当估计市场采购材料差价 ● 视具体工程而考虑不同的不可预见费比率 ● 视施工企业的所有制和隶属关系差别而考虑不同的施工管理费 ● 招标时合同的划分、报价时的标价划分与概算中的项目划分常常不一致	● 概算是建设项目全部投资的预计数 ● 概算中难以考虑市场材料差价
相同	● 标底以概(预)算为基础 ● 制订标底的依据与编制概预算的编制相同	

由表 11-4 可知,标底不应等同于概算,同时也不应等同于施工图预算。但标底一般不得突破国家批准的概算或总投资,即概算对标底具有控制作用。

标底的内容包含:

- 工程量表;
- 工程项目分部分项工程的单价,包括补充单价分析表;
- 招标工程的直接费;
- 管理费、临时设施费、技术装备费、远征费、计划和利润等;
- 其他不可预见的费用估计;
- 招标工程项目的总造价,即标底总价;
- 钢材、木材、水泥三大材料需用量。

2. 招标阶段

工程施工招标准备工作就绪,即进入招标阶段。这阶段的主要工作有:发布招标通告或投标邀请函、对投标单位进行资格预审、发售招标文件、组织现场勘察、接受投标书等。

(1)发布招标通告或投标邀请函

招标申请经主管部门批准,并备好招标文件之后,即可发出招标通告或投标邀请函。通告或邀请函的主要内容有:

- 招标单位名称、工程项目名称、地点及联系人;
- 工程的主要内容及承包方式;
- 工期和质量要求;
- 资金来源;
- 投标单位资格(质)要求;
- 采用的招标方式;
- 投标企业的报名日期,招标文件的发售方式。

(2)对投标单位进行资格预审

参加投标的企业,应按照通告规定的时间投送投标申请书,并附有企业状况说明。对投标单位进行资格预审的主要内容为:

- 企业注册证明和技术等级;
- 主要施工经历;
- 技术力量简况;
- 施工机械设备简况;
- 正在施工的承建项目;
- 资金或财务状况;
- 其他方面的特殊要求等。

此外,还有发售招标文件、组织现场勘察、接受投标书等工作。

3. 评标、决标、签订合同阶段

工程施工招标进入评标、决标、签订合同阶段后,这一阶段的主要工作有开标、评标、决标、签订合同阶段。

(1)开标

无论采用哪种方式招标,开标都要公开进行。开标的时间按规定日期进行,组织开标由招标单位主持,一般按下列程序进行。

● 宣布评标委员会名单和评标、决标的原则。

● 邀请公正部门检验各投标单位的标书密封情况、标书收到的时间、各投标单位代表的法人证书(或委托书)和投标保证金情况等。

● 按标书收到的顺序(或抽签顺序)当众启封,宣布标价、工期及其他主要内容,并按规定填入预先准备的登记表格中,在公证机关的参与下公布于众。

● 请投标单位的法人代表确认公布的数字,并签字确认。

● 当标书的内容全部宣布后,由招标主持人及公证部门当场检验标书,确认标书有效。如发现某单位的标书不符合招标规定时,可当面通知投标单位撤回标书或宣布标书无效。

● 如标书符合要求,可当众宣布标底。如投标单位的标价与标底的差距较大时,则需组织更高层次的专家重新审查标底;经审查后,如果认为原标底合理,不需调整,则可召集投标单位当众宣布标底,并宣布投标无效,另行组织招标。

(2) 评标

评标由评标领导小组和评标委员会负责。评标领导小组由主管部门与建设单位的主要负责人组成,一般为5~7人。评标委员会的成员由招标单位提名,报请主管部门批准。评委会一般由7~15人组成,其主要成员应是具有施工招标经验的专家和学者,2/3以上的成员应由各类专业技术人员组成。

为了保证评标质量,一般需按以下几个步骤进行。

● 由评标领导小组将各种技术经济指标以表格形式列出,供评标委员会审议。

● 由投标单位代表抽签确定顺序,对投标书进行介绍和说明。每个单位的介绍时间一般限制在2~3h。要求介绍简明扼要,重点突出,内容全面,并符合招标书的规定。

● 按标价将各施工投标单位从低至高的顺序排列,并剔除报价与标底偏差超过正常幅度的标书。

● 对比各投标单位标书中质量和工期的条件,结合对投标单位的资格预审情况,由评标委员会进行酝酿。

● 对各投标单位标书中不明确的地方提出疑问,请投标单位答复,必要时到投标单位进行调查,或与投标单位商议修正标书中的不合理部分。

● 在充分酝酿的基础上,评标委员会采取具名(不向投标单位公布)或不具名投票评分的办法,选定2~3个单位,排出名单,供评标领导小组最后决定中标单位。为了保证投标的公正性,在计算单项总分时,去掉一个最高分和一个最低分。

● 评标委员会将评标结果和依据写出评标报告,报上级主管部门审查,经批准后生效。

(3) 决标

决标可由评标领导小组或评标委员会负责组织,可直接委托评标委员会决定中标人,也可采取评标委员会决定候选中标人,由业主再决定等两种方式。决标是在评标的基础上,选出标价合理、工期适当、技术组织措施有力、社会信誉好的投标单位作为中标单位,并与之签订工程承包合同。同时,应通知其他没有中标的单位。

(4) 签订合同

招标单位与中标单位应在确定签订合同的有效日期内指派代表签订承发包合同。合同内容与中标的标书一致,且符合招标文件中的有关规定。

11.3.3 工程施工招标阶段监理的任务及注意事项

1. 工程施工招标阶段监理的主要任务

社会建设监理单位受业主委托组织招标工作,监理的主要业务内容是:准备和发送招标文件,协助评审投标书,提出决标意见;协助业主与承建单位签订承包合同。从工程项目的三大目标来看,招标阶段监理的任务如下。

1) 投资控制

(1) 组织措施

◎ 编制招标、评标、发包阶段的投资控制详细工作流程图。

◎ 从投资控制角度,落实参加招标、评标、合同谈判工作的监理人员,明确其具体任务及管理职能分工。

(2) 经济措施

◎ 编制和审核标底(标底与投资计划值比较)。

◎ 审核招标文件中与投资控制有关的内容(如工程量清单)。

◎ 作评标准备,参与评标。

(3) 技术措施

技术措施主要是指对投标文件中的主要技术方案作必要的技术经济论证。

(4) 合同措施

合同措施主要是指参与合同谈判,把握住合同价计算、合同价调整、付款方式等要点,注意合同条款的内容。

2) 质量控制

◎ 审核施工招标文件中的施工质量要求和设备招标文件中的质量要求。

◎ 评审各投标书质量部分的内容。

◎ 审核施工合同中的质量条款。

3) 进度控制

◎ 协调好与招标工作有关的各单位之间的关系,使招标工作按计划的时间完成。

◎ 审核施工招标文件中进度要求。

◎ 评审各标书中有关进度部分的内容。

◎ 审核施工合同中与进度有关的条款。

2. 监理工程师在工程施工招标阶段的注意事项

监理单位受业主委托组织招标工作,对参加招标工作的监理工程师来说,应该熟悉国际和国内工程建设招标、投标的有关制度和工作程序,以高度的责任感为业主提供高质量的服务。

1) 招标准备阶段应注意的问题

在这个阶段,监理工程师首要为业主起草招标申请和招标通告。在招标通告中,监理工程师要对拟建工程的概况作出简要说明,以便承包人能够据此判断自己是否有兴趣投标。

2) 投标阶段应注意的问题

投标阶段是从招标通告的发布到截止收标书。这段时间是有限的,投标人可能没有足够的时间收集资料,对所有与工程有关的问题或风险进行详细的研究。为了保证工作能够顺利地进行,在允许的时间内,监理工程师应该将自己所掌握的有关工程的信息提供给投标人,供他们投标报价时参考。但是监理工程师必须特别注意,避免投标人误解以下问题。

- 保证这些信息是正确的。
- 暗示自己提供的这些信息可以作为投标的依据。
- 解释这些信息或者作出可以左右投标人意见的推论。

3)开标阶段应注意的问题

开标是通过召开开标会的形式当众公开进行的。由于监理工程师的意见能影响业主的决定,因此,投标人很可能会想方设法从监理工程师那里了解自己有无中标的可能。此时,监理工程师必须严守秘密。

4)评标阶段应注意的问题

(1)应对所有标书进行综合评价

在评标阶段,监理工程师最重要的任务就是对所有标书进行综合评价,向业主推荐一个最好的标书和报价。投标人的报价是评标的一个重要指标,监理工程师要特别注意每份标书报价所包含的内容是否相同。监理工程师应把各项因素都逐项列出,进行分析,按比例打分并排列优先次序。只有经过这样的比较,才能选出四份报价最低的投标书。

(2)向业主推荐合理报价

监理工程师对所有标书作了一番比较之后,对拟选择的投标人已有所了解。此时,他可以邀请1~2家报价最低的投标人交谈,主要是讨论一些报价中的问题。通过交谈,监理工程师可以获得更详细的情况。

5)签订合同时应特别注意的问题

(1)保证金的问题

保证金是指中标人必须有另一方(可以是银行或保险公司)进行担保,该方愿意担保弥补因承包商的违约而使建设单位(业主)蒙受的不多于担保款额的一定损失的费用。通常担保金额相当于合同总价的10%。收取保证金是维护业主利益的一种方式,监理工程师在没有看见保证金之前,不应授权中标人开始施工。

(2)工程承包合同开始日期的确定

任何工程承包合同都必须有一个合理的开始日期,这是甲、乙双方权利和义务开始的标志。

11.4　工程项目施工阶段的监理

在施工阶段,监理的中心任务是"三大控制"(进度控制、质量控制、投资控制)。进度控制是工程项目施工过程中的中心环节。质量控制是包括从投入原材料的质量控制开始,过程中对施工单位工艺过程的质量控制,直至施工产品的质量检验为止的全过程的系统控制,以保证工程项目质量目标的实现,施工阶段的质量控制是监理工作的核心内容。

施工阶段是大量资金投入的阶段,监理投资控制的重点应放在付款控制上。施工单位在满足质量标准和进度的前提下,监理工程师及时做好计量审核、签订支付文件,保障施工单位能连续作业。

施工阶段的合同管理是"三大控制"实现的手段。合同是双方活动的最高行为准则,监理只要坚持一切以合同为依据,就能有效地避免双方责任的分歧,保证预期目标的实现,同时也维护了双方当事人的正当权益。

本节主要介绍工程项目施工阶段的投资、进度、质量的事前、事中、事后控制及施工阶段的合同管理。

11.4.1　施工阶段的投资控制

施工阶段的投资控制是指使实际建设投资不超过计划投资额,确保资金使用合理,确保资金和资源得到最有效的利用,以期提高投资效益。施工阶段投资控制主要是通过控制工程项目的计量与支付,进一步进行技术革新和设计挖潜,防止和减少索赔,预防和减少风险干扰等来实现的。

1. 投资的事前控制

投资事前控制主要是进行工程风险预测,并采取相应的防范性措施,尽量减少施工单位提出索赔的可能。为此,监理方必须做好下述工作。

◎ 建立项目监理的组织保证体系,在项目监理班子中,从投资控制方面落实投资跟踪、现场监督和控制的人员,明确其任务和职责。

◎ 熟悉设计图纸、设计说明书、标书标底,分析合同价构成因素,明确工程费用最易突破的部分和环节,从而明确投资控制的重点。

◎ 进行风险分析,对可能发生索赔的诱因,制订相应的防范措施,减少向业主的索赔。

◎ 按合同规定,如期提交施工现场,按期、保质、保量地供应由业主负责的材料、设备到现场,及时提供设计图纸等技术资料,使其能如期开工、正常连续施工。

◎ 根据监理规划中的工程项目施工阶段的投资额,编制施工各时期、各年、季、月度资金使用计划。

2. 投资的事中控制

◎ 按合同规定,及时答复施工单位提出的问题及配合要求,施工中主动搞好设计、材料、设备、土建、安装及其他的外部协调、配合。

◎ 严格控制工程变更、设计变更,变更前要进行技术经济合理性分析。

◎ 严格经费签证。凡涉及经济费用支出的停、窝工签证,用工签证、使用机械签证和材料代用、材料调价等的签证,要经项目总监理工程师最后核签后方可有效。

◎ 及时对已完成的工程量进行计量审核,及时向对方支付工程进度款。

◎ 在施工过程中进行投资跟踪,控制计划的执行,每月进行投资计划值与实际值的比较,并每月、季、年提供投资报表。

◎ 复核一切付款账单,定期、不定期地进行工程费用开支分析,并提出控制工程费用突破的方案和措施。

◎ 继续寻求通过设计、挖潜节约投资的可能性,并拟定设计、挖潜节约奖励办法。

◎ 定期向项目总监、业主汇报工程投资动态情况。

3. 投资的事后控制

◎ 审核施工单位提交的工程结算书。

◎ 公正地处理施工单位提出的索赔,其处理程序如图 11-6 所示。

11.4.2　施工阶段的进度控制

工程项目施工阶段的进度控制应从随时掌握工程进展情况着手,将工程的实际进度与计划进度进行比较,以便及时采取措施,保证预期目标的实现。其控制方法有:深入现场监督各

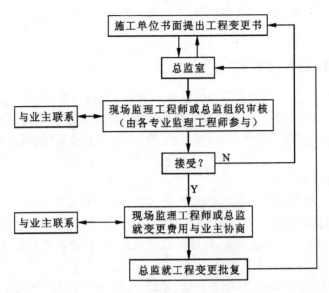

图 11-6　索赔处理程序图

分部(或分项)工程的实际进度情况;对计划进度与实际进度进行对比评价;根据评估结果,提出可行的变更措施,对工程目标、工程计划或工程实施活动进行调整。

1. 进度的事前控制

(1) 编制项目实施总进度计划

项目实施总进度计划是对项目实施起控制作用的工期目标,是确定施工承包合同工期条款的依据,是审核施工单位提交的施工进度计划的依据,也是确定和审核施工进度计划与设计进度、材料设备供应计划、资金、资源计划是否协调的依据。

(2) 审核施工单位提交的施工组织设计

● 审核施工进度计划。主要审核是否符合总工期控制目标的要求;审核施工进度计划在施工过程中的连续性、紧凑性和均衡性,以及实现计划的可行性和严肃性。

● 审核施工方案。审核在保证工期的前提下,能否充分利用时间、空间,其施工方法的先进性,技术措施的可行性、合理性。

● 审核施工总平面图。审核施工总平面图与施工方案、施工进度计划的协调性,现场平面布置有无合理利用空间,是否尽可能减少二次搬运,是否满足安全、消防、环保要求。

(3)制订由业主供应的材料、设备的采、供计划

提出工程项目的材料、设备的需用量及供应时间,编制有关材料、设备部分的采供计划。

(4) 其他应完成的工作

● 按期完成现场障碍物的拆除,及时向施工单位提供现场。

● 组织临时供水、供电、接通施工道路、通信的施工,及时为施工单位创造必要的施工条件。

● 按合同规定及时向施工单位提交设计图纸等设计文件。

● 按合同规定及时向施工单位支付或预付备料款。

2. 进度的事中控制

对进度的事中控制,一方面是进行进度检查、动态控制和调整;另一方面,及时进行工程计量,为向施工单位支付进度款提供进度方面的依据。其工作内容有以下两个方面。

（1）建立反映工程进度状况的监理日志

逐日如实记载每日形象部位及完成的实物工程量。同时,如实记载影响工程进度的内、外的各种因素。暴雨、大风、现场停水、现场停电等应注明起止时间(h、min)。

（2）工程进度的检查、动态管理

审核施工单位每半月、每月提交的工程进度报告,检查进度计划的执行情况。

当实际进度与计划进度发生差异时,应分析产生差异的原因,并提出进度调整的措施、方案,并相应调整施工进度计划及设计、材料设备、资金等进度计划;必要时调整工时目标。

（3）工程计量

按合同要求,及时进行工程计量验收(需和质监验收协调进行)。

（4）做好进度、计量方面的签证

进度、计量方面的签证是支付工程进度款、计算索赔、延长工期的重要依据。专业监理工程师、现场检查员需在有关凭证上签字,最后由项目总监理工程师核签后才有效。

（5）进度的协调

影响进度计划实施的因素繁多,监理工程师可通过面对面的接触,召开各种形式的工作协调会,清楚地划分责任和明确所存在的问题,防止索赔的发生。要定期向总监、业主报告有关工程进度情况。

3. 进度的事后控制

要及时组织验收工作,当实际进度与计划进度发生差异时,在分析原因的基础上可采取以下措施。

- 采用技术、组织和经济手段,制订保证不突破总工期的对策措施。
- 制订总工期突破后的补救措施。
- 调整相应计划。要在新的条件下建立新的协调和平衡。
- 整理工程进度资料,工程进度资料的分类、编目和建档。

11.4.3　施工阶段的质量控制

工程项目质量的形成是一个有序的系统过程。从提交项目建议书开始,经过可行性研究和项目评估,在多个方案论证比较及优化的基础上,最后由项目设计任务书规定了工程项目的质量水平和标准。工程合同(设计合同、施工合同)将其具体化、明确化。施工阶段的质量控制是把施工现场的质量状况和工程合同的质量目标进行比较,并对比较结果进行分析,指示施工单位排除和预防产生差异的原因。另外,工程施工又是一种物质生产活动,质量在实现的过程中受到多因素的干扰,影响工程质量的因素主要包括五个方面,即人(man)、材料(material)、机械(machine)、方法(method)和环境(environment),简称 4M1E。所以施工阶段的质量控制也包括对 4M1E 质量因素的全面控制。

1. 质量的事前控制

（1）掌握和熟悉质量控制的技术依据

- 设计图纸及设计说明书。
- 有关的工程质量评定标准和施工验收规范。
- 与工程承包合同有关的质量要求。

（2）组织设计技术交底及图纸会审

（3）施工场地质检验收

◉ 现场障碍物,包括地下、架空管线等设施的拆除、迁建及清除后的验收。

◉ 现场部位轴线及高程标桩的测设、验收。

(4)审查施工队伍的资质

中标单位的资质在招标阶段已经进行了审查,开工时应检查工程主要技术负责人的到位情况,审查分包单位的资质。

(5)检查工程所需原材料、半成品的质量

◉ 审核工程所用原材料、半成品的出厂证明、技术合格证或质保书。

◉ 凡采用新材料、新型制品的,应检查技术鉴定文件。

◉ 所有设备在安装前,应按相应技术说明书的要求进行质量检查。

(6)施工机械的质量控制

(7)审查施工单位提交的施工组织设计

◉ 在施工组织设计中,对保证工程质量应有可靠的技术和组织措施。

◉ 结合工程监理项目的具体情况,要求施工单位编制重点分部(项)工程的施工方法文件。

◉ 要求施工单位提交解决当前工程质量通病而制订的技术措施。

◉ 针对工程项目具体情况,要求施工单位提交为保证工程质量而制订的质量预控措施。

◉ 要求中标单位编制"土建、安装、装修"标准工艺流程。

(8)改善生产环境、管理环境的措施

◉ 协助施工单位完善质量保证工作体系。

◉ 主动向当地质监站联系,汇报在本施工项目开展质监的具体办法,争取当地质监部门的支持和帮助。

◉ 审核施工单位关于材料、制品试件取样及试验的方法或方案。

◉ 审核施工单位成品保护的措施和方法。

◉ 施工单位试验室的资质考察。

◉ 完善质量报表、质量事故的报告制度等。

2. 质量的事中控制

在质量控制的过程中,要坚持以预防为主,把事后检查转化为事前把关。为了保证施工质量,加强预控,要在工程项目建设的重点工序、关键部位或薄弱环节处设置质量控制点,在控制的过程中进行质量跟踪检查,切实做好主动控制与被动控制相结合。

(1)工序质量控制

工序质量控制就是对工序活动条件的质量控制和对工序活动效果的质量控制。工序质量控制的原则是:通过对工序一部分(子样)的检验结果来统计、分析和判断整个工序的质量,严格工序的交接检查。

工序交接检查应坚持上道工序不经检验,不得进行下道工序的原则。上道工序完成以后,先有施工单位进行自检、专职检,认为合格后再通知现场监理工程师或其代表到现场会同检查,检查合格后经签署认可,才能进行下道工序。其工作流程如图11-7所示。

(2)隐蔽工程检查验收

当隐蔽工程完成后,先由施工单位自检、专职检,初验合格后填报隐蔽工程质量验收通知单,报现场监理工程师检查验收。

(3)工程变更、设计变更及技术核定的处理

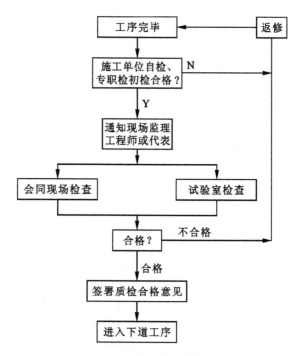

图 11-7 工序交接检查流程图

施工单位提出的工程变更处理流程如图 11-8 所示。

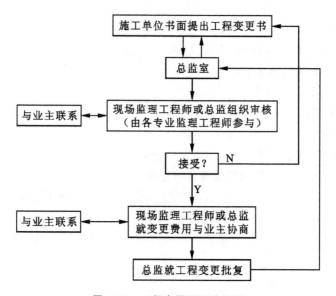

图 11-8 工程变更处理流程图

由业主提出的设计变更或技术核定的处理流程如图 11-9 所示。

（4）工程质量事故处理

当工程质量事故发生后，要分析质量事故的原因，落实责任；商定处理质量事故的措施；批准处理质量事故的技术措施或方案；对处理措施和处理效果进行检查。

（5）行使质量监督权，下达停工指令

为了保证工程质量，出现下列情况之一者，监理工程师有权责令施工单位立即停工整改。

● 未经检验即进入下道工序作业。

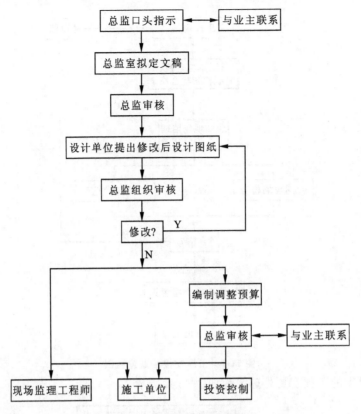

图 11-9 设计变更处理流程图

- 工程质量下降经指出后,未采取有效改正措施,或采取了一定措施,但效果不好而继续作业。
- 擅自采用未经认可或批准的材料。
- 擅自变更设计图纸的要求。
- 擅自将工程转包。
- 擅自让未经同意的分包单位进场施工。
- 没有可靠的质保措施就贸然施工,工程已出现质量下降征兆。

（6）严格单项工程开工报告和复工报告审批制度

凡单项工程开工及停工后工程复工,均应按照图 11-10 规定的管理流程处理。

（7）质量、技术签证

凡在质量、技术问题方面具有法律效力的最后签证,只能有项目总监理工程师一人签署。

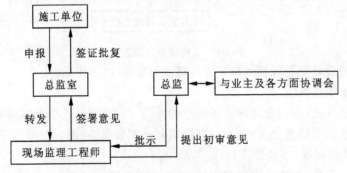

图 11-10 开工及停工后工程复工申请核签流程图

专业质监工程师、现场质检员可在有关质量、技术方面的原始凭证上签署,最后由项目总监理工程师核签后方可有效。

（8）行使好质量否决权,为工程进度款的支付签署质量认证意见

对支付施工单位工程进度款的申请,必须有质量监理方面的认证意见,这既是质量控制的需要,也是投资控制的需要,其管理流程如图 11-11 所示。

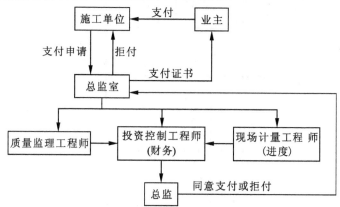

图 11-11　工程进度款支付核签流程图

（9）建立质量监理日志

现场质量监理工程师及质检人员要逐日记录有关工程质量动态及影响因素的情况。

（10）组织现场质量协调会

现场质量协调会一般由现场监理工程师或总监主持。协调会后应印发会议纪要。

（11）定期向总监、业主报告有关工程质量动态情况

现场监理组每月应向总监及业主报告质量方面的情况。重大质量事故及其他方面的重大质量事宜应及时提出报告。

3. 质量的事后控制

◉ 对单位、单项工程的验收。凡单位、单项工程完工后,施工单位检验合格再提出验收申请报表。

◉ 项目竣工验收。项目竣工验收的流程如图 11-12 所示。

◉ 审核竣工图及其他技术文件资料。

◉ 整理工程技术文件资料并编目存档。

11.4.4　施工阶段的合同管理

合同管理是监理过程中一项十分重要的工作。根据资料测算,在成功而有效的项目管理中,通过技术优化使项目增加的利润最多不超过 3%～5%,而合同管理的最优化却能使项目的利润增加 10%～20%。合同管理是实现"三大控制目标"的基础。

1. 合同管理的概念

监理工程师在工程施工阶段的合同管理是指在施工过程中对施工合同关系进行组织、指导、协调及监督,保护施工合同当事人的合法权益,处理施工合同纠纷,防止和制裁违法行为,保证施工合同目标实现的一系列活动。项目合同管理工作大体分为以下五个部分。

（1）项目合同分析

项目合同分析就是要弄清合同中的每一项内容,组织有关人员对合同条款、法律条款分别

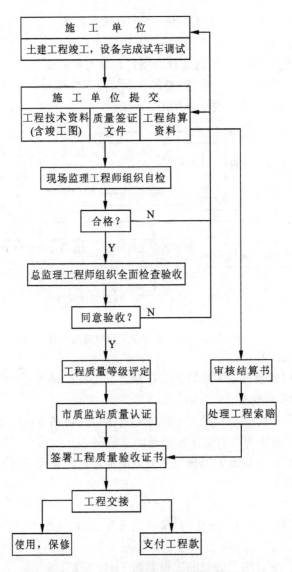

图 11-12　项目竣工验收流程图

进行学习、分析、解释,以便按合同实施工程施工。同时也要对项目的延期说明、成本变化、成本补偿、合同条款的变更等进行仔细分析。

(2) 合同数据档案的建立

把项目合同条款分门别类地归纳起来,把它们存放在相应的位置上,便于计算机检索。如合同中的技术规范、特殊的技术规则、协商结果等,都可以形成计算机检索文件。也可以用图表使合同管理中的各个层次具体化,如试验数据图表,质量控制图表等。

(3) 合同网络系统

把合同中的时间、工作和成本用网络形式表达出来,称为合同网络系统。

(4) 合同监督

合同监督是对合同条款进行经常解释,也是对双方来往信件、文件、会议记录、业主口头或电话指示等进行检查和解释。其目的是保证各项工作的精确性、准确性,符合合同要求。建立图表、流程图、质量检查表是合同监督的好办法。

（5）索赔管理

索赔管理包括索赔和反索赔。索赔和反索赔没有一个规定标准，只能以项目实施中发生的具体事件为依据，进行评价分析，从中找出索赔的理由和条件，依据合同处理索赔事宜，使索赔工作做到有理、有据、有度。

2. 监理工程师在施工阶段合同管理的具体业务

（1）提供承建单位进场条件

在施工队伍进场前，应督促业主落实合同规定的有关施工准备工作，包括道路、桥梁、供电、对外通信、施工征地和现场场地规划等。

（2）提供施工图、规范标准及有关原始资料

● 必须按合同规定的日期，向承建单位提供工程项目的规划及施工图，并负责解释图纸，同时，应根据工程实际的变化及时签发设计变更通知。

● 必须向承建单位提供合同指定的材料和工艺方面的技术标准及施工规范，并负责解释规范。

● 提供必要的地质资料、水文和气象资料，提供测量三角控制网和测量基准点的基本数据。

（3）审核承建单位施工设备

要对承建单位施工设备的数量、种类、能力及状况进行审核，评定能否顺利完成工程任务；审查承建单位进场物资的种类、数量与质量，并作为材料预付款的依据。

（4）控制工程总进度

● 审批承建单位呈报的施工进度计划和分项详细工作计划。

● 审批承建单位月进度报告，包括实物工程量、设备和材料用量、劳动力使用量等。

● 全面监督进度计划的执行情况。如落后于合同规定的进度计划，承建单位必须提出各种挽救措施，经监理工程师审批后，修改原进度计划。不定期地召开生产会议，协调各部门的施工进度。

（5）审查承建单位施工技术措施，解决施工中存在的疑难问题

● 审批承建单位的各项具体施工方法和程序，审批确保工程质量的技术措施，审批承建单位提供的工艺详图，并检查承建单位的施工控制点、放样导线等。

● 审查承建单位施工需要的各种施工临时性设施。

● 检查、鉴定、批准工程施工所需的原材料（例如水泥、骨料、钢材、焊条等），以保证符合合同规定的标准。

● 定期主持工地会议，协调各方关系，解决施工中出现的各种问题。

● 针对施工中出现的各种具体问题，负责解释或说明合同条款，包括经济、商务、法律、税收、劳务等方面的条款。

（6）监督工程质量与竣工验收

● 审查承建单位施工过程中各工序的质量自检报告，并签字批准。

● 各工序均有现场监理机构的检查人员逐班进行质量检查与监督，并对工程进行抽样检查，对试验室的各种试验程序与资料进行全面检查。

● 组织进行施工中的隐蔽工程验收、阶段验收和单项工程验收等。

● 在承建单位按照合同规定，提出整个工程项目竣工申请后，建设单位或现场监理机构对该工程进行竣工验收，如符合合同要求，签发竣工凭证。对少数不影响工程发挥效益的遗留问

题,允许承建单位移交后陆续完成,但必须在竣工凭证上注明遗留项目及要求完成日期。一般在工程项目竣工移交后,尚有规定的保修期。在此期间内,承建单位有责任对竣工移交的工程进行维护与保养,对遗留问题进行处理。保修期结束,通过现场监理机构检查,满足合同的要求后,向承建单位签发保修合格证书。对特大型工程,应由发包单位向国家提出竣工验收申请,由国家组织有关部门成立工程验收委员会,对工程进行竣工验收。

(7)检查施工安全

● 审查承建单位呈报的安全措施及有关规程。

● 参加承建单位定期举行的安全会议。

● 在施工过程中随时进行安全保护并采取安全防护措施,对不安全因素及时指示承建单位改正。对危及人身安全的作业,现场监理机构的责任人有权发出停止施工的指令,由此造成的经济损失由承建单位承担。

● 按合同规定标准,检查承建单位对通风防尘、环境污染等有关规定的执行情况。

(8) 研究处理合同变更及合同以外的附加工程项目

合同执行过程中的变更是多方面的,特别是设计的变更。对于合同变更及合同以外的附加工程项目,都应事先和承建单位协商,尽量取得一致意见,并确定合同变更范围、支付费率、支付方法。经业主批准后,发出书面变更通知。

(9) 全面审核承建单位的月或季进度支付申请

监理工程师要对承建单位提出的月或季的专用支付申请单进行仔细审核,包括完成工程量的计算、单价的选用、预付款支付和扣除、物价浮动、保留金、计日工、附加工作及补偿费等,并起草月或季进度付款凭证,由现场总监理工程师与业主代表依次签字后,办理支付。

(10) 研究处理业主或承建单位提出的索赔与争议

由于工程变更、物价变化和违约等,可能给当事人造成经济损失,此时应提出索赔。现场总监理工程师应以第三方公证人的身份,及时调查、核实索赔项目与金额,并提出处理意见,做调解性的裁决。当双方当事人同意时,按裁决的意见进行赔偿;如协商后仍不能取得一致意见,则提出仲裁。

(11) 接受上级主管部门检查指导,按要求编制报表

在执行合同中,工程概预算、年度计划、统计、财务及拨款、物资与劳资等方面,应接受上级主管部门的指导。另外,按国家计划的要求,编制各种基建报告和报表。

(12)做好施工记录,管好业务档案,编写竣工总结报告

在执行合同中,监理机构的各级人员应做好各种施工记录,做好工程资料与合同档案的管理工作。受业主的委托代表业主编写工程竣工的总结报告。

在执行合同中,应定期向业主提交关于工程进展及合同执行情况的月、季、年度报告。受业主的委托,代表业主定期向提供贷款单位做工程进展情况报告。

11.5　建设项目竣工验收阶段的监理

一个建设项目已按建设要求建成和具备生产、使用的条件,承建单位就要向建设单位办理移交手续;一些由国家投资建设的大型建设项目,建设单位还要通过国家主管部门办理工程移交。这种办理移交工作就称为项目的竣工验收。建设项目的竣工验收是建设全过程的一个阶段,它是由投资转入生产和使用的一个标志。竣工验收是对建设项目的成果的工程质量(含设

计与施工质量)、经济效益(含工期与投资额等)的全面考核和评估。

竟工验收的主要依据如下。

● 上级主管部门审批的计划任务书、设计纲要、设计文件等。

● 招标文件和工程合同。

● 施工图纸和说明、设备技术说明书、图纸会审记录、设计变更签证的技术核定单。

● 国家或行业颁布的现行施工技术验收规范及工程质量检验评定标准。

● 有关施工记录及工程所用的材料、构件、设备质量合格文件及检验报告单。

● 承建单位提供的有关质量保证等文件。

● 国家颁布的有关竟工验收的文件。

● 对引进技术或进口成套设备的项目,还应按照签订的合同和国外提供的设计文件等资料进行验收。

11.5.1　竟工验收前的准备工作

监理工程师应做的竟工验收准备工作有以下几个方面。

1. 编制竟工验收的工作计划

监理工程师组织竟工验收工作,首先应编制竟工验收的工作计划。工作计划内容含竟工验收的准备、竟工验收、交接与收尾三个阶段的工作,明确每个阶段工作的时间、内容及要求。征求业主、承建单位及设计单位的意见,各方意见统一后发出。

2. 整理、汇集各种经济与技术资料

总监理工程师在工程项目正式验收前,应指示其所属的各专业监理工程师,按照原有的分工,认真整理各自负责管理、监督项目的技术资料。由于一个工程项目的建设施工期长,施工过程中发生的事情既很多,又难以凭记忆记清楚,因此监理工程师必须借助以往收集积累的资料,为竟工验收提供可靠的数据和情况,其中有些资料将用于对承建单位所编制的竟工技术资料的复核、工程结算和工程移交。各类设计变更和隐蔽工程验收资料,对竟工验收工作尤为重要。

3. 拟定验收条件、验收依据和验收必备的技术资料

拟定竟工验收条件、验收依据和验收必备技术资料,发给业主、承建单位、设计单位及现场的监理工程师。

（1）竟工验收的条件

● 合同所规定的各项工程内容均已完成。

● 各分部、分项及单位工程均已由承建单位进行了自检自验(隐蔽的工程已通过验收),且都符合设计和国家施工验收规范及工程质量验评标准、合同条款的规定等。

● 各种设备、消防、空调、通信、煤气、上下水、电气等均与外线接通,试验的数据表明,达到了设计和生产(使用)的要求,各种数据均有文字记载。

● 竟工图已按有关规定如实绘制,验收的资料已备齐,竟工技术档案按档案部门的要求进行整理。

（2）验收依据

将竟工验收依据一一列出,对照是否符合规定要求。

（3）竟工验收必备的技术资料

对一些大中型工程项目进行正式验收时,往往是由组成的验收委员会来验收。验收委员会的成员要先审阅已进行中间验收或隐蔽工程验收的资料,以全面了解工程的建设情况。为

此,监理工程师与承建单位应主动配合验收委员会的工作,对一些问题提出的质疑,应给予解答。需向验收委员会提供的技术资料主要内容如下。

- 竣工图。
- 分项、分部工程检验评定的技术资料。
- 试车运行记录。

(4) 竣工验收的组织

一般由业主邀请设计单位、质量监督单位及上级主管部门组成验收小组进行验收。工程质量由当地工程质量监督站核定质量等级。

11.5.2 竣工验收的程序

1. 竣工项目的预验收

竣工项目的预验收是在承建单位完成自检自验,并认为符合正式验收的条件,在申报工程验收之后和正式验收之前的这段时间内进行的。委托监理的工程项目,总监理工程师应组织其所有各专业监理工程师来完成该项目的竣工预验收的前期工作。竣工预验收要请业主、设计、质量监督人员参加,承建单位也必须派人配合竣工预验收工作。

1) 竣工验收资料的审查

工程资料是工程项目竣工验收的重要依据之一。认真审查技术资料,不仅是满足正式验收的需要,也是为工程档案资料的审查打下基础。

(1) 技术资料审查的主要内容

- 工程项目的开工报告。
- 工程项目的竣工报告。
- 图纸会审及设计交底记录。
- 设计变更通知单。
- 技术变更核定单。
- 工程事故调查及处理资料。
- 水准点位置、定位测量记录、沉降及位移观测记录。
- 材料、设备、构件的质量合格证书。
- 试验、检测报告。
- 隐蔽工程记录。
- 施工日志。
- 竣工图。
- 质量检验评定资料。
- 工程竣工验收有关资料。

(2) 技术资料审查方法

- 审阅。边看边查,把有不当的及遗漏或错误的地方记录下来,然后再重点仔细审阅,作出正确判断,并与承建单位协商更正。
- 校对。监理工程师将自己日常监理过程中所收集积累的数据、资料,与承建单位提供的资料一一校对,凡是不一致的地方都记载下来,然后再与承建单位商讨,如果仍有不能确定的地方,再与当地质量监督站及设计单位的佐证资料进行核定。
- 验证。若出现几方面资料不一致而难以确定时,可重新量测实物予以验证。

2）组织工程项目竣工的预验收

工程项目竣工的预验收，在某种意义上说，它比正式验收更为重要。因为正式验收时间短，不可能详细、全面地对工程项目一一查看，而主要是依靠工程项目的预验收。因此工程项目竣工预验收不仅要全面检查，而且要认真仔细、一丝不苟。所有参加预验收的人员均要以高度的责任感，并在可能的检查范围内，对工程的质量进行全面确认，特别对那些重要部位和易于出问题的部位要重点检查。

为此，在对工程实物进行预验收时，可进行以下几方面的工作。

（1）准备工作组

准备参加预验收的监理工程师和其他人员，应按专业或区段分组，每组指定一名组长负责。验收检查前，先组织预验收人员熟悉设计、有关规范、标准及合同条件的要求，制订检查顺序方案，并将工程项目的子项及重点部位以表或图列示出来。同时还要把检测的工具、记录、表格均准备好，以便检查中使用。

（2）组织预验收

检查方法有以下几种。

◉ 直观检查。直观检查是一种定性的、客观的检查方法。由于直观检查采用手摸、眼看方式，因此需要有丰富经验和熟练掌握标准的人员才能胜任此项工作。

◉ 实测检查。对一些能实测、实量的工程部位，应通过实测、实量提取数据。

◉ 点数。对各种器具、配件都应一一点数，查清并记录，如有遗缺或质量不符要求的，应通知承建单位补齐或更换。

◉ 实际操作。实际操作是对工程项目的功能和性能检查的好方法。由于一些机电设备的负荷联动试车已在预验收前进行，而且监理工程师多是参加的，因此在预验收中就不要再重复检查。但对一些水电设备、消防设施、电梯等还应通电检查。

经上述检查之后，各专业组长应向总监理工程师报告检查验收结果。如果检查出的问题较多或较严重，则应令承建单位限期整改，进行复验。如果存在的问题仅属一般性的，除通知承建单位抓紧整改外，总监理工程师应编写预验收报告一式三份，一份给承建单位供整改用，一份给业主以备正式验收时转交给验收委员会，一份由监理工程师自存。这份报告除有文字论述外，还应附上全部预验收检查的数据。与此同时，总监理工程师应填写竣工验收申请报告报送业主。

2．正式竣工验收

正式竣工验收是由国家、地方政府、业主以及有关单位领导和专家参加的最终整体验收。大、中型建设项目的正式竣工验收，一般由竣工验收委员会的主任主持，具体的事务性工作可由总监理工程师来组织实施。正式竣工验收的工作程序如下。

（1）做好准备工作

◉ 向各验收委员会委员单位发出请柬，并书面通知设计、施工及质量监督等有关单位。

◉ 拟订竣工验收的工作议程，报验收委员会主任审定。

◉ 选定会议地点。

◉ 准备好一套完整的竣工预验收的报告及有关技术资料。

（2）正式竣工验收的程序

◉ 验收委员会主任主持验收委员会会议。会议首先宣布验收委员会名单，介绍验收工作议程及时间安排，简要介绍工程概况，说明此次竣工验收工作的目的、要求及做法。

◉ 由设计单位汇报设计实施情况及对设计的自检情况。

● 由承建单位汇报施工情况及自检、自验的结果情况。

● 由监理工程师汇报工程监理的工作情况和预验收结果。

● 在验收中,验收人员可先对竣工验收技术资料及工程实物进行验收检查,也可分成两组,分别对竣工验收的技术资料及工程实物进行验收检查。在检查中,可请监理单位、设计单位、质量监督单位的人员参加。在广泛听取意见、认真讨论的基础上,统一提出竣工验收的结论意见,如无异议,则予以办理竣工验收证书和工程验收鉴定书。

● 验收委员会主任或副主任宣布验收委员会的验收意见,举行竣工验收证书和鉴定书的签字仪式。

● 业主代表发言。

● 验收委员会会议结束,验收工作完成。

11.5.3　工程项目的交接

1. 工程项目移交

工程项目虽然通过了竣工验收,可能有的工程还获得验收委员会的高度评价,但实际中往往是或多或少地存在一些漏项以及工程质量方面的问题。因此,监理工程师要与承建单位协商一个有关工程收尾的工作计划,以便确定工程项目正式移交。当移交清点工作结束之后,总监理工程师签发工程项目竣工交接证书。签发的工程项目交接证书一式三份,业主、承建单位、监理单位各一份。

2. 技术资料的移交

工程项目的主要技术资料是工程档案的重要组成部分。在整理工程技术档案时,通常是业主与监理工程师将保存的资料交给承建单位来完成,最后交给监理工程师校对审阅,确认符合要求后,再由承建单位按档案部门的要求装订成册,统一送当地城建档案馆保存。

3. 其他移交工作

为确保工程项目在生产或使用中保持正常的运行,监理工程师还应督促做好以下各项移交工作。

● 使用保养提示书。由于承建单位和监理工程师已经经历了建筑安装、调试、运转几个阶段的工作,对某些先进设备、特种设备及其附件、工程材料的使用和性能已进行了一定的研究,积累了不少经验。承建单位和监理工程师应把这方面的知识,编写成"使用保养提示书",以便业主的生产和使用的人员能够正确操作。

● 各类使用说明书。

● 交接附属工具零配件及备用材料。

● 厂商及总、分包承建单位明细表。

● 抄表。

在工程项目交接中,监理工程师还应协助业主与承建单位做好水表、电表、煤气表及机电设备内存油料等数据进行交接,以便双方财务往来结算。

4. 做好合同清算工作

随着工程项目的交接结束,双方所签订的工程项目承包合同也完成其历史使命。在此之前,监理工程师还应做好合同清算工作,主要任务是合同条款中尚需实现的条款要核定落实。

5. 工程项目价款的竣工结算

工程项目价款的结算方法在合同条款中均有规定。很多工程项目往往采取预付款备料、月结算工程进度款、竣工办总结算的方式,但常常又是月结算掌握较宽松,许多问题留待总结算时清理,因而竣工结算对双方来说都显得很重要。监理单位要投入足够的审查力量进行审查工作。在审查竣工结算时,要抓好以下有关准备工作。

⦿ 尽早督促承建单位编制工程结算书。
⦿ 认真整理有关造价方面的原始资料和经济签证、设计变更、隐蔽验收、报价审批单、纪要等。
⦿ 尽快做好合同的清算工作。
⦿ 协助业主及承建单位做好债权、债务、器材、物资等的盘点清退工作。

6. 竣工决算

竣工决算是工程项目竣工验收报告的重要组成部分,它反映一个建设项目从筹建到竣工全过程的财务状况,是核定新增固定资产价值和办理交接的财务依据。业主在竣工验收之后即应组织人员进行编制;委托监理的由监理工程师代为编制。

竣工决算是在工程项目竣工结算的基础上,再加上勘察设计费、征地拆迁费、三通一平费、设备购置费以及属于工程项目所支出的一切费用。

11.5.4　工程项目保修期的监理

工程项目在保修期内的监理工作往往很重要,特别是保修期始于工程项目负荷运转的初期,施工质量中存在的问题往往极容易暴露出来。因此,在这段时期内,应加强对工程项目使用状况的视察,及早地发现事故先兆,从而及时地采取措施补救,弥补工程质量的某些不足,避免酿成严重后果。保修期内的监理工作主要有以下几方面。

1. 工程项目状况的检查

(1)定期检查

当工程项目投入运行和使用后,开始时应每旬或每月检查一次,如三个月后未发生异常情况,则可每三个月检查一次。如有异常情况出现时则缩短检查的间隔时间。当建筑物经受台风、地震、大雪后,监理工程师应及时赶赴现场进行观察和检查。

(2)检查的方法

检查的方法有访问调查法、目测观察法、仪器测量法等,每次检查都要详细记录。

(3)检查的重点

工程项目状况的检查重点是结构质量及其他不安全因素。因此,在检查中对结构的一些重要部位、构件要重点观察、检查,对已进行加固补强的部位,更要进行重点观察、检查。

2. 督促和监督保修工作

保修工作的主要内容是对质量缺陷的处理。监理工程师的责任是督促保修,确定保修质量。各类质量缺陷的处理方案,一般由责任方提出,监理工程师审定执行;如责任方为建设单位时,则由监理工程师代拟方案,征求实施的单位同意后执行。

3. 保修责任期

监理单位的保修责任期为一年,在保修结束时,监理单位应做好以下工作。

⦿ 将保修期内发生的质量缺陷的所有技术资料归类整理。
⦿ 将所有满期的合同书、保修书归整之后交给业主。
⦿ 协助业主办理维修费用的结算工作。
⦿ 召集业主、设计单位、承建单位联席会议,宣布保修期结束。

参 考 文 献

[1] 邹增大.焊接材料、工艺及设备手册[M].北京:化学工业出版社,2001.

[2] 姜正侯.燃气工程技术手册[M].上海:同济大学出版社,1993.

[3] 邓渊.煤气规划设计手册[M].北京:中国建筑工业出版社,1992.

[4] 中华人民共和国建设部.GB50028—2006 城镇燃气设计规范[S].北京:中国建筑工业出版社,2006.

[5] 中国建筑技术研究院.CJJ 63—1995 聚乙烯燃气管道工程技术规程[S].北京:中国建筑工业出版社,1995.

[6] 中国石油天然气总公司.GB50094—1998 球形储罐施工及验收规范[S].北京:中国计划出版社,1998.

[7] (德)贝克曼 W V,施文克 W,普林兹 W.阴极保护手册[M].第 3 版.胡士信,王向农,译.北京:化学工业出版社,2005.

[8] 北京市市政管理委员会.CJJ95—2003 城镇燃气埋地钢质管道腐蚀控制技术规程[S].北京:中国建筑工业出版社,2003.

[9] 俞蓉蓉、蔡志章.地下金属管道的腐蚀与防护[M].北京:石油工业出版社,1998.

[10] 顾顺符,潘秉勤.管道工程安装手册[M].北京:中国建筑工业出版社,1987.

[11] 中国城市燃气协会.CJJ51—2001 城镇燃气设施运行、维护和抢修安全技术规程[S].北京:中国建筑工业出版社,2001.

[12] 黄国洪.燃气工程施工[M].北京:中国建筑工业出版社,1994.

[13] 段常贵.燃气输配[M].第 3 版.北京:中国建筑工业出版社,2001.

[14] 李公藩.燃气管道工程施工[M].北京:中国计划出版社,2001.

[15] 中华人民共和国建设部.GB50156—2002 汽车加油加气站设计与施工规范[S].北京:中国计划出版社,2000.

[16] 中国市政工程华北设计研究院.CJJ84—2000 汽车用燃气加气站技术规范[M].北京:中国建筑工业出版社,2000.

[17]《汽车加油加气站设计与施工规范》编写组.《汽车加油加气站设计与施工规范》宣贯辅导教材[M].北京:中国计划出版社,2003.

[18] 上海市石油学会编.车用燃气与加气站建设[M].北京:中国石化出版社,2001.

[19] 李帆,周英彪.城市天然气工程[M].武汉:华中科技大学出版社,2006.

[20] 席德粹、姜正侯、张永刚,等.城市天然气的转换[J].城市煤气,2001(7):3-8.

[21] 张建平.工程概预算[M].重庆:重庆大学出版社,2001.

[22] 肖维品、陈涣壮、欧文平.建设监理与工程控制[M].北京:科学出版社,2001.

[23] 杜茂安、邓凤英.建筑设备工程概预算与技术经济——给排水、供暖、通风空调和供燃气工程[M].哈尔滨:黑龙江科学技术出版社,1999.

[24] 张保兴.建筑施工组织[M].北京:中国建材工业出版社,2003.